FANUC 系统
数控机床编程与加工

孙兴伟　薛小兰　杨林初　编著

中国水利水电出版社
www.waterpub.com.cn

内 容 提 要

本书以 FANUC 公司生产的 FANUC Oi 数控系统为代表进行讲解,主要内容包括:数控系统的操作与编程、系统硬件连接、数据输入输出、主轴系统、进给伺服系统、参数设置等。为了适应自动编程的需要,书中还分别讲解了 Mastercam、Pro/E、UG 的自动编程。

图书在版编目(CIP)数据

FANUC 系统数控机床编程与加工/孙兴伟,薛小兰,
杨林初编著.--北京:中国水利水电出版社,2014.9(2022.10重印)
ISBN 978-7-5170-2506-1

Ⅰ.①F… Ⅱ.①孙… ②薛… ③杨… Ⅲ.①数控机
床—程序设计②数控机床—加工 Ⅳ.①TG659

中国版本图书馆 CIP 数据核字(2014)第 215002 号

策划编辑:杨庆川　责任编辑:杨元泓　封面设计:马静静

书　　　名	FANUC 系统数控机床编程与加工
作　　　者	孙兴伟　薛小兰　杨林初　编著
出版发行	中国水利水电出版社
	(北京市海淀区玉渊潭南路 1 号 D 座 100038)
	网址:www.waterpub.com.cn
	E-mail:mchannel@263.net(万水)
	sales@mwr.gov.cn
	电话:(010)68545888(营销中心)、82562819（万水）
经　　　售	北京科水图书销售有限公司
	电话:(010)63202643、68545874
	全国各地新华书店和相关出版物销售网点
排　　　版	北京鑫海胜蓝数码科技有限公司
印　　　刷	三河市人民印务有限公司
规　　　格	184mm×260mm　16 开本　19.75 印张　480 千字
版　　　次	2015年4月第1版　2022年10月第2次印刷
印　　　数	2001-3001册
定　　　价	69.00 元

前　　言

21世纪机械制造业的竞争,在某种程度上是数控技术的竞争。随着制造设备的大规模数控化,企业急需一大批掌握数控机床应用技术的人员。然而目前我国数控技术人才奇缺,严重制约着数控机床的使用,影响了制造业的发展。加快数控人才的培养已成为我国制造业的当务之急。

数控机床在制造领域的应用越来越普遍,数量也越来越多,已是机械制造业的主流装备。但是,由于数控系统的多样性、数控机床结构和机械加工工艺的复杂性,以及当前从事数控机床故障诊断与维修的技术人员非常短缺,数控机床一旦发生故障,维修难的问题就变得尤为突出,导致数控机床因得不到及时维修而开机率不足。本书的编撰目的正在于此。

本书在编撰过程中着力突出技术的先进性、实例的代表性、理论的系统性和实践的可操作性,力求做到理论与实践的最佳结合。

本书主要的特点如下:

1. 本书采用理论与实践相结合,突出理论指导实践,实践检验理论的原则,更注重通用性及可操作性。

2. 实践操作内容根据《数控铣床操作工》国家职业标准编写,程序内容均经过上机调试检验,程序均是通过数据线从机床中传输出来的,真实可靠。

全书共分11章,内容完整,由浅入深,层层剖析,在阐明基本加工原理的同时又为读者推荐好的加工方法和加工经验。主要内容包括:数控机床认知及其维护与保养、数控机床常用工具、数控机床加工工艺、数控机床编程基础、数控高级编程的应用、FANUC Oi 系统数控车床编程、FANUC Oi 系统数控车床操作、FANUC Oi 系统仿真操作、Mastercam X2 数控车削实训、Pro/E 4.0 数控车削实训、UG 6.0 数控车削实训等。

本书在编撰过程中,参考了大量有价值的文献与资料,吸取了许多人的宝贵经验,在此向这些文献的作者表示敬意。鉴于数控车床技术内容涉及面广,发展迅速,加之作者水平有限,书中难免会出现疏漏之处,敬请广大读者批评指正。

作者
2014 年 6 月

目　　录

第1章 数控铣床认知及其维护与保养

1.1 数控机床概述

1.1.1 数控机床的分类

数控机床是指采用数控技术进行控制的机床。根据其加工用途分类,数控机床主要有以下几种类型。

1. 数控铣床

用于完成铣削加工或镗削加工的数控机床称为数控铣床。

(1)立式数控铣床

立式数控铣床在数量上一直占据数控铣床的大多数,应用范围也最广。从机床数控系统控制的坐标数量来看,目前三坐标数控立式铣床仍占大多数。一般可进行三坐标联动加工,但也有部分机床只能进行三个坐标中的任意两个坐标联动加工(常称为二轴半坐标加工)。此外,还有机床主轴可以绕 X、Y、Z 坐标轴中的其中一个或二个轴作数控摆角运动的四坐标和五坐标数控立式铣床。如图 1-1 所示为 VMC40M 型立式数控铣床。

图 1-1 VMC40M 型立式数控铣床

(2)卧式数控铣床

卧式数控铣床的主轴轴线平行于水平面。为了扩大加工范围和扩充功能,卧式数控铣床通常采用增加数控转盘或万能数控转盘来实现四、五坐标加工。这样,不但工件侧面上的连续回转轮廓可以加工出来,而且可以实现在一次安装中,通过转盘改变工位,进行"四面加工"。如图 1-2 所示为 TK6363B 型卧式数控铣床。

(3)龙门数控铣床

龙门数控铣床主轴可以在龙门架的横向与垂向溜板上运动,而龙门架则沿床身作纵向运动。大型数控铣床,因为要考虑扩大行程、缩小占地面积及刚性等技术问题,往往采用龙门架移动式。如图 1-3 所示为 ZK7432×80 型龙门数控铣床。

 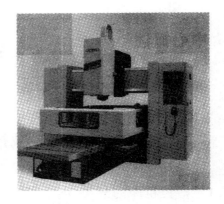

图 1-2　TK6363B 型卧式数控铣床　　　图 1-3　ZK7432×80 型龙门数控铣床

2. 数控加工中心

数控加工中心是指带有刀库(带有回转刀架的数控车床除外)和刀具自动交换装置(Automatic Tool Changer,ATC)的数控机床。通常所说的数控加工中心是指带有刀库和刀具自动交换装置的数控铣床。

加工中心是高度机电一体化的产品,工件装夹后,数控系统能控制机床按不同工序自动选择、更换刀具,自动对刀,自动改变主轴转速、进给量等,可连续完成钻、镗、铣、铰、攻丝等多种工序,因而大大减少了工件的装夹时间,测量和机床调整等辅助工序时间,对加工形状比较复杂、精度要求较高、品种更换频繁的零件具有良好的经济效果。

(1)卧式加工中心

卧式加工中心是指主轴轴线与工作台平行设置的加工中心,主要适用于加工箱体类零件。如图 1-4 所示为 TH6780 型卧式数控加工中心。

图 1-4　TH6780 型卧式数控加工中心

(2)立式加工中心

立式加工中心是指主轴轴线与工作台垂直设置的加工中心,主要适用于加工板类、盘类、模具及小型壳体类复杂零件。如图 1-5 所示为 VC600 型立式数控加工中心。

(3)龙门加工中心

龙门加工中心的主轴可以在龙门架的横向与垂向溜板上运动,而龙门架则沿床身作纵向运动,主要用于加工大型零件。如图 1-6 所示为 VMC3023 型龙门加工中心。

图 1-5　VC600 型立式数控加工中心　　　图 1-6　VMC3023 型龙门加工中心

3. 数控车床

数控车床与普通车床一样,也是用来加工零件旋转表面的。它一般能够自动完成外圆柱面、圆锥面、球面以及螺纹的加工,还能加工一些复杂的回转面,如双曲面、抛物面等。数控车床和普通车床的工件安装方式基本相同,为了提高加工效率,数控车床多采用液压、气动和电动卡盘。

数控车床可分为卧式和立式两大类,卧式车床又有水平导轨和倾斜导轨两种。档次较高的数控卧车一般都采用倾斜导轨。通常情况下,也将以车削加工为主并辅以铣削加工的数控车削中心归类为数控车床。如图 1-7 所示为 CK6140 型水平导轨的卧式数控车床。

4. 数控钻床

数控钻床主要用于完成钻孔、攻丝等功能,有时也可完成简单的铣削功能。数控钻床是一种采用点位控制系统的数控机床,即控制刀具从一点到另一点的位置,而不控制刀具移动轨迹。如图 1-8 所示为 ZK5140C 型数控钻床。

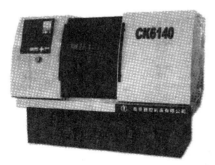 

图 1-7　CK6140 型数控车床　　　　　图 1-8　ZK5140C 型数控钻床

5. 数控磨床

数控磨床是利用 CNC 控制来完成磨削加工的机床,按功能分,有外圆磨床、内圆磨床、平面磨床、导轨磨床、仿形磨床、无心磨床等。如图 1-9 所示的 MKⅠ312 型数控外圆磨床是加工多轴颈轴类零件的精密外圆磨床,该机床采用两轴联动数控系统,砂轮架进给和工作台移动均采用交流伺服电动机,滚珠丝杠驱动,通过两轴联动修整砂轮及自动补偿,工件尺寸精度在线自动测量予以精确保证,可实现半自动循环磨削。

图 1-9　MKⅠ312 型数控外圆磨床

6.数控电火花成型机床

数控电火花成型机床(即通常所说南电脉冲机床)是一种特种加工机床。它利用两个不同极性的电极在绝缘液体中产生的电蚀现象,去除材料而完成加工,对于形状复杂的模具及较难加工材料的加工有其特殊优势。电火花成型机床如图 1-10 所示。

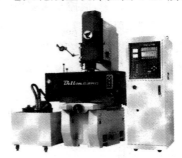

图 1-10　数控电火花成型机床

7.数控线切割机床

数控线切割机床如图 1-11 所示,其工作原理与电火花成型机床相同,但其电极是电极丝(钼丝、铜丝等)和工件。

图 1-11　DK－500 型数控线切割机床

8.其他数控机床

数控机床除以上的几种常见类型外,还有数控刨床、数控冲床、数控激光加工机床、数控超声波加工机床等多种形式。

1.1.2　数控机床的组成

一般来说,数控机床由机床主体、数控系统、驱动系统三大部分构成。其具体结构以如图1-12 所示的 VDL600E 立式加工中心为例来加以具体说明。

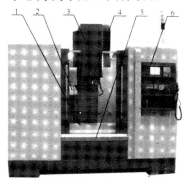

图 1-12　数控机床的组成
1—工作台;2—刀库;3—伺服电动机;4—主轴;5—床身;6—数控系统

1.机床本体

数控机床本体部分主要由床身、主轴、工作台、导轨、刀库、自动换刀装置、冷却装置等组成。

数控机床机械结构的设计与制造要适应数控技术的发展,具有刚度大、精度高、抗震性强、热变形小等特点。由于普遍采用伺服电动机无级调速技术,机床进给运动和多数数控机床的主运动的变速机构被极大地简化甚至取消,广泛采用滚珠丝杠、滚动导轨等高效率、高精度的传动部件。数控机床采用机电一体化设计与布局,机床布局主要考虑有利于提高生产率,而不像传统机床那样,主要考虑方便操作。

2.数控系统

数控系统由程序的输入/输出装置、数控装置等组成,其作用是接收加工程序等各种外来信息,经处理和分配后,向驱动机构发出执行的命令。数控系统分为两大部分:一是 NC 装置部分,二是数控机床操作面板部分。

(1)NC 装置

CNC 装置是 CNC 系统的核心,由中央处理单面(CPU)、存储器、各种接口及外围逻辑电路等组成,其主要作用是对输入的数控程序及有关数据进行存储与处理,通过运算等,形成运动轨迹指令,控制伺服单元和驱动装置实现刀具与工件的相对运动。

CNC 装置有单 CPU 和多 CPU 两种基本结构形式。随着 CPU 性能的不断提离,CNC 装置的功能越来越丰富,性能越来越高,除了上述基本控制功能外,还有图形功能、通信功能、诊断功能、生产统计和管理功能等。

（2）数控机床操作面板

数控机床的操作是通过人机操作面板实现的，人机操作面板由数控面板和机床面板组成。

数控面板是数控系统的操作面板，由显示器和手动数据输入（Manual Data Input，MDI）键盘组成，又称为 MDI 面板。显示器的下部常设有菜单选择键，用于选择菜单。键盘除各种符号键、数字键和功能键外，还可以设置用户定义键等。操作人员可以通过键盘和显示器来实现系统管理，对数控程序及有关数据进行输入、存储和编辑修改。在加工过程中，屏幕可以动态显示系统状态和故障诊断报告等。

此外，数控程序及数据还可以通过磁盘或通信接口输入。机床操作面板主要用于在手动方式下对机床进行操作，以及自动方式下对机床进行操作或干预。其上有各种按钮与选择开关，用于机床及辅助装置的启/停、加工方式选择、速度倍率选择等；还有数码管及信号显示等。中、小型数控机床的操作面板常和数控面板做成一个整体，但二者之间有明显界限。数控系统的通信接口，如串行接口，常设置在机床操作面板上。

3. 驱动系统

（1）进给伺服系统

伺服系统位于数控装置与机床主体之间，主要由伺服电动机、伺服电路等装置组成。它的作用是：根据数控装置输出信号，经放大转换后驱动执行电动机，带动机床运动部件按一定的速度和位置进行运动。

进给伺服系统主要由进给伺服单元和伺服进给电动机组成。对于闭环控制或半闭环控制的进给伺服系统，还应包括位置检测反馈装置。进给伺服单元接收来自 CNC 装置的运动指令，经变换和放大后，驱动伺服电动机运转，实现刀架或工作台的运动。CNC 装置每发出一个控制脉冲，机床刀架或工作台的移动距离称为数控机床的脉冲当量或最小设定单位，脉冲当量或最小设定单位的大小将直接影响数控机床的加工精度。

在闭环控制（如图 1-13 所示）或半闭环控制（如图 1-14 所示）的伺服进给系统中，位置检测装置被安装在机床（闭环控制）或伺服电动机（半闭环控制）上，其作用是将机床或伺服电动机的实际位置信号反馈给 CNC 系统，以便与指令位移信号进行比较，再用其差值控制机床运动，达到消除运动误差、提高定位精度的目的。

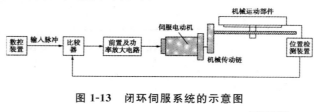

图 1-13 闭环伺服系统的示意图

图 1-14 半闭环伺服系统的示意图

一般来说，数控机床功能的强弱主要取决于 CNC 装置，而数控机床性能的优劣，如运动速度与精度等,则主要取决于伺服驱动系统。

随着数控技术的不断发展,对伺服进给驱动系统的要求也越来越高。一般要求定位精度为 $1\sim10\mu m$,高精设备要求达到 $0.1\mu m$。为了保证系统的跟踪精度,一般要求动态过程在 $200\sim10s$ 甚至几十微秒内,同时要求超调要小。为了保证加工效率,一般要求其进给速度为 $0\sim24m/min$。此外,要求在低速时,能输出较大的转矩。

(2)主轴驱动系统

数控机床的主轴驱动与进给驱动的区别很大,电动机输出功率较大,一般应为 $2.2\sim250kW$。进给电动机一般是恒转矩调速,而主电动机除了有较大范围的恒转矩调速外,还要有较大范围的恒功率调速。对于数控车床,为了能够加工螺纹和实现恒线速控制,要求主轴和进给驱动能同步控制;对于数控铣床与数控加工中心,还要求主轴进行高精度准停和分度功能。因此,中、高档数控机床的主轴驱动都采用电动机无级调速或伺服驱动;经济型数控机床的主传动系统与普通机床类似,仍需要手工机械变速,CNC 系统仅对主轴进行简单的启动或停止控制。

1.1.3　数控铣床/加工中心的数控系统介绍

1.FANUC 数控系统

FANUC 数控系统由日本富士通公司研制开发。该数控系统在我国得到了广泛的应用。目前,在我国市场上,应用于铣床(加工中心)的数控系统主要有 FANUC 21i－MA/MB/MC、FANUC 18i－MA/MB/MC、FANUC Oi－MA/MB/MC/MD、FANUC O－MD 等。FANUC Oi－MC 数控系统操作界面如图 1-15 所示。

图 1-15　FANUC Oi 系统加工中心操作界面

2.SIEMENS 数控系统

SIEMENS 数控系统由德国西门子公司开发研制,该系统在我国的数控机床中的应用也相当普遍。

目前,在我国市场上,常用的 SIEMENS 系统有 SIMEMENS 840D/C、SIMEMENS 810T/M、802D/C/S 等型号。以上型号除 802S 系统采用步进电动机驱动外,其他型号系统均采用伺服电动机驱动。SIEMENS 802C 铣床数控系统操作界面如图 1-16 所示。

图 1-16　SIEMENS 802C 系统加工中心操作界面

3.武汉华中数控系统

武汉华中数控系统是我国为数不多的具有自主知识产权的高性能数控系统之一,是全国数控技能大赛指定使用的数控系统。它以通用的工业 PC(IPC)和 DOS、Windows 操作系统为基础,采用开放式的体系结构,使华中数控系统的可靠性和质量得到了保证。它适用于多坐标(2～5)数控镗铣床和加工中心,在增加相应的软件模块后,也能用于其他类型的数控机床(如数控磨床、数控车床等)以及特种加工机床(如激光加工机、线切割机等)。华中世纪星 HNC－21M 系统数控铣床操作界面如图 1-17 所示。

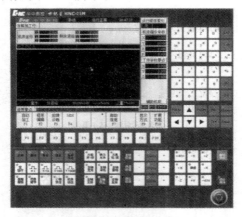

图 1-17　华中世纪星 HN－21M 系统加工中心操作界面

1.2　FANUC 数控系统数据输入输出

1.2.1　数据存储基础知识

1.数据存储器

FANUC 系列数控系统的数据存储器主要有 F－ROM(只读存储器)和 SRAM(静态随机存储器),分别存放不同的数据文件。

（1）F－ROM

在数控系统中作为系统数据存储空间,用于存储系统文件和机床厂家文件。具体存储数据有 CNC 系统软件、数字伺服软件、PMC 系统软件、其他各种 CNC 测控用软件、维修信息数据、PMC 顺序程序(梯形图程序)、上料器控制用梯形图程序、C 语言执行程序、宏执行程序(P－CODE 宏)、其他数据(机床厂的软件)等。

（2）SRAM

在数控系统中用于存储用户数据,断电后需要电池保护,若电池电压过低容易引起数据丢失。具体存储数据有 CNC 参数、螺距误差补偿量、PMC 参数、刀具补偿数据(补偿量)、宏变量数据(变量值)、加工程序、对话式(CAP)数据(加工条件、刀具数据等)、操作履历数据、伺服波形诊断数据、最后使用的程序号、切断电源时的机械坐标值、报警履历数据、刀具寿命管理数据、软操作面板的选择状态、PMC 信号解析(分析)数据、其他设定(参数)数据等。

需要注意的是,F－ROM 除了存有系统厂家 FANUC 提供的系统文件外,还存有机床厂家开发的 PMC 梯形图程序。

2.数据文件的分类

数据文件主要分为系统文件、数控机床制造厂家文件和用户文件。

①系统文件:FANUC 提供的 CNC 和伺服控制软件称为系统软件、PMC 系统软件等。

②数控机床制造厂家文件:PMC 程序、机床厂编辑的宏程序执行器等。

③用户文件:系统参数、PMC 参数、螺距误差补偿值、加工程序、宏程序、刀具补偿值、工件坐标系数据等。

3.数据备份意义

在 SRAM 中的数据由于断电后需要电池保护,有易失性,所以数据备份非常必要。此类数据需要通过用 BOOT 引导系统操作方式或者在 ALL I/O 画面操作方式进行保存。用 BOOT 引导系统方式备份的是系统数据的整体,下次恢复或调试其他相同机床时,可以迅速完成恢复。但是,数据为机器码且为打包形式,不能在计算机上打开。通过 ALL I/O 画面操作方式得到的数据可以通过写字板或 WORD 文件打开,而通过 ALL I/O 画面操作方式又分为 CF(Compact Flash)卡方式和 RS 232 C 串行口方式,CF 卡方式操作方便,还可免去电脑及通信线缆的准备、连接等工作。三种备份特点如图 1-18 所示。

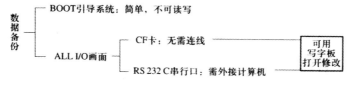

图 1-18　备份方法比较

在 F－ROM 中的数据相对稳定,一般情况下不易丢失,但是如果遇到更换 CPU 板或存储器板时,在 F－ROM 中的数据均有可能丢失,其中 FANUC 的系统文件在购买备件或修复时会由 FANUC 公司恢复,但是机床厂文件——PMC 程序等软件也会丢失,因此机床厂数据的保留也是必要的。

1.2.2　CF 存储卡基本操作

　　FANUC 数控系统有 CF 存储卡插槽,可以应用 CF 存储卡完成各种数据备份、恢复工作。通过 CF 卡读卡器可以实现 CF 存储卡与计算机之间的通信连接,计算机对 CF 存储卡中数据进行提取存档或回传,对于系统自动生成相同文件名的备份中,用计算机再存档很有必要。CF 存储卡及其读卡器各电脑配件商城有售,方便可靠,是专业维修人员的必备工具。

　　1. 引导系统(BOOT SYSTEM)启动

　　机床通电后,FANUC 0i mate C 数控系统会自动启动引导系统,并读取 NC 软件到DRAM 中去运行。而在一般正常情况下,引导系统屏幕画面是不会有显示的。当使用存储卡在引导系统屏幕画面中进行数据备份和恢复的操作时,必须调出引导系统屏幕画面,具体步骤如下:

　　① 将存储卡插入到 CNC 数控系统的存储卡接口(MEMORY CARD),见图 1-19。

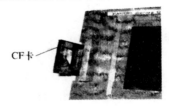

CF 卡

图 1-19　存储卡接口

　　② 同时按住右翻页键和相邻的软键,然后打开机床电源。

　　③ 调出引导系统屏幕画面主菜单如图 1-20 所示。

　　· 系统监控主菜单和引导系统的系列号和版号。

　　· SYSTEM DATA LOADING:F-ROM 数据装载(写入到 F-ROM)n

　　· SYSTEM DATA CHECK:系统文件列表。

　　· SYSTEM DATA DELETE:删除 F-ROM 用户文件。

　　· SYSTEM DATA SAVE:F-ROM 数据备份。

　　· SRAM 数据备份和恢复。

　　· CF 卡文件删除。

　　· CF 卡格式化。

　　· 结束 BOOT,起动 CNC。

　　· 信息提示:操作方法和错误信息。

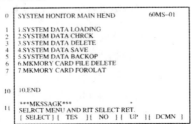

0	SYSTEM HONITOR MAIN HEND	60MS-01
1	1.SYSTEM DATA LOADING	
2	2.SYSTEM DATA CHRCK	
3	3.SYSTEM DATA DELETE	
4	4.SYSTEM DATA SAVE	
5	5.SYSTEM DATA BACKOP	
6	6.MKMORY CARD FILE DELETE	
7	7.MKMORY CARD FOROLAT	
10	10.END	
11	***MKSSAGK***	*
	SELRCT MENU AND RIT SELECT RET.	
	[SELECT] [TES] [NO] [UP] [DCMN]	

图 1-20　引导系统屏幕画面主菜单

•当前信息提示:选择需要操作的项目,然后按下"SELECT"软键可完成相应操作。

④引导系统屏幕画面操作。

按软键"UP"或"DOWN"移动光标,选择1~7,10等功能项,按"SELECT"软键执行操作,根据信息提示内容按"YES"软键确定,按"NO"软键退出。操作流程如图1-21所示。

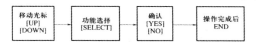

图1-21　引导系统屏幕画面操作

2.存储卡初始化

存储卡第一次使用时需要进行格式化。对存储卡进行格式化后,存储卡上的内容将会被全部删除。

对存储卡进行格式化的具体操作步骤如下:

①按软键"UP"或"DOWN",选择第7项"7. MEMORY CARD FORMAT",然后按"SE-LECT"软键。

②信息提示:是否进行存储卡格式化? 按"YES"确定,按"NO"退出。

＊＊＊MESSAGE＊＊＊

MEMORY CARO FORMAT OK? HIT YE OR NO.

③按"YES"软键,确认对存储卡进行格式化。

＊＊＊MESSAGE＊＊＊

FORMATT I NG MEMORY CARD.

④存储卡格式化完成,按"SELECT"软键退出。

＊＊＊MESSAGE＊＊＊

FORMAT COMPLETE. HIT SELECT KEY.

3.存储卡文件的删除

可以利用CF卡读卡器将CF卡和计算机相连接,使用计算机对CF卡上的文件进行复制、删除和移动等操作。也可以在数控系统上进行存储卡文件删除操作。

对存储卡上的无用文件删除的步骤如下:

①在引导系统屏幕画面主菜单,选择第6项"6. MEMORY CARD FILE DELECT"。然后按"SELECT"软键,进入存储卡文件删除画面,如图1-22所示。

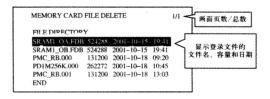

图1-22　存储卡文件删除画面

②按软键"UP"或"DOWN",选中要删除的文件,按"SELECT"软键。

③信息提示:是否删除选中的文件? 按"YES"确定,按"NO"退出。

＊＊＊MESSAGE＊＊＊

DELETE OK？HIT YES OR NO.

④按"YES"软键,确认删除选中的文件。

⑤选中的文件已删除,按"SELECT"软键退出。

4．CNC 画面拷屏

CNC 画面拷屏功能,是把 CNC 显示的画面信息输出到存储卡的功能。但是,对于 FSl 60i/180i/210i 有内置 PC 功能的 CNC 上,没有画面硬拷屏功能。这些系统,使用 PC 的普通硬拷屏功能。

(1)相关参数设定

PARAM	#7	#6	#5	#4	#3	#2	#1	#0
3301	HDC				HCG	HCA		HCC

♯7(HDC)0:画面硬拷屏功能无效。

1:画面硬拷屏功能有效。

♯3(HCG)用黑白 VGA 制取硬拷屏时:

0:字符(图形)为黑色,背景为白色。

1:字符(图形)为白色,背景为黑色。 ♯2(HCA)在硬拷屏过程中发生报警时:

0:不显示报警信息。

1:显示报警信息。 ♯0(HCC)使用彩色 LCD(液晶显示器)并用 VGA 互换方式显示时:

0:用 256 色 BMP 进行硬拷屏。

1:用 16 色 BMP 进行硬拷屏。

PARAM0020

设定 I/O 通道

0,1:RS 232 串行口。

2:RS 232 串行口。

4:使用存储卡接口。

本参数也可在 SETTING 画面的"I/O 通道"项上设定。

(2)CNC 画面拷屏操作

①显示想要制取硬拷屏的画面。

②持续按"SHIFT"键 5s 以上,经过数十秒后,拷屏结束。其间,画面处于静止状态。在进行硬拷屏过程中,按"CAN"键时,立即中断硬拷屏。

拷屏输出文件直接存储到 CF 卡中,文件名命名自动完成如下:

HDCPY000.BMP 接通电源后的第 1 次的数据

HDCPY001.BMP 接通电源后的第 2 次的数据

HDCPY099.BMP 接通电源后的第 100 次的数据

HDCPY000.BMP 接通电源后的第 101 次的数据

所以 CF 卡中前次开机完成的拷屏输出文件以及拷屏次数超过 100 次时均会出现"HD-CPY000.BMP"等文件被覆盖问题,需加以注意,可根据需要应将原有的文件保存到 PC 中。

1.2.3　用引导系统的数据输入输出操作

机床通电后,BOOT 引导系统把存放在 F－ROM 存储器中的软件装载到系统运行用的 DROM(动态存储器)中。由于 BOOT 引导系统在 CNC 起动之前就先起动了,所以除非 CPU 和存储器的外围电路发生异常,都可由 BOOT 引导系统进行输入输出数据的输入输出操作。

1. SRAM 中的数据备份

通过此功能,可以将数控系统 SRAM 存储器中存储的数据全部储存到 CF 存储卡中做备份用,或将 CF 卡中的数据恢复到数控系统 SRAM 存储器中。

①将存储卡插入到 CNC 数控系统的存储卡接口。

②同时按住右翻页键和相邻的软键上电,启动 BOOT 引导系统,按软键"UP"或 "DOWN",选择第 5 项"5 SRAM DATA BACKUP",然后按"SELECT"软键,显示如图 1-23 画面:

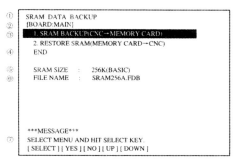

图 1-23　SRAM 数据备份画面

・SRAM 数据备份。

・显示功能存储板的板名。

・SRAM 备份(CNC→CF 存储卡)

恢复 SRAM(CF 存储卡→CNC)

・返回前页菜单。

・显示 CNC 内部的 SRAM 存储器容量。

・文件名。

・信息提示(当前提示:选择菜单并按"SELECT"软键)。

③按软键"UP"或"DOWN"移动光标,选择"1. SRAM BACKUP"。

④显示把 SRAM 数据输入存储卡的文件名,并有信息提示是否备份 SRAM 数据,按 "YES"软键确认,开始往 CF 卡保存数据。

＊＊＊MESSAGE＊＊＊

BACKUP SRAM DATA OK? HIT YES OR NO.

⑤如果要备份的文件已经存在于存储卡上,系统就会提示你是否忽略或覆盖原文件。如果进行覆盖时,按软键"YES"后就开始覆盖并写入。不进行覆盖时,按软键"NO",换新的存储卡,再次进行操作写入。

⑥写入过程中,在"FILE NAME:"处显示的是现在正在写入的文件名。

SRAM S I ZE：512K

FILE NAME：SARMO 5A. FDB→MEMORY CARD

＊＊＊MESSAGE＊＊＊

SRAM DATA WRITING TO MEMORY CARD.

⑦SRAM 备份完成后，显示以下信息，按软键"SELECT"确认。

SRAM BACKUP COMPLETE. HIT SELECT KEY.

⑧把光标移到如下所示的"END"上，然后按软键"SELECT"，退到系统的"SYSTEM MO-NITOR"（系统监控）画面。

SRAM BACKUP(CNC—＞MEMORY CARD)

RESTORE SRAM(MEMORY CARD—＞CNC)

END

2. SRAM 中的数据恢复

（1）操作步骤

将 CF 卡中的数据恢复到数控系统，操作前同样需插入 CF 存储卡，启动引导系统等。

①在上述 SRAM DATA BACKUP 画面中选择"2. RESTORE SRAM"，按软键"SE-LECT"，显示如下从存储卡读入的文件名。

FILE NAME：、SRAMI_OA. FDB

SRAMI

＊＊＊MESSAGE＊＊＊

RESTOR SRAM DATA OK? HIT YES OR NO.

②根据信息提示，按"YES"软键，开始从 CF 卡写入 SRAM 存储器。

＊＊＊MESSAGE＊＊＊

RESTORE SRAM DATA FROM MEMORY CARD.

③"RESTOR COMPLETE"（恢复结束）后，按软键"SELECT"确认。

＊＊＊MESSAGE＊＊＊

RESTORE COMPLETE. HIT SELECT KEY.

④把光标移到如下所示的"END"按软键"SELECT"确认，退到"SYSTEM MONITOR"（系统监控）画面。

1. SRAM BACKUP(CNC—＞MEMORY CARD)

2. RESTORE SRAM(MEMORY CARD—＞CNC)

END

（2）SRAM DATA BACKUP 的存储文件名

备份在 CF 卡上的文件名和文件数是由装在 CNC 上的 SRAM 的容量大小来决定的。当 SRAM 容量为 1 MB 或更大时，所创建备份文件每个文件大小为 512KB，文件个数为（SRAM 容且/512KB）个。具体关系见表 1-1。由于 SRAM 存储器的数据是系统自动指定相同的文件名，因而不同数控系统的数据，不能保存在同一张存储卡中，需要多准备几张存储卡。

表 1-1 SRAM DATA BACKUP 文件名

大小 ＼ 文件数	1	2	3	4	5	6
0.25KB	SRAM256A.FDB					
0.5M	SRAM0 5A.FDB					
1.0MB	SRAM1 0A.FDB	SRAM1 0B.FDB				
2.0MB	SRAM2 0A.FDB	SRAM2 0B.FDB	SRAM2 0C.FDB	SRAM2 0D.FDB		
3.0MB	SRAM3 0A.FDB	SRAM3 0B.FDB	SRAM3 0C.FDB	SRAM3 0D.FDB	SRAM3 0E.FDB	SRAM3 OF.FDB

在 BOOT 引导系统中,需要把全部 SRAM 区域的数据读出保存到存储卡中,如果在 CNC 系统未使用的 SRAM 存储区存在垃圾数据,使用 BOOT 引导系统进行 SRAM 备份时就会有奇偶报警,不能正常工作,处于一种挂断状态。

这种情况下,可使用 ALL I/O 画面把 SRAM 存储器内有用的数据全部取出后,把 SRAM 存储器上的数据全部清除(上电时,同时按 MDI 面板上"RESET＋DEL")。再把之前由 ALL I/O 画面取出的数据送回 SRAM 存储器即能正常工作。此时使用 BOOT 引导系统备份 SRAM 存储器数据便可进行。

3. F－ROM 中机床厂用户文件备份(将 F－ROM 中数据备份到 CF 卡中)

F－ROM 存有系统文件和机床厂用户文件,在 SYSTEM DATA SAVE 画面系统文件有保护,不可随意复制。而机床厂用户文件没有保护,可以备份。机床厂编辑的 PMC 梯形图、Manual Guide 程序等,存储在 F－ROM 中,备份这些数据时需要此操作,操作步骤如下:

①先插入 CF 卡,启动 BOOT 引导系统(上电时同时按住右翻页键和相邻的软键)。

②在引导系统屏幕画面主菜单上选择"4.SYSTEM DATA SAVE"进入如图 1-24 所示画面,画面中显示内容如下:

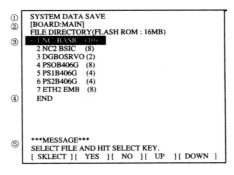

图 1-24 SYSTEM DATA SAVE 画面

• 显示标题,若页码多于一页还会显示页码当前数和总数。

• 存储板名称。

• 显示存储在快闪存储器中的文件名。文件名右边的括号里显示了管理单元中包含文件的个数。文件名代表的内容与种类见表 1-2。

表 1-2　文件名的内容与种类

文件名	内容	文件种类
NC BASIC	CNC 软件	系统文件
NCn OPTN	CNC 软件	系统文件
DG SERVO	数字伺服软件	系统文件
DG2SERVO	数字伺服软件	系统文件
GRAPHIC	图形软件	系统文件
PMM	Power Mate 管理软件	系统文件
OCS	Fapt Link 软件	系统文件
PMCn＊＊＊＊	PMC 控制软件	系统文件
MINFO	维护信息程序	用户文件
CEX＊＊＊＊	C 语言执行程序	用户文件
PDn＊＊＊＊	P—CODE 宏文件	用户文件
PCD＊＊＊＊	P—CODE 宏文件	用户文件
PMC_＊＊＊＊	梯形图程序	用户文件
PMC@＊＊＊＊	上料器用梯形图程序	用户文件

· 返回到前页菜单。

· 信息提示。

③把光标移到机床厂用户文件名上,如:梯形图文件 PMC—RB. 000,按软键"SE—LECT",系统显示以下确认信息:

＊＊＊MESSAGE＊＊＊

SAVE OK？ HIT YES OR NO KEY.

④按"YES"软键确认后,开始存储,按"NO"软键中止存储。

⑤存储过程中,显示如下信息:

＊＊＊MESSAGE＊＊＊

WRITING FLASH ROM FILE TO MEMORY CARD.

SAVE FILE NAME:PMC_RB. 000.

⑥当存储正常结束时,显示以下的信息,按"SELECT"软键。

＊＊＊MESSAGE＊＊＊

FTIE SAVE COMPLETE. HIT SELECT KEY.

4. F—ROM 中机床厂用户文件恢复(将 CF 卡中数据输入到 F—ROM 中)

此操作可把机床厂编制的用户文件由 CF 存储卡输入到 NC 控制装置内的 F—ROM 存储器中。

①(启动 BOOT 引导系统(上电时同时按住右翻页键和相邻的软键)。

②在引导系统屏幕画面主菜单上选择"1. SYSTEM DATA LOADING"进入如图 1-25 所示画面:

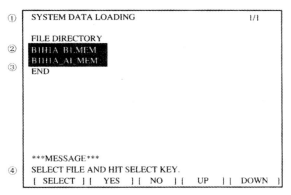

图 1-25　SYSTEM DATA LOADING 画面

- 显示标题。右端显示[页号/总页数]。
- 显示存储卡上存储的文件。
- 返回到前面的菜单。
- 信息显示。

③把光标移到需加载的文件上,按"SELECT"软键。

④按软键"YES"确认。

＊＊＊MESSAGE＊＊＊

LOAD ING OK? HIT YES OR NO.

⑤结束后按软键"SELECT"。

＊＊＊MESSAGE＊＊＊

LOADING COMPLETE. HIT SELECT KEY.

1.2.4　I/O 方式的数据输入输出操作

本功能可以用 CF 存储卡对 CNC 的各种数据以文本格式进行输入输出。无需经 RS232.C 接口连接电缆、外部计算机,操作及数据保存简便易行,并且非常安全,不会因为带电插拔烧坏 RS 232 C 接口芯片。可以输入输出的数据有以下几种:

①CNC 参数。

②PMC 程序(梯形图)。

③PMC 参数。

④加工程序。

⑤刀具补偿数据。

⑥螺距误差补偿数据。

⑦用户宏程序变量数据。

用 CF 存储卡进行 I/O 方式的数据输入输出操作需要完成相关参数设置:当 PRM20 等于 4 时,I/O 输入输出设备类型定义为 CF 卡,操作如下:

①机床操作方式选择"MDI"方式。

②按功能键"OFFSET SETTING",选择如图 1-26 所示的 SETTING(设定)的画面。

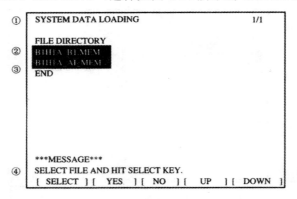

① SYSTEM DATA LOADING   1/1

FILE DIRECTORY

② BIHIA B1.MEM
    BIHIA A1.MEM

③ END

MESSAGE

④ SELECT FILE AND HIT SELECT KEY.

[SELECT] [YES] [NO] [UP] [DOWN]

图 1-26　SETTING(设定)画面

③把光标移到"参数写入"输入"1",按"INPUT"功能键。再把光标移到"I/O 通道"上,输入"4",按"INPUT"键。此参数等同于 PRM20。

1. CNC 参数的输入输出

(1)输出 CNC 参数

CNC 参数的文本格式数据输出到 CF 存储卡步骤如下:

①确认 CF 存储卡已经准备好。

②使系统处于 EDIT 状态。

③按下功能键"SYSTEM"。

④按软键"PARAM",出现参数画面。

⑤按下软键"OPRT"或"操作"键。

⑥按下最右边的菜单扩展软键。

⑦按下软键"PUNCH"或"输出"。

⑧若按下"ALL"软键,可以输出所有的参数,输出文件名为 ALL PARAMETER;若按下"NON 0"软键,可以输出参数值为非 O 的参数,输出文件名为 NON－O. PARAME－ TER。

⑨按下软键"EXEC"或"执行"软键,将完成参数的文本格式输出。

文本输出格式如下:

N…P…;

N…A1P. A2P.. AnP.. ;

其中 N 为参数号;A 为轴号(n 为控制轴的号码);P 为参数设置值。

(2)输入 CNC 参数

CNC 参数的文本格式数据从 CF 存储卡输入到 SRAM 的步骤如下:

①确认 CF 存储卡已插好,SETTING 画面 I/O 通道参数设定 I/O＝4。

②使系统处于急停状态。

③按下功能键"OFFSET SETTING"。

④按软键"SETING",出现 SETTING 画面。

⑤在 SETHNG 画面中,将数据写入参数 PWE:1。出现报警 P/S 100(表明参数可写)。

⑥按下功能键"SYSTEM"。

⑦按软键"PARAM",出现参数画面。

⑨按下软键"OPRT"或"操作"键。

⑨按下最右边的菜单扩展软键。

⑩按下软键"READ"或"读入"然后按"EXEC"或"执行"。参数被读到内存中。输入完成后,在画面的右下角出现的"INPUT"字样会消失。

⑪按下功能键"OFFSET SETHNG"。

⑫按软键"SETING"。

⑬在 SETHNG 画面中,将"PARAMETER WRITE(PWE)"=0。

⑭切断 CNC 电源后再通电。

2. PMC 程序(梯形图)和 PMC 参数的输出及输入

(1)输出 PMC 程序(梯形图)和 PMC 参数

①确认 CF 存储卡已经插好,SETTING 画面 I/O 通道参数设定 I/O:4。

②使系统处于编辑(EDIT)方式。

③按下功能键"SYSTEM"。

④按下软键"PMC"。

⑤按下最右边的菜单扩展软键。

⑥然后按下软键"I/O",出现输出选项画面,PMC 程序或 PMC 参数输出时的选项设定分别如图 1-27 和图 1-28 所示。图中选项说明如下:

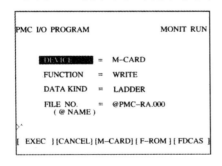
图 1-27　PMC 程序输出选项画面

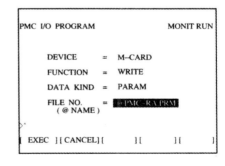
图 1-28　PMC 参数输出选项画面

DEVICE=M−CARD:输入输出设备为 CF 存储卡;

　　=ROM 输入输出设备为 F−ROM;

　　=OTHER 输入输出设备为计算机接口(RS 232);

FUNCTION=WRITE:写数据到外设(输出);

　　=READ:从外设读数据(输入);

DATA KIND=LADDER 输出数据为梯形图;

　　=PARAM 输出数据为参数;

FILE NO. =@PMC_RA.000:梯形图文件名@PMC−RA.000;

＝@PMC_RA.PRM:参数文件名@PMC－RA.PRM

⑦按下软键"EXEC",输出 PMC 程序或参数到 CF 卡。

在 CF 卡目录显示中,PMC 参数输出文件的名称为 PMC－RA.PRM,PMC 程序输出文件的名称为 PMC－RA.000。

(2)输入 PMC 程序(梯形图)和 PMC 参数

①确认 CF 存储卡已经插好,SETFING 画面 I/O 通道参数设定 I/O＝4。

②使系统处于编辑(EDIT)方式。

③按下功能键"SYSTEM"。

④按下软键"PMC"。

⑤按下最右边的菜单扩展软键。

⑥然后按下软键"I/O",出现输入选项画面,PMC 程序或 PMC 参数输入时的选项设定分别如图 1-29 所示。

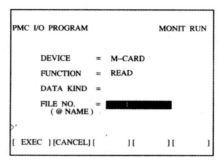

图 1-29　PMC 程序/参数输入选项画面

⑦按下"EXEC"软键,输入 PMC 程序到 DRAM(动态随机存储器)或输入 PMC 参数到 SRAM 。

新输入的 PMC 参数存储到由电池供电保存的 SRAM 中,再上电不会丢失,PMC 参数输入操作已全部完成。

但是对于 PMC 程序来说,新输入的 PMC 程序只存储在 DRAM 中,关机再上电之后,由 F－ROM 向 DRAM 重新加载原有 PMC 程序,上述操作存储到 DRAM 中的 PMC 程序被清除。因此若要输入的 PMC 程序长久保存,重新上电后不被清除,还需完成如下操作。

①功能键"SYSTEM"→软键"PMC"→软键"PMCPRM"→软键"SETTING",调出 PMC 参数设定画面,设定控制参数"WRITE TO F－ROM(EDIT)＝1",使允许写入 F－ROM。

②功能键"SYSTEM"软键"PMC"→最右边的菜单扩展软键→软键"I/O",出现的画面中选项设定为:DEVICE－ROM 输入输出设备为 F－ROM。

③按下软键"EXEC",PMC 程序由 DROM 输出到 F－ROM。

3.加工程序的输出及输入

本操作实现 CF 存储卡和 CNC 系统间进行加工程序的传送。

(1)加工程序的输出

①确认 CF 存储卡已经插好,SETFING 画面 I/O 通道参数设定 I/O＝4。

②选定输出文件格式,通过 SETTING 画面,指定文件代码类别(ISO 或 EIA)。

③使系统处于编辑（EDIT）方式。

④按下功能键"PROG"，显示程序内容画面或者程序目录画面。

⑤按下软键"OPRT"。

⑥按下：最右边的菜单扩展软键。

⑦输入程序号地址"O××××"。

若不指定程序号，会自动默认一个程序号；

若程序号输入一9999，则所有存储在内存中的加工程序都将被输出；

还可指定程序号范围如下：

"O××××.OAAAA"

则程序号"××××"到"ＡＡＡＡ"范围内的加工程序都将被输出。

⑧按下软键"PUNCH"后按"EXEC"软键，指定的一个或多个加工程序就被输出到 CF 存储卡。

（2）加工程序的输入

①确认 CF 存储卡已经插好，SETFING 画面 I/O 通道参数设定 I/O＝4。

②使系统处于编辑（EDIT）方式。

③计算机侧准备好所需要的程序画面（相应的操作参照所使用的通信软件说明书），如果使用 C—F 卡，在系统编辑画面翻页（最右边的菜单扩展软键），在软键菜单下选择"卡"，可察看 C—F 卡状态。

④按下功能键"PROG"，显示程序内容画面或者程序目录画面。

⑤按下软键"OPRT"。

⑥按下最右边的菜单扩展软键。

⑦输入程序号地址"O××××"。若不指定程序号，会自动默认一个程序号；如果输入的程序号与 CNC 系统中的程序号相同，则会出现 073♯P/S 报警，并且该程序不能被输入。

⑧按下软键"PUNCH"后按"EXEC"软键，指定的加工程序就被输入到 CNC 系统。

4.刀具补偿数据的输出和输入

（1）刀具补偿数据的输出

①确认 CF 存储卡已经插好，SETTING 画面 I/O 通道参数设定 I/O＝4。

②选定输出文件格式，通过 SETTING 画面，指定文件代码类别（ISO 或 EIA）。

③使系统处于编辑（EDIT）方式。

④按下功能键"OFFSET SETFING"，显示刀具补偿画面。

⑤按下软键"OPRT"。

⑥按下最右边的菜单扩展软键。

⑦按下软键"PUNCH"后按"EXEC"软键，刀具补偿数据就被输出到 CF 存储卡。

在 CF 卡目录显示中，输出文件的名称为 TOOLOFST.DAT。

（2）刀具补偿数据的输入

①确认 CF 存储卡已经插好，SETTING 画面 I/O 通道参数设定 I/O＝4。

②使系统处于编辑（EDIT）方式。

③按下功能键"OFFSET SETTING"，显示刀具补偿画面。

④按下软键"OPRT"。

⑤按下最右边的菜单扩展软键。

⑥按下软键"PUNCH"后按"EXEC"软键。

5.螺距误差补偿数据的输出和输入

(1)螺距误差补偿数据的输出

①确认 CF 存储卡已经插好,SETHNG 画面 I/O 通道参数设定 I/O＝4。

②选定输出文件格式,通过 SETHNG 画面,指定文件代码类别(ISO 或 EIA)。

③使系统处于编辑(EDIT)方式,按下功能键"SYSTEM"。

④按下最右边的菜单扩展软键,并按下软键"螺距(PITCH)"。

⑤按下操作键"OPRT"。

⑥按右侧菜单扩展软键,点击输出键"PUNCH"后按执行软键"EXEC",螺距误差补偿数据按指定的格式输出到 CF 存储卡。在 CF 存储卡目录显示中,输出文件的名称为 PITCHERR.DAT

输出格式如下:

N 10000 P...;

N 11023 P...;

N 后数据为螺距误差补偿点,P 后数据为螺距误差补偿值。

(2)螺距误差补偿数据的输入

螺距误差补偿数据的输入需按下"急停",设置数据写人参数 PWE＝1,然后参照螺距误差补偿数据的输出步骤的①、③～⑤,并在第⑥步中按下软键"输入"后按"执行(EXEC)",再设置数据写入参数 PWE＝0。

1.3 FANUC 数控机床主轴系统

1.3.1 FANUC 数控机床主轴系统概述

1.数控机床主轴对伺服系统的要求

(1)数控机床主轴部件

数控机床主轴电动机通过同步带副将运动传递到主轴,主电动机为变频调速三相异步电动机,由变频器控制其速度的变化,从而使主轴实现无级调速,常见的主轴转速范围为 250r/min～6000r/min。

现代数控铣床的主轴开启与停止、主轴正反转与主轴变速等都可以按程序介质上编人的程序自动执行。不同的机床其变速功能与范围也不同。有的采用变频机组(目前已很少采用),固定几种转速,可任选一种编入程序,但不能在运转时改变;有的采用变频器调速,将转速分为几挡,编程时可任选一挡,在运转中可通过控制面板上的旋钮在本挡范围内自由调节;有的则不分挡,编程可在整个调速范围内任选一值,在主轴运转中可以在全速范围内进行无级调整,但从安全角度考虑,每次只能调高或调低在允许的范围内,不能有大起大落的突变。在数控铣床的主轴套筒内一般都设有自动拉、退刀装置,能在数秒内完成装刀与卸刀,使换刀显得较方便。此外,多坐标数控铣床的主轴可以绕 X、Y 或 Z 轴做数控摆动,也有的数控铣床带有万能主轴头,扩大了主轴自身的运动范围,但主轴结构更加复杂。

（2）数控机床主轴对伺服系统的要求

数控机床的技术水平依赖于进给和主轴伺服系统的性能。因此,数控机床对伺服系统的位置控制、速度控制及伺服电动机主要有下述要求。

1）进给调速范围要宽

调速范围 r_h 是伺服电动机的最高转速与最低转速之比,即 $r_h = \dfrac{n_{\max}}{n_{\min}}$。为适应不同零件及不同加工工艺方法对主轴参数的要求,数控机床的主轴伺服系统应能在很宽的范围内实现调速。

2）位置精度要高

为满足加工高精度零件的需要,关键之一是要保证数控机床的定位精度和进给跟踪精度。数控机床位置伺服系统的定位精度一般要求达到 $1\mu m$,甚至 $0.1\mu m$。相应地,对伺服系统的分辨率也提出了要求。伺服系统接受 CNC 送来的一个脉冲,工作台相应移动的距离称为分辨率。系统分辨率取决于系统的稳定工作性能和所使用的位置检测元件。

3）速度响应要快

为了保证零件尺寸、形状精度和获得低的表面粗糙度值,要求主轴系统除具有较高的定位精度外,还应有良好的快速响应特性,即要求跟踪指令信号的响应要快。一方面伺服系统加减速过渡过程时间要短;另一方面是恢复时间要短,且无振荡。

4）低速时大转矩输出

数控机床切削加工,一般低速时为大切削量（切削深度和宽度大）,要求伺服驱动系统在低速进给时,要有大的输出转矩。

2. 数控机床主轴驱动系统的特点

随着生产力的不断提高,机床结构的改进,加工范围的扩大,要求机床主轴的速度和功率也不断提高,主轴的转速范围也不断地扩大,主轴的恒功率调速范围更大,并有自动换刀的主轴准停功能等。

为了实现上述要求,主轴驱动要采用无级调速系统驱动。一般情况下主轴驱动只有速度控制要求,少量有位置控制要求,所以主轴控制系统常常只使用速度控制环。

由于主轴需要恒功率调速范围大,采用永磁式电动机不合理,往往采用他励式直流伺服电动机和笼型感应交流伺服电动机,而在现代数控机床中,使用交流伺服电动机的比例正在逐渐增加。

数控机床主旋转运动无需丝杠或其他直线运动的机构,机床的主轴驱动与进给驱动有很大的差别。

早年的数控机床多采用直流主轴驱动系统,但由于直流电动机的换向限制,大多数系统恒功率调速范围都非常小。随着微处理器技术和大功率晶体管技术的发展,20 世纪 80 年代初期开始,数控机床的主轴驱动运用了交流主轴驱动系统。目前,国内外新生产的数控机床基本都采用交流主轴驱动系统,交流主轴驱动系统将完全取代直流主轴驱动系统。这是因为交流电动机不像直流电动机那样在高转速和大容量方面受到限制,而且交流主轴驱动系统的性能已达到直流驱动系统的水平,甚至在噪声方面还有所降低,价格也比直流主轴驱动系统低。

1.3.2 通用变频器工作原理及端子功能

1. 通用变频器的工作原理

变频器即电压频率变换器,是一种将固定频率的交流电变换成频率、电压连续可调的交流电,以供给电动机运转的电源装置。交流电动机变频调速与控制技术已经在数控机床、纺织、印刷、造纸、冶金、矿山以及工程机械等各个领域得到了广泛应用,特别是在数控机床领域,变频的使用使得主轴系统的控制更加简便与可靠。

目前,通用变频器几乎都是交—直—交型变频器,因此本节以交—直—交电压型变频器为例,介绍变频器的基本构成。变频器主要由整流器和逆变器、控制电路组成,如图 1-30 所示。

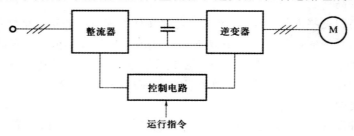

图 1-30　变频器的基本构成

（1）主电路

交—直—交电压型变频器的主电路由整流电路、中间直流电路和逆变器电路三部分组成。主电路的基本结构如图 1-31 所示。

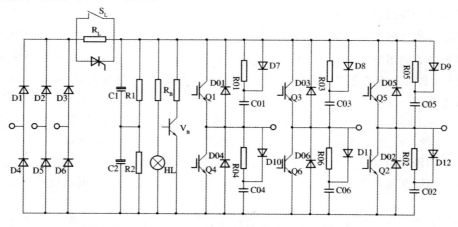

图 1-31　交—直—交电压型变频器主电路的基本结构

1）整流部分

作用是将频率固定的三相交流电变换成直流电。由整流电路和滤波环节组成。主电路首选可以采用桥式全波整流电路来进行。在中小容量的变频器中,整流器件采用不可控的整流二极管或二极管模块,如图 1-31 中的 VD1～VD6 所示。当三相线电压为 380V 时,整流后的峰值电压为 537V,平均电压为 515V。

由于受到电解电容的电容量和耐压能力的限制,滤波电路通常由若干个电容器并联成一组,可以将两个电容器组 C1 和 C2 串联而成。为了使 U_{D1} 和 U_{D2} 相等,在 C1 和 C2 旁备并联一个阻值相等的均压电阻 R1 和 R2。

2)控制电路

主要任务是完成对逆变器开关元件的开关控制和提供多种保护功能。控制方式分为模拟控制和数字控制两种。目前已广泛采用了以微处理器为核心的全数字控制技术。硬件电路尽可能简单,各种控制功能主要靠软件来完成。

如果整流电路中电容的容量很大,还会使电源电压瞬间下降而形成对电网的干扰。限流电阻 RL 就是为了削弱该冲击电流而串接在整流桥和滤波电容之间的。短路开关 SL 的作用是:限流电阻 RL 如常期接在电路内,会影响直流电压和变频器输出电压的大小。所以,当增大到一定程度时,令短路开关 SL 接通,把 RL 切出电路。SL 大多由晶闸管构成,在容量较小的变频器中,也常由接触器或继电器的触点构成。

3)逆变部分

逆变的基本工作原理:将直流电变换为交流电的过程称为逆变,完成逆变功能的装置称为逆变器,它是变频器的重要组成部分。

交—直变换电路就是整流和滤波电路,其任务是把电源的三相(或单相)交流电变换成平稳的直流电。由于整流后的直流电压较高,且不允许再降低,因此,在电路结构上具有特殊性。

三相逆变桥电路的功能是把直流电转换成三相交流电,逆变桥电路由图 1-31 中的开关器件 Q1~Q6 构成。目前中小容量的变频器中,开关器件大部分使用 IGBT 管,并可以为电动机绕组的无功电流返回直流电路时提供通路,当频率下降从而同步转速下降时,为电动机的再生电能反馈至直流电路提供通路。

2. 控制电路

控制电路的基本结构如图 1-32 所示,它主要由电源板、主控板、键盘与显示板、外接控制电路等构成。主控板是变频器运行的控制中心,其主要功能如下。

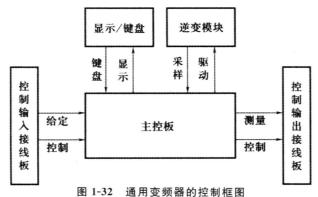

图 1-32 通用变频器的控制框图

①接受从键盘输入的各种信号。

②接受从外部控制电路输入的各种信号。

③接受内部的采样信号,如主电路中电压与电流的采样信号、各部分温度的采样信号、各逆变管工作状态的采样信号等。

④完成 SPWM 调制,将接受的各种信号进行判断和综合运算,产生相应的 SPWM 调制指令,并分配给各逆变管的驱动电路。

⑤发出显示信号,向显示板和显示屏发出各种显示信号。

⑥发出保护指令,变频器必须根据各种采样信号随时判断其工作是否正常,一旦发现异常工况,必须发出保护指令进行保护。

⑦向外电路发出控制信号及显示信号,如正常运行信号、频率到达信号、故障信号等。

3.变频器的端子功能

小功率变频电源产品的外形如图 1-33 所示。一般三相输入、三相输出变频电源的基本电气接线原理图如图 1-34 所示。

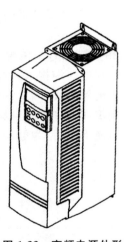

图 1-33　变频电源外形

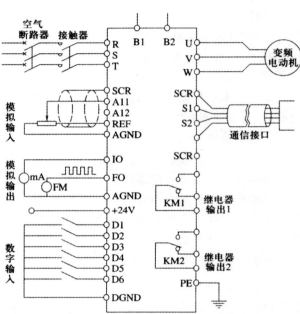

图 1-34　变频电源基本接线原理

(1)主接线端子

主接线端子是变频器与电源及电动机连接的接线端子,主接线端子示意图见图 1-35。

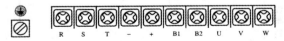

图 1-35　主接线端子的示意图

主接线端子的功能主要是用来接通主电路和制动电路。主接线端子功能见表 1-3。

表 1-3　主回路端子的功能表

目的	使用端子	目的	使用端子
主回路电源输入	R、S、T	直流电抗器连接	＋、B1(去掉短接片)
变频器输出	U、V、W	制动电阻连接	B1、B2
直流电源输入	一、＋		

主电路接入口 R、S、T 处应按常规动力线路的要求预先串接符合该电动机功率容量的空气断路器和交流接触器,以便对电动机工作电路进行正常的控制和保护。经过变频后的三相动力接出口为 U、V、W,在它们和电动机之间可安排热继电器以防止电动机过长时间过载或单相运行等问题。电动机的转向仍然靠外部的线头换相来确定或控制。

B1、B2 用来连接外部制动电阻,改变制动电阻值的大小可调节制动的程度。

(2)控制端子

控制端子的功能主要是为了实现变频器的控制功能,包括指令电压的输入、报警信息的输出与输出等,它是数控系统对变频实现控制功能的端子,也是变频将运行信息输入到数控系统的纽带。

工作频率的模拟输入端为 A11 和 A12,模拟量地端 AGND 为零电位点。电压或电流模拟方式的选择一般通过这些端口的内部跳线来确定。电压模拟输入也可以从外部接入电位器实现(有的变频电源将此环节设定在内部),电位器的参考电压从 REF 端获取。

工作频率挡位的数字输入由 D3、D4、D5 的三位二进制数设定,"000"认定为模拟控制方式。另外三个数字端可分别控制电动机电源的启动、停止,启动及制动过程的加、减速时间选定等功能。数字量的参考电位点是 DGND。

一般变频电源都提供模拟电流输出端 IO 和数字频率输出端 FO,便于建立外部的控制系统。如需要电压输出可外接频压转换环节获得。继电器输出 KM1 和 KM2 可对外表述诸如变频电源有无故障、电动机是否在运转、各种运转参数是否超过规定极限、工作频率是否符合给定数据等种种状态,便于整个系统的协调和正常运行。

通信接口可以选择是否将该变频电源作为某个大系统的终端设备,它们的通信协议一般由变频电源厂商规定,不可改变。

为保证变频电源的正常工作,其外壳 PE 应可靠地接入大地零电位。所有与信号相关的接线群都要有屏蔽接点。

1.3.3　CNC 系统与变频器接线

1. 数控装置与模拟主轴连接信号原理

数控装置通过主轴控制接口和 PLC 输入输出接口,连接各种主轴驱动器,实现正反转、定向、调速等控制,还可以外接主轴编码器,实现螺纹车削和铣床上的刚性攻丝功能。

(1)主轴启停

以 FANUC 系统为例,假如使用数控系统的输出信号 Y1.0、Y1.1 输出即可控制主轴装置的正、反转及停止,一般定义接通有效;当 Y1.0 接通时,可控制主轴装置正转;Y1.1 接通时,主轴装置反转;二者都不接通时,主轴装置停止旋转。在使用某些主轴变频器或主轴伺服单元时,也用 Y1.0、Y1.1 作为主轴单元的使能信号。

部分主轴装置的运转方向由速度给定信号的正、负极性控制,这时可将主轴正转信号用作主轴使能控制,主轴反转信号不用。

部分主轴控制器有速度到达和零速信号,由此可使用主轴速度到达和主轴零速输入,实现 PLC 对主轴运转状态的监控。

(2)主轴速度控制

数控系统通过主轴接口中的模拟量输出可控制主轴转速,当主轴模拟量的输出范围为

—10～+10V,用于双极性速度指令输入主轴驱动单元或变频器,这时采用使能信号控制主轴的启、停。当主轴模拟量的输出范围为 0～+10V,用于单极性速度指令输入的主轴驱动单元或变频器,这时采用主轴正转、主轴反转信号控制主轴的正、反转。模拟电压的值由用户 PLC 程序送到相应接口的数字量决定。

（3）主轴编码器连接

通过主轴接口可外接主轴编码器,用于螺纹切割、攻丝等,数控装置可接入两种输出类型的编码器,即差分 TTL 方波或单极性 TYL 方波。一般使用差分编码器,确保长的传输距离的可靠性及提高抗干扰能力。数控装置与主轴编码器的接线图如图 1-36 所示。

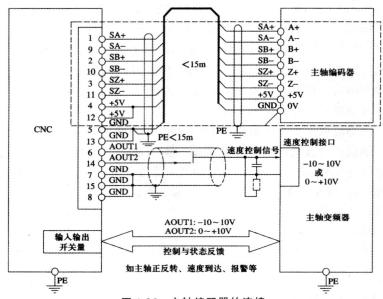

图 1-36　主轴编码器的连接

2.数控装置与三菱变频器的连接

下面以 CK6 140 数控车床（系统为 FANUC Oi mate C）为例,具体说明 CNC 系统、数控机床与变频器的信号流程及其功能。图 1-37 为 CK6140 数控车床的主轴驱动装置（三菱变频器）的接线图。

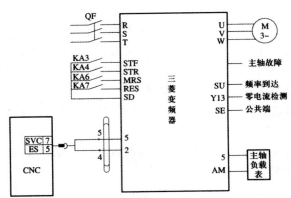

图 1-37　数控车床主轴驱动系统的接线图

（1）CNC 到变频器的信号

1）主轴正转信号、主轴反转信号

用于手动操作（JOG 状态）和自动状态（自动加工 M03、M04、M05）中，实现主轴的正转、反转及停止控制。系统在点动状态时，利用机床面板上的主轴正转和反转按钮发出主轴正转或反转信号，通过系统 PMC 控制 KA3、KA4 的通断，向变频器发出信号，实现主轴的正、反转控制，此时主轴的速度是由系统存储的 S 值与机床主轴的倍率开关决定的。系统在自动加工时，通过对程序辅助功能代码 M03、M04、M05 的译码，利用系统的 PMC 实现继电器 KA3、KA4 的通断控制，从而达到主轴的正、反转及停止控制，此时的主轴速度是由系统程序中的 S 指令值与机床的倍率开关决定的。

2）系统故障输入

当数控机床出现故障时，通过系统 PMC 发出信号控制 KA6 获电动作，使变频器停止输出，实现主轴自动停止控制，并发出相应的报警信息。

3）系统复位信号

当系统复位时，通过系统 PMC 控制 KA7 获电动作，进行变频器的复位控制。

4）主轴电动机速度模拟量信号

用来接收系统发出的主轴速度信号（模拟量电压信号），实现主轴电动机的速度控制。FANUC 系统将程序中的 S 指令与主轴倍率开关的乘积转换成相应的模拟量电压（0－10V），输入到变频器的模拟量电压频率给定端，从而实现主轴电动机的速度控制。

（2）变频器到 CNC 的信号

1）变频器故障输入信号

当变频器出现任何故障时，数控系统也停止工作并发出相应的报警（机床报警灯亮及发出相应的报警信息）。主轴故障信号是通过变频器的故障输出端发出，再通过 PMC 向系统发出急停信号，使系统停止工作。

2）主轴频率到达信号

数控机床自动加工时，主轴频率到达信号实现切削进给开始条件的控制。当系统的功能参数（主轴速度到达检测）设定为有效时，系统执行进给切削指令前要进行主轴速度到达信号的检测，即系统通过 PMC 检测来自变频器发出的频率到达信号，系统只有检测到该信号，切削进给才能开始，否则系统进给指令一直处于待机状态，使用 SU 作为信号的输入。

3）主轴零速信号

数控机床有些动作需要主轴停止才能进行，如当数控车床的卡盘采用液压控制时，主轴零速信号用来实现主轴旋转与液压卡盘的连锁控制－。只有主轴速度为零时，液压卡盘控制才有效；主轴旋转时，液压卡盘控制无效，使用 Y13 作为信号输入。

（3）变频器到机床侧的信号

主轴负载表的信号，变频器将实际输出电流转换成模拟量电压信号（0～10V），通过变频器输出接口（5－AM）输出到机床操作面板上的主轴负载表（模拟量或数显表），实现主轴负载监控。

3. 数控装置与伺服主轴装置的连接

（1）FANUC 系统 S 系列伺服主轴连接

图 1-38 是 FANUC 系统 S 系列主轴伺服系统的连接方法，其中 K1 为从伺服变压器副边

输出的 AC200V 三相电源电缆,应接到主轴伺服单元的 R、S、T 和 G 端。

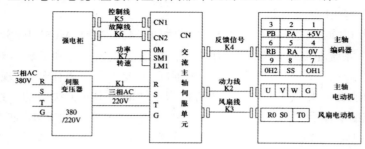

图 1-38 S 系列主轴伺服系统的连接方法

K2 为从主轴伺服单元的 U、V、W 和 G 端输出到主轴电动机的动力线,应与接线盒盖内面的指示相符。K3 为从主轴伺服单元的端子 T1 上的 R0、SO 和 TD 输出到主轴风扇电动机的动力线,应使风扇向外排风。K4 为主轴电动机的编码器反馈电缆,其中 PA、PB、RA 和 RB 用作速度反馈信号,OH1 和 OH2 为电机温度接点,SS 为屏蔽线。K5 为从 NC 和 PMC 输出到主轴伺服单元的控制信号电缆,接到主轴伺服单元的 50 芯插座 CNl,其中的信号含义如表 1-4 所列。

表 1-4 主轴控制信号

芯号	信号	功能
1,2	SARl,2	主轴速度到达信号(输出)
3,4	SSTl,2	主轴零速信号(输出)
5	TLML	主轴扭矩限制信号(小扭矩)(输入)
6	OT	TLML,TLMH 信号地线(OV)
7,8	MRDYl,2	主轴运行准备信号(输入)
9,10	TLM5,6	主轴扭矩限制信号(输出)
11,12	ALMl,2	主轴故障(输出)
13	OR	主轴故障报警公共线
14	OS	主轴速度连续修调,正、反转信号地线(0V)
15,16	STD1,2	主轴速度检测信号(输出)
17	CTH	主轴高速挡信号(输入)
18	OM	主轴功率/转速表地线
19,20	ARSTl.2	主轴报警复位信号(输入)
21	TLMH	主轴扭矩限制信号(大扭矩)(输人)
22,23	ORARl,2	主轴定向完成信号(输出)
24	CTM	主轴中速挡信号(输入)
25,26	ORCMl,2	主轴定向命令信号(输入)
27.28	OVRl,2	主轴速度连续修调命令信号(输入)

续表

芯号	信号	功能
29	+15V	电源
30.31	DA2,E	主轴速度信号(模拟电压)(输入)
45	SFR	主轴正转命令(输入)
46	SRV	主轴反转命令(输入)
47.48	ESP1,2	主轴紧急停机命令(输入)
49	LM1	主轴功率表信号(输出)
50	SM1	主轴转速表信号(输出)

图 1-38 中 K6 为从主轴伺服单元的 20 芯插座 CN3 输出的主轴故障识别信号,该组信号由 AL8,AIA,AL2 和 AL1 以及公共线 COM 组成,由它们产生的 16 种二进制状态表示相应的故障类型,这些信号进 PMC 的输入点后,由相应的程序译码并显示在 CRT 示器上。

(2)FANUC 系统 α 系列主轴连接

FANUC 系统 α 系列交流伺服电动机出台以后,主轴和进给伺服系统的结构有了很大的变化,图 1-39 是它们的配置情况,其主要连接特点如下。

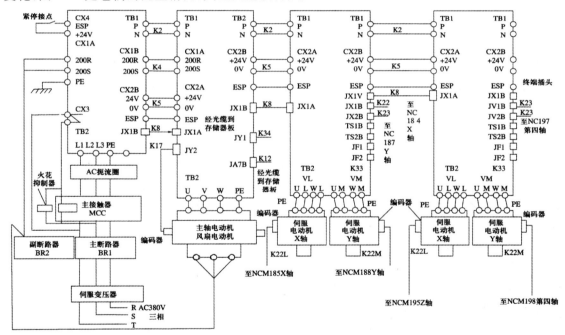

图 1-39　α 系列主轴和进给伺服系统的基本配置和连接方法

①主轴伺服单元和进给伺服单元由一个电源模块统一供电。由三相电源变压器副边输出的线电压为 200V 的电源(R,S,T)经总电源断路器 BK1,主接触器 MCC 和扼流圈 L 加到电源模块上,电源模块的输出端(P,N)为主轴伺服放大器模块和进给伺服放大器模块提供直流 200V 电源。

②紧停控制信号接到电源模块的 +24V 和 ESP 端子后,再由其相应的输出端接到主轴和

进给伺服放大器模块,同时控制紧停状态。

③从 NC 发出的主轴控制信号和返回信号经光缆传送到主轴伺服放大器模块。

④控制电源模块的输入电源的主轴接触器 MCC 安装在模块外部。

1.3.4　变频器功能参数设定

变频器功能参数很多,一般都有数十甚至上百个参数供用户选择。实际应用中,没必要对每一参数都进行设置和调试,多数只要采用出厂设定值即可。但有些参数由于和实际使用情况有很大关系,且有的还相互关联,因此要根据实际进行设定和调试。因各类型变频器功能有差异,而相同功能参数的名称也不一致,为叙述方便,本节以三菱变频器基本参数名称为例。由于是基本参数,各类型变频器都具有类比性,所以对于其他类型的变频器完全可以做到触类旁通。

1.变频器参数设定项概述

(1)加减速时间

加速时间就是输出频率从 0 上升到最大频率所需时间,减速时间是指从最大频率下降到 0 所需时间。通常用频率设定信号上升、下降来确定加减速时间。在电动机加速时须限制频率设定的上升率以防止过电流,减速时则限制下降率以防止过电压。加速时间设定要求是:将加速电流限制在变频器过电流容量以下,不使过流失速而引起变频器跳闸。减速时间设定要点是:防止平滑电路电压过大,不使再生过压失速而使变频器跳闸。加减速时间可根据负载计算出来,但在调试中常采取按负载和经验先设定较长加减速时间,通过启、停电动机观察有无过电流、过电压报警;然后将加减速设定时间逐渐缩短,以运转中不发生报警为原则,重复操作几次,便可确定出最佳加减速时间。

(2)转矩提升

此参数是为补偿因电动机定子绕组电阻所引起的低速时转矩降低,而把低频率范围 f/V 增大的方法。设定为自动时,可使加速时的电压自动提升以补偿启动转矩,使电动机加速顺利进行。如采用手动补偿时,根据负载特性,尤其是负载的启动特性,通过试验可选出较佳曲线。对于变转矩负载,如选择不当会出现低速时的输出电压过高,而浪费电能的现象,甚至还会出现电动机带负载时启动电流大,而转速上不去的现象。

(3)电子热过载保护

本功能为保护电动机过热而设置,它是变频器内 CPU 根据运转电流值和频率计算出电动机的温升,从而进行过热保护。本功能只适用于"一拖一"场合,而在"一拖多"时,则应在各台电动机上加装热继电器。电子热保护设定值(%)=[电动机额定电流(A)/变频器额定输出电流(A)]×100%。

(4)频率限制

即变频器输出频率的上、下限幅值。频率限制是为防止误操作或外接频率设定信号源出故障,而引起输出频率的过高或过低,以防损坏设备的一种保护功能。在应用中按实际情况设定即可。此功能还可作限速使用,如有的皮带输送机,由于输送物料不太多,为减少机械和皮带的磨损,可采用变频器驱动,并将变频器上限频率设定为某一频率值,这样就可使皮带输送机运行在一个固定、较低的工作速度上。

(5)偏置频率

有的又叫偏差频率或频率偏差设定。其用途是当频率由外部模拟信号(电压或电流)进行设定时,可用此功能调整频率设定信号最低时输出频率的高低。

有的变频器当频率设定信号为 0% 时,偏差值可作用在 $0\sim f_{max}$ 范围内,有的变频器还可对偏置极性进行设定。如在调试中当频率设定信号为 0% 时,变频器输出频率不为 0Hz,而为 xHz,则此时将偏置频率设定为负的 xHz 即可使变频器输出频率为 0Hz。

(6)频率设定信号增益

此功能仅在用外部模拟信号设定频率时才有效。它是用来弥补外部设定信号电压与变频器内电压(+10V)的不一致问题;同时方便模拟设定信号电压的选择,设定时,当模拟输入信号为最大时(如 10V、5V 或 20mA),求出可输出 f/V 图形的频率百分数并以此为参数进行设定即可;如外部设定信号为 $0\sim5V$ 时,若变频器输出频率为 $0\sim50$Hz,则将增益信号设定为 200% 即可。

(7)转矩限制

可分为驱动转矩限制和制动转矩限制两种。它是根据变频器输出电压和电流值,经 CPU 进行转矩计算,其可对加减速和恒速运行时的冲击负载恢复特性有显著改善。转矩限制功能可实现自动加速和减速控制。假设加减速时间小于负载惯量时间时,也能保证电动机按照转矩设定值自动加速和减速。驱动转矩功能提供了强大的启动转矩,在稳态运转时,转矩功能将控制电动机转差,而将电动机转矩限制在最大设定值内,当负载转矩突然增大时,甚至在加速时间设定过短时,也不会引起变频器跳闸。在加速时间设定过短时,电动机转矩也不会超过最大设定值。驱动转矩大对启动有利,以设置为 80%~100% 较妥。制动转矩设定数值越小,其制动力越大,适合急加减速的场合,如制动转矩设定数值设置过大会出现过压报警现象。如制动转矩设定为 0% 时,可使加到主电容器的再生总量接近于 0,从而使电动机在减速时不使用制动电阻也能减速至停转而不会跳闸。但在有的负载上,如制动转矩设定为 0% 时,减速时会出现短暂空转现象,造成变频器反复起动,电流大幅度波动,严重时会使变频器跳闸,应引起注意。

(8)加减速模式选择

又叫加减速曲线选择。一般变频器有线性、非线性和 S 三种曲线,通常大多选择线性曲线;非线性曲线适用于变转矩负载,如风机等;S 曲线适用于恒转矩负载,其加减速变化较为缓漫。设定时可根据负载转矩特性,选择相应曲线,但也有例外,笔者在调试一台锅炉引风机的变频器时,先将加减速曲线选择非线性曲线,一启动运转变频器就跳闸,调整改变许多参数无效果,后改为 S 曲线后就正常了。究其原因是:启动前引风机由于烟道烟气流动而自行转动,且反转而成为负向负载,这样选取了 S 曲线,使刚启动时的频率上升速度较慢,从而避免了变频器跳闸的发生,当然这是针对没有启动直流制动功能的变频器所采用的方法。

(9)转矩矢量控制

矢量控制是基于理论上认为:异步电动机与直流电动机具有相同的转矩产生机理。矢量控制方式就是将定子电流分解成规定的磁场电流和转矩电流,分别进行控制,同时将两者合成后的定子电流输出给电动机。因此,从原理上可得到与直流电动机相同的控制性能。采用转矩矢量控制功能,电动机在各种运行条件下都能输出最大转矩,尤其是电动机在低速运行区域。现在的变频器几乎都采用无反馈矢量控制,由于变频器能根据负载电流大小和相位进行转差补偿,使电动机具有很硬的力学特性,对于多数场合已能满足要求,不需在变频器的外部设置速度反馈电路。这一功能的设定,可根据实际情况在有效和无效中选择一项即可。

与之有关的功能是转差补偿控制,其作用是为补偿由负载波动而引起的速度偏差,可加上对应于负载电流的转差频率。这一功能主要用于定位控制。

2.三菱变频器参数

三菱变频器的参数比较复杂,但在应用中有些参数厂家设定好后就不需改变,下面介绍部分比较常用的参数。

(1)Pr.1"上限频率"和Pr.2"下限频率"

这两个参数是用来设定变频器的运行范围,限制变频器的上、下限频率是为防止无操作或外接频率设定信号源出故障,而引起输出频率过高或过低,以防损坏设备。Pr.2 的设定范围为0~120Hz如果需要超出120Hz运行,就需要设置 Pr.18,当 Pr.18 设置成大于120Hz时,Pr.1=Pr.18。

(2)Pr.7"加速时间"和Pr.8"减速时间"

在电动机加速时需限制频率设定的上升率以防止过电流,减速时则限制频率设定的下降率以防过电压,设定关系如图1-40所示。

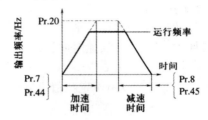

图 1-40 加、减速时间的设定

①用 Pr.7 设定从 0Hz 到 Pr.20(加减速基准频率)设定频率的加速时间。

②用 Pr.8 设定从 Pr.20 设定频率到 0Hz 的减速时间。

加减速时间设置不当会引起报警,加速时间设定要求是:将加速电流限制在变频器过电流容量以下,不使过流失速而使变频器跳闸。减速时间设定要点是:防止平滑电路电压过大,不使再生过压失速而使变频器跳闸。加减速时间可根据负载计算出来,但在调试中常采取按负载和经验先设定较长加、减速时间,通过启、停电动机观察有无过电流、过电压报警;然后将加、减速设定时间逐渐缩短,以运转中不发生报警为原则,重复操作几次,便可确定出最佳加、减速时间。

(3)Pr.9"电子过电流保护"

通过设定电子过电流保护的电流值可防止电机过热,即使在低速运行时电机冷却能力降低时,也可以得到最优的保护特性。它是变频器内 CPU 根据运转电流值和频率计算出电动机温升,从而进行过热保护。仅使用于一台变频器驱动一台电机。

①设定电机的额定电流单位为"A"。

②当设定为"0"时,电子过电流保护无效(电机保护功能)无效。(变频器的保护功能动作)。

③当变频器和电机容量相差过大和设定过小时,电子过电流保护特性将恶化,在此情况下,需在外部安装热继电器。

④特殊电机不能使用电子过电流保护,需在外部安装热继电器。

(4)Pr.79"操作模式选择"

用来切换变频器的操作模式:

设定 Pr.79＝0 时为外部操作模式,根据外部启动信号和频率设定信号进行的运行方法。

设定 Pr.79＝1 时为 PU 操作模式,用选件的操作面板,参数单元运行的方法。

设定 Pr.79＝2 时为系统操作模式,由数控系统给定信号运行。

设定 Pr.79＝3 时为组合操作模式 1,启动信号是外部启动信号,频率设定用选件的操作面板,参数单元设定的方法。

设定 Pr.79＝4 时为组合操作模式 2,启动信号是选件的操作面板的运行指令键,频率设定是外部频率设定信号的运行方法。

(5)Pr.180~Pr.183"多功能输入端子功能设定"和 Pr.190~Pr.192"多功能输出端子的功能设定"

用来设定多功能输入端子 RH、RM、RL、MRS 和多功能输出端子 A、B、C、RUN、FU、SE 的功能。

(6)多段速运行(Pr.4,Pr.5,Pr.6,Pro 24~Pr.27,Pr.232~Pr.239)

可通过开启、关闭接点信号(RH,RM,RL,REX 信号),选择各种速度,如图 1-41 变频器的多段速设定所示。用 Pr.1"上限频率",Pr.2"下限频率"的组合,最多可以设定 17 种速度。

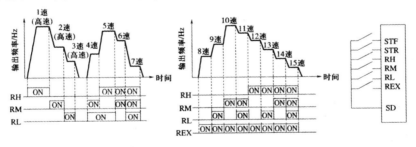

图 1-41　变频器的多段速设定

(7)关于电机的参数设置

Pr.3 基准频率电压,当使用标准电机时通常设为电机的额定电压,Pr.80"电机容量"设定时,电机容量与变频器的容量相等或低一级,Pr.19"基准频率电压"通常设为电机的额定电压。

1.4　FANUC 数控机床进给伺服系统

1.4.1　进给伺服控制概述

数控系统所发出的控制指令是通过进给驱动系统驱动机械执行部件,最终实现机床精确的进给运动。数控机床的进给驱动系统是一种位置随动与定位系统,它的作用是快速、准确地执行由数控系统发出的运动命令,精确地控制机床进给传动链的坐标运动。它的性能一定程度上决定了数控机床的性能,如最高移动速度、轮廓跟随精度、定位精度等。

随着自动控制领域技术的飞速发展,特别是微电子和电力技术的不断更新,由早期的直流伺服控制系统发展至交流伺服控制系统。交流伺服控制系统从模拟量控制逐步发展为目前大多数数控厂家普遍使用的全数字控制系统。FANUC 公司先后经过模拟量交流伺服、数字交流伺服 S 系列和全数字交流伺服系统 e 系列,21 世纪初,FANUC 公司又成功地开发出高速串行总线(FSSB)控制的 αi 系列和 βi 系列全数字交流伺服系统,实现了数控机床的高精度、高速度、高可靠性及高效节能的控制。

1.伺服驱动系统组成

一般驱动系统主要由以下几个部分组成。

(1)驱动装置

驱动电路接收 CNC 发出的指令,并将输入信号转换成电压信号,经过功率放大后,驱动电机旋转。转速的大小由指令控制。

(2)执行元件

可以是步进电动机、直流电动机,也可以是交流电动机。

(3)传动机构

包括减速装置和滚珠丝杠等。若采用直线电动机作为执行元件,则传动机构与执行元件为一体。

(4)检测元件及反馈电路

包括速度反馈和位置反馈,有旋转变压器、光电编码器、光栅等。用于速度反馈的检测元件一般安装在电机上,位置反馈的检测元件则根据闭环的方式不同而安装在电动机或机床上;在半闭环控制时速度反馈和位置反馈的检测元件一般共用电动机上的光电编码器,对于全闭环控制则分别采用各自独立的检测元件。

2.进给伺服控制方式

伺服驱动系统分为开环和闭环控制两类,开环控制与闭环控制的主要区别为是否采用了位置和速度检测反馈元件组成了反馈系统。开环控制结构简单,精度低。闭环控制精度高,但构成较复杂,是进给驱动系统的主要形式。

(1)开环控制进给驱动系统

开环控制一般采用步进电动机作为驱动元件,如图 1-42 所示。由于它没有位置和速度反馈控制回路,从而简化了线路,因此设备投资低,调试维修都很方便。但它的进给速度和精度都较低,一般应用于低档数控机床及普通的机床改造。

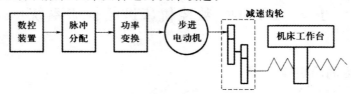

图 1-42　开环控制系统框图

（2）闭环控制进给驱动系统

闭环控制一般采用伺服电动机作为驱动元件，根据位置检测元件所处在数控机床不同的位置，它可以分为半闭环、全闭环和混合闭环三种。半闭环控制一般将检测元件安装在伺服电动机的非输出轴端，伺服电动机角位移通过滚珠丝杠等机械传动机构转换为数控机床工作台的直线或角位移。全闭环控制是将位置检测元件安装在机床工作台或某些部件上，以获取工作台的实际位移量。混合闭环控制则采用半闭环控制和全闭环控制结合的方式。

1）半闭环控制

半闭环位置检测方式一般将位置检测元件安装在电动机的轴上，用以精确控制电动机的角度，然后通过滚珠丝杠等传动机构，将角度转换成工作台的直线位移，如果滚珠丝杠的精度足够高，间隙小，精度要求一般可以得到满足。而且传动链上有规律的误差（如间隙及螺距误差）可以由数控装置加以补偿，因而可进一步提高精度，因此在精度要求适中的中小型数控机床上半闭环控制得到了广泛的应用。半闭环控制系统框图如图 1-43 所示。

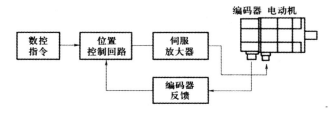

图 1-43　半闭环控制系统框图

半闭环方式的优点是闭环环路短（不包括传动机械），因而系统容易达到较高的位置增益，不发生振荡现象。它的快速性也好，动态精度高，传动机构的非线性因素对系统的影响小。但如果传动机构的误差过大或误差不稳定，则数控系统难以补偿。例如由传动机构的扭曲变形所引起的弹性变形，因其与负载力矩有关，故无法补偿。由制造与安装所引起的重复定位误差，以及由于环境温度与丝杠温度的变化所引起的丝杠螺距误差也不能补偿。因此要进一步提高精度，只有采用全闭环控制方式。

2）全闭环控制

全闭环方式直接从机床的移动部件上获取位置的实际移动值，因此其检测精度不受机械传动精度的影响。全闭环控制系统框图如图 1-44 所示。

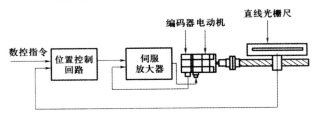

图 1-44　全闭环控制系统框图

全闭环方式对传动机构有较高的要求。因闭环环路包括了机械传动机构，它的闭环动态特性不仅与传动部件的刚性、惯性有关，而且还取决于阻尼、油的黏度、滑动面摩擦因数等因素。这些因素对动态特性的影响在不同条件下还会发生变化，这给位置闭环控制的调整和稳定带来了困难,导致调整闭环环路时必须要降低位置增益,从而对跟随误差与轮廓加工误差产生了不利影响。所以采用全闭环方式时必须增大机床的刚性,改善滑动面的摩擦特性,减小传动间隙,这样才有可能提高位置增益。全闭环方式广泛应用在精度要求较高的大型数控机床上。

3)混合闭环控制

如图 1-45 所示为混合闭环控制。混合闭环方式采用半闭环与全闭环结合的方式。它利用半闭环所能达到的高位置增益,从而获得了较高的速度与良好的动态特性。它又利用全闭环补偿半闭环无法修正的传动误差,从而提高了系统的精度。混合闭环方式适用于重型、超重型数控机床,因为这些机床的移动部件很重,设计时提高刚性较困难。

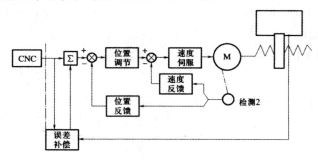

图 1-45　混合闭环控制系统框图

3. FANUC 进给控制系统分类

随着直流控制系统逐渐被交流控制系统代替,FANUC 驱动主要采用的控制电动机有:用于主轴驱动的交流感应异步电动机和用于伺服驱动的交流永磁同步电动机。这两种电动机控制原理如图 1-46 所示。

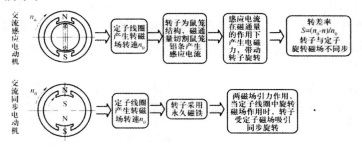

图 1-46　电机控制原理

交流感应异步电动机与交流永磁同步电动机的工作原理既有相同之处,又有不同之处,在数控机床应用中,适用场合不尽相同。两者均是通过定子磁场的旋转带动转子旋转;控制定子磁场旋转的驱动电路原理大同小异,区别不大,大多采用脉宽调制(PWM)处理。但是在反馈电路处理和位置环控制上,感应电动机和同步电动机就不同了。

感应电动机通过有效的控制可以使电动机在额定转速区间工作,额定速度范围内的恒功率输出是感应电动机的特性。在数控机床中这一特性被用于主轴驱动,因为刀具切削时需要稳定的功率输出。一般主轴电动机规格以功率表示,例如主轴电动机标牌为 ot22 表明该主轴电动机功率为 22kW。

同步电动机转子采用永磁体,加之高分辨率编码器,跟踪电动机转子实时旋转角度并反馈给数控系统,通过位置环、速度环、电流环控制保证转子的高精度同步定位,实现了低速大扭矩及高精度同步旋转的恒转矩特性,这一特性在数控机床中被用于伺服电动机驱动。伺服电动机规格以扭矩表示,例如伺服电动机标牌为 a22 则表明该伺服电动机扭矩为 22N·m。

扭矩 T 与功率 P 之间的关系为 $T\omega = P$。因为 ω(弧度/秒)$= \dfrac{2\pi n}{60}$(转/分),所以得出关系式 $T = 9550\dfrac{P}{n}$。

1.4.2 进给伺服控制原理

数控系统的伺服控制主要含有三个环节,位置环、速度环和电流环,又称为三环控制。其中位置环接收 CNC 的移动指令脉冲(MCMD),与位置反馈脉冲比较运算,精确控制机床定位;速度环接收位置环传人的速度指令(VCMD),进行加减速控制、抑制振荡等;电流环通过力矩指令(TCMD),并根据实际负载的电流反馈状况对放大器实施脉宽调制(PWM),输出扭矩不断变化并随负载扭矩加大而加大、随负载扭矩减小而减小。

FANUC 的系统把速度、电流控制部分设计在系统的内部,该伺服部分作为系统控制的一部分,通常叫做轴卡。该部分实现了速度和电流的控制,最终将被三角波调制后的 PWM 信号输出到伺服装置。图 1-47 简要地描述了 FANUC 伺服的控制框图。

位置控制是数控系统的主要控制工作之一。位置环是伺服控制的最外环,以位置指令(MCMD)作为控制对象。图 1-47 中,系统的位置指令通过总线传给插补器,插补器会产生一系列指令脉冲。该指令脉冲经过指令倍率 CMR 乘积后输出到误差寄存器中。而位置检测装置反馈的脉冲经方向鉴别电路以后也处理成一系列脉冲,该脉冲经过检测倍率 DMR 乘积以及柔性齿轮比 n/m 折算后也输出到位置误差寄存器中。位置误差寄存器与环路增益(参数 PRM 1825)的乘积即为速度环的速度指令(VCMD)。实际上位置环处理中包括了丝杠反向间隙和螺距误差补偿信号。

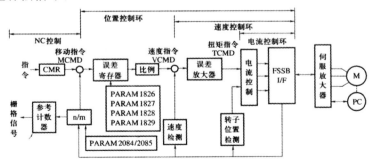

图 1-47 FANUC 伺服的控制框图

速度控制单元包括了伺服控制的电流环和速度环的双环控制系统。它将位置环发出的速度指令 VCMD 和速度反馈信号都输入到误差放大器中,经过误差放大器的补偿后作为控制电动机的扭矩指令(TCMD)进入电流控制环节,最终进行脉宽调制处理,形成 PWM 脉宽调制信号。

伺服系统的三个反馈回路(位置回路、速度回路以及电流回路)中,最内环回路的反应速度最快,中间环节的反应速度必须高于最外环。

位置环增益:伺服系统的反应由位置环增益决定。位置环增益设定为较高的值时,反应速度会增加,缩短定位所需时间,位置跟踪误差就越小。若是要将位置回路增益设定为高值,机械系统的刚性与自然频率也必须很高。

速度环增益:主要用以决定速度环的反应速度。在机械系统不振动的前提下,参数设定的值越大,反应速度就会增加。一般情况下,负载惯量越大,设定值越大。

速度环积分时间参数:用于消除静态误差。积分时间参数增加,反应时间越慢,所需的定位设定时间就越长。积分时间参数越小时,速度跟随性越好,静差越小,但系统调节的频率更快,与机械的谐振频率越接近,产生机械振动。

1.4.3 进给伺服硬件连接

分析了伺服的工作原理之后,本节将对伺服系统的硬件进行介绍。传统的伺服控制将速度环和电流环控制集成在伺服单元(SVU)上,例如 FANUC 6 系统,FANUC 10/1112 系列等。FANUC αi 系列伺服已经将这三个控制环节通过软件的方式融入 CNC 系统中。电机前面的模块已不再被称为伺服驱动器了,FANUC 将其称为伺服放大器,因为驱动模块仅起末级功率放大的作用,不再有速度环和电流环控制作用。

伺服系统的硬件主要有伺服单元(SVU)和伺服模块(SVM)两种驱动装置。伺服单元和伺服模块的工作原理基本相同,不同点为伺服单元输入为三相 200V 交流电源,伺服电动机的再生能量经过制动单元放电实现快速制动,当主轴驱动装置为模拟主轴(如变频器)时,采用伺服单元驱动进给轴电机。FANUC 伺服单元有 α 系列、β 系列和 βi 系列。伺服模块电源为电源模块的直流电源(DC300V)时,电动机的再生能量通过电源模块反馈到电网中,当主轴驱动装置为串行主轴时,进给轴驱动装置采用伺服模块。FANUC 伺服模块有 α 系列和 αi 系列。其中 α 系列、β 系列用于 OiA 系统,αi 系列、βi 系列用于 OiB/OiC 系统。本节仅以 βi 系列伺服单元为例介绍伺服系统的硬件。

1. βi 系列伺服单元端接口

βi 系列伺服单元是 FANUC 公司推出的最新的可靠性高、性能价格比卓越的进给伺服驱动装置。一般用于小型数控机床的进给轴的伺服驱动(如在 FANUC Oi mate TB 中作为 X 轴、Z 轴的伺服驱动)及大、中型加工中心数控机床的附加伺服轴的驱动(如在 FANUC－18 iMB 卧式加工中心 SH5000/40 中作为刀库的旋转、机械手的转臂控制等)。

其端子图如图 1-48 所示。

L1、L2、L3:主电源输入端接口,三相交流电源 200V、50/60Hz。

U、V、W:伺服电动机的动力线接口。

DCC、DCP:外接 DC 制动电阻接口。

CX30:急停信号(冰 ESP)接口。

CXA19A:DC24V 控制电路电源输入接口。连接外部 24V 稳压电源。

CXA19B:DC24V 控制电路电源输出接口。连接下一个伺服单元的 CXA19A。

COP10A:伺服高速串行总线(HSSB)接口。与下一个伺服单元的 COP10B 连接(光缆)。

COP10B:伺服高速串行总线(HSSB)接口。与 CNC 系统的 COP10A 连接(光缆)。

JX5:伺服检测板信号接口。

JF1:伺服电动机内装编码器信号接口。

CX5X:伺服电动机编码器为绝对编码器时的电池接口。

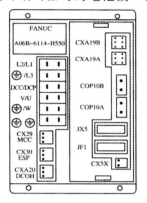

图 1-48　βi 系列伺服单元的端子图

2. βi 系列伺服单元的连接

下面以 FANUC Oi mate TB 系统的数控车床为例说明 βi 伺服单元的连接,具体连接如图 5-8 所示。

TC1 为三相伺服变压器,动力电源 380V 经过伺服变压器转换成 200V 后分别连接到 X 轴、Z 轴伺服单元的 L1、12、13 端子,作为伺服单元的主电路的输入电源。外部 24 V 直稳压电源连接到 X 轴伺服单元的 CXA19A,X 轴伺服单元的 CXA19B 连接到 Z 轴伺服单元的 CXA19A,作为伺服单元的控制电路的输入电源。伺服单元的 DCC-DCP 分别连接到 X 轴、Z 轴的外接制动电阻,CX20A 连接到相应的制动电阻的热敏开关,JF1 连接到相应的伺服电动机内装编码器的接口上,作为 X 轴、Z 轴的速度和位置反馈信号控制。

1.4.4　数控机床进给伺服系统报警及分析

1. 伺服准备完成信号断开报警(报警号 401)

(1)报警产生原理

系统开机自检后,如果没有急停和报警,则发出 * MCON 信号给所有轴伺服单元,伺服单元接收到该信号后,接通主接触器,电源单元吸合,将准备好信号送给伺服单元,伺服单元再接通继电器,继电器吸合后,将术 DRDY 信号送回系统,如果系统在规定时间内没有接收到 * DRDY 信号,则发出此报警,同时断开各轴的 * MCON 信号,因此,上述所有通路都是故障点。伺服准备信号示意图如图 1-49 所示。

(2)故障处理

①当发生报警时首先确认急停按钮处于释放状态。

②更换伺服放大器。如果伺服放大器周围的电源驱动回路没有发现问题,就更换伺服放大器。

③更换轴控制卡。如果以上措施都不能解决问题,那么更换轴控制卡。

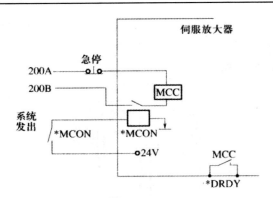

图 1-49　伺服准备信号示意图

2. 过载报警(i 系列报警号 430 和 431)

(1)报警产生原理

当伺服电动机的过热开关和伺服放大器的过热开关动作时发出此报警。430 报警为伺服电动机过载,431 报警为伺服放大器过载。过载信号示意图如图 1-50 所示。

(2)故障检查

当发生过热报警时检查。

①过热引起(负载电流确认超过额定电流):检查是否由于机械负载过大、加减速的频率过高、切削条件引起的过载。关断电源 10min,然后开机,如果又立即出现报警,则说明热敏开关损坏。如果停机 10min 后,开机运行时才出现过热报警,可以修改加减速时间常数(加大加减速时间常数 PRM 1620)。

②连接引起:因为该信号是常闭信号,当电缆断线和插头接触不良也会发生报警,检查以上连接示意图过热信号的连接。

③有关硬件故障,检查各过热开关是否正常,各信号的接口是否正常。

④风扇故障。

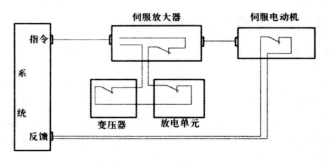

图 1-50　过载信号示意图

3. 误差过大报警(报警号 410、411)

(1)报警产生原理

每当伺服使能接通时,或者轴定位完成时,伺服误差计数器(诊断号 300)计算出的指令值和反馈值的差值超过了参数 PRM1829 所设定的数值,就会出现停止误差过大报警。

当伺服轴执行插补指令时,指令值随时分配脉冲,反馈值随时读人脉冲,误差计数器随时计算实际误差值。当指令值、反馈值其中之一不能够正常工作时,均会导致伺服误差计数器(诊断号300)中的值过大,超过PRM1828的设定值即产生运动中误差过大报警。

(2)故障检查

反馈环节:

①编码器损坏。

②光栅尺脏或损坏。

③光栅尺放大器故障。

④反馈电缆损坏,断线、破皮等。

执行环节:

①伺服放大器故障,包括驱动晶体管击穿、驱动电路故障、动力电缆断线虚接等。

②伺服电动机损坏,包括电动机进油、进水,电动机匝间短路等。

③机械过载,包括导轨严重缺油,导轨损伤、丝杠损坏、丝杠两端轴承损坏,联轴节松动或损坏。

④轴控制板不良。

软件参数:位置误差极限参数,伺服位置环增益参数,加减速时间常数。

1.5 数控铣床加工中心的维护与保养

数控铣床/加工中心主要用于非回转体类零件的加工,特别在模具制造业中应用广泛。其安全操作规程如下。

1.5.1 安全操作规程

1. 开机前应当遵守的操作规程

①穿戴好劳保用品,不要戴手套操作机床。

②仔细阅读机床的使用说明书,在未熟悉机床操作前,切勿随意操作机床,以免发生安全事故。

③操作前必须熟知每个按钮的作用及操作注意事项。

④注意机床各个部位警示牌上警示的内容。

⑤按照机床说明书要求加装润滑油、液压油、切削液,接通外接气源。

⑥机床周围的工具要摆放整齐,要便于拿放。

⑦加工前必须关上机床的防护门。

2. 在加工操作中应当遵守的操作规程

①文明生产,精力集中,杜绝酗酒和疲劳操作;禁止打闹、闲谈、睡觉和任意离开岗位。

②机床在通电状态时,操作者千万不要打开和接触机床上标有闪电符号的、装有强电装置的部位,以防被电击伤。

③注意检查工件和刀具是否装夹正确、可靠;在刀具装夹完毕后,应当采用手动方式进行试切。

④机床运转过程中,不要清除切屑,要避免用手接触机床运动部件。

⑤清除切屑时,要使用一定的工具,应当注意不要被切屑划破手脚。

⑥要测量工件时,必须在机床停止状态下进行。

⑦在打雷时,不要开机床。因为雷击时的瞬时高电压和大电流易冲击机床,烧坏模块或丢失(改变)数据,造成不必要的损失。

3.工作结束后,应当遵守的操作规程

①如实填写好交接班记录,发现问题要及时反映。

②要打扫干净工作场地,擦拭干净机床,应注意保持机床及控制设备的清洁。

③切断系统电源,关好门窗后才能离开。

1.5.2　数控机床维护和日常保养

1.数控机床机械部分的维护与保养

(1)主轴部件的维护与保养

主轴部件是数控机床机械部分中的重要组成部件,主要由主轴、轴承、主轴准停装置、自动夹紧和切屑清除装置组成。数控机床主轴部件的润滑、冷却与密封是机床使用和维护过程中值得重视的几个问题。

第一,良好的润滑效果可以降低轴承的工作温度和延长使用寿命。为此,在操作使用中要注意:低速时,采用油脂、油液循环润滑;高速时,采用油雾、油气润滑方式。但是,在采用油脂润滑时,主轴轴承的封入量通常为轴承空间容积的 10% ,切忌随意填满,因为油脂过多,会加剧主轴发热。对于油液循环润滑,在操作使用中要做到每天检查主轴润滑恒温油箱,看油量是否充足,如果油量不够,则应及时添加润滑油;要注意检查润滑油温度范围是否合适。

为了保证主轴有良好的润滑,减少摩擦发热,同时又能把主轴组件的热量带走,通常采用循环式润滑系统,用液压泵强力供油润滑,使用油温控制器控制油箱油液温度。高档数控机床主轴轴承采用了高级油脂封存方式润滑,每加一次油脂可以使用 $7\sim10$ 年。新型的润滑冷却方式不单可以降低轴承温升,还可以减小轴承内外圈的温差,以保证主轴热变形小。

常见的主轴润滑方式有两种:油气润滑方式近似于油雾润滑方式,但油雾润滑方式是连续供给油雾,而油气润滑则是定时、定量地把油雾送进轴承空隙中,这样既实现了油雾润滑,又避免了油雾太多而污染周围空气。喷注润滑方式是用较大流量的恒温油[每个轴承(3~4) L/min]喷注到主轴轴承,以达到润滑、冷却的目的。这里较大流量喷注的油必须靠排油泵强制排油,而不是自然回流。同时,还要采用专用的大容量高精度恒温油箱,油温变动控制在 $\pm0.5℃$ 。

第二,主轴部件的冷却主要是以减少轴承发热、有效控制热源为主。

第三,主轴部件的密封则不仅要防止灰尘、屑末和切削液进入主轴部件,还要防止润滑油的泄漏。主轴部件的密封有接触式和非接触式密封。对于采用油毡圈和耐油橡胶密封圈的接触式密封,要注意检查其老化和破损;对于非接触式密封,为了防止泄漏,重要的是保证回油能够尽快排掉,要保证回油孔的通畅。

综上所述,在数控机床的使用和维护过程中必须高度重视主轴部件的润滑、冷却与密封问题,并且仔细做好这方面的工作。

(2)进给传动机构的维护与保养

进给传动机构的机电部件主要有:伺服电动机及检测元件、减速机构、滚珠丝杠螺母副、丝杠轴承、运动部件(工作台、主轴箱、立柱等)。这里主要对滚珠丝杠螺母副的维护与保养问题加以说明。

1)滚珠丝杠螺母副轴向的间隙的调整

滚珠丝杠螺母副除了对本身单一方向的进给运动精度有要求外,对轴向间隙也有严格的要求,以保证反向传动精度。因此,在操作使用中要注意由于丝杠螺母副的磨损而导致的轴向间隙,可采用调整方法加以消除。

双螺母垫片式消隙如图 1-51 所示。这种结构简单可靠、刚度好,应用最为广泛,在双螺母间加垫片的形式可由专业生产厂根据用户要求事先调整好预紧力,使用时装卸非常方便。

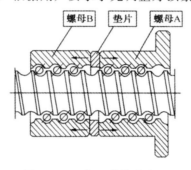

图 1-51　双螺母垫片式消隙

双螺母螺纹式消隙如图 1-52 所示。利用一个螺母上的外螺纹,通过圆螺母调整两个螺母的相对轴向位置实现预紧,调整好后用另一个圆螺母锁紧。这种结构调整方便,且可在使用过程中,随时调整,但预紧力大小不能准确控制。

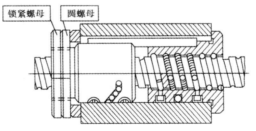

图 1-52　双螺母螺纹式消隙

齿差式消隙如图 1-53 所示。

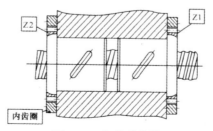

图 1-53　齿差式消隙

2)滚珠丝杠螺母副的密封与润滑的日常检查

滚珠丝杠螺母副的密封与润滑的日常检查是在操作使用中要注意的问题。对于丝杠螺母的密封,就是要注意检查密封圈和防护套,以防止灰尘和杂质进入滚珠丝杠螺母副。对于丝杠螺母的润滑,如果采用油脂,则定期润滑;如果使用润滑油,则要注意经常通过注油孔注油。

(3)机床导轨的维护与保养

机床导轨的维护与保养主要是导轨的润滑和导轨的防护。

1)导轨的润滑

导轨润滑的目的是减小摩擦阻力和摩擦磨损,以避免低速爬行和降低高温时的温升,因此导轨的润滑很重要。对于滑动导轨,采用润滑油润滑;对于滚动导轨,采用润滑油或者润滑脂均可。数控机床常用的润滑油的牌号有:L－AN10、15、32、42、68。导轨的油润滑一般采用自动润滑,在操作使用中要注意检查自动润滑系统中的分流阀,如果它发生故障则会导致导轨不能自动润滑。此外,必须做到每天检查导轨润滑油箱油量,如果油量不够,则应及时添加润滑油;同时要注意检查润滑油泵是否能够定时启动和停止,并且要注意检查定时启动时是否能够提供润滑油。

2)导轨的防护

在操作使用中要注意防止切屑、磨粒或切削液散落在导轨面上,否则会引起导轨的磨损加剧、擦伤和锈蚀。为此,要注意导轨防护装置的日常检查,以保证导轨的防护。

(4)回转工作台的维护与保养

数控机床的圆周进给运动一般由回转工作台来实现,对于加工中心,回转工作台已成为一个不可缺少的部件。因此,在操作使用中要注意严格按照回转工作台的使用说明书要求和操作规程正确操作使用。特别要注意回转工作台传动机构和导轨的润滑。

2.日常保养

表1-5具体说明了数控机床日常保养的周期、检查部位和要求。

表 1-5 数控机床和日常保养

序号	检查周期	检查部位	检查要求
1	每天	导轨润滑	
2	每天	X、Y、Z 轴及回旋轴导轨	检查润滑油的油面、油量,及时添加油,润滑油泵能否定时启动、打油及停止,导轨各润滑点在打油时是否有润滑油流出
3	每天	压缩空气气源	检查气源供气压力是否正常,含水量是否过大
4	每天	机床进气口的油水自动分离器和自动空气干燥器	及时清理分水器中滤出的水分,加入足够润滑油,空气干燥器是否能自动切换工作,干燥剂是否饱和
5	每天	气液转换器和增压器	检查存油面高度并及时补油
6	每天	主轴箱润滑恒温油箱	恒温油箱正常工作,通过主轴箱上油标确定是否有润滑油,调节油箱制冷温度能正常启动,制冷温度不要低于室温太多(相差 2～5℃,否则主轴容易产生空气水分凝聚)

序号	检查周期	检查部位	检查要求
7	每天	机床液压系统	油箱、油泵无异常噪声,压力表指示正常压力,油箱工作油面在允许的范围内,回油路上背压不得过高,各管接头无泄漏和明显振动
8	每天	主轴箱液压平衡系统	平衡油路无泄漏,平衡压力指示正常,主轴箱上下快速移动时压力波动不大,油路补油机构动作正常
9	每天	数控系统及输入/输出	如光电阅读机的清洁,机械结构润滑良好,外接快速穿孔机或程序服务器连接正常
10	每天	各种电气装置及散热通风装置	数控柜、机床电气柜进气排气扇工作正常,风道过滤网无堵塞,主轴电动机、伺服电动机、冷却风道正常,恒温油箱、液压油箱的冷却散热片通风正常
11	每天	各种防护装置	导轨、机床防护罩应动作灵敏而无漏水,刀库防护栏杆、机床工作区防护栏检查门开关应动作正常,恒温油箱、液压油箱的冷却散热片通风正常
12	每周	各电柜进气过滤网	清洗各电柜进气过滤网
13	半年	滚珠丝杠螺母副	清洗丝杠上旧的润滑油脂,涂上新的油脂,清洗螺母两端的防尘网
14	半年	液压油路	清洗溢流阀、减压阀、滤油器、油箱油低,更换或过滤液压液压油,注意加入油箱的新油必须经过过滤和去水分
15	半年	主轴润滑恒温油箱	清洗过滤器,更换润滑油,检查主轴箱各润滑点是否正常供油
16	每年	检查并更换直流伺服电动机碳刷	从碳刷窝内取出碳刷,用酒精清除碳刷窝内和整流子上碳粉,当发现整流子表面有被电弧烧伤时,抛光表面、去毛刺,检查碳刷表面和弹簧有无失去弹性,更换长度过短的碳刷,并抱合后才能正常使用
17	每年	润滑油泵、过滤器等	清理润滑油箱池底,清洗更换滤油器
18	不定期	各轴导轨上镶条,压紧滚轮,丝杠	按机床说明书的规定调整
19	不定期	冷却水箱	检查水箱液面高度,冷却液装置是否工作正常,冷却液是否变质。经常清洗过滤器,疏通防护罩和床身上各回水通道,必要时更换并清理水箱底部
20	不定期	排屑器	检查有无卡位现象
21	不定期	清理废油池	及时取走废油池以免外溢,当发现油池中突然油量增多时,应检查液压管路中漏油点

第 2 章　数控铣床常用工具

2.1　加工中心刀具系统

2.1.1　数控铣床/加工中心对刀具的基本要求

为了适应数控机床加工精度高、加工效率高、加工工序集中及零件的装夹次数较少等要求,数控机床对所用的刀具有许多性能上的要求。

1.高刚度、高强度

为提高生产效率,往往采用高速、大切削用量的加工,因此数控铣床/加工中心采用的刀具应具有能承受高速切削和强力切削所必需的高刚度、高强度。

2.高耐用度

数控铣床/加工中心可以长时间连续自动加工,但若刀具不耐用而使磨损加快,轻则影响工件的表面质量与加工精度,增加换刀引起的对刀次数,降低效率,使工作表面留下因对刀误差而形成的接刀台阶;重则因刀具破损而发生严重的机床乃至人身事故。

除上述两点之外,与普通切削一样,加工中心刀具切削刃的几何角度参数的选择及排屑性能等也非常重要,积屑瘤等弊端在数控铣削中也是十分忌讳的。

3.刀具精度

随着对零件的精度要求越来越高,对加工中心刀具的形状精度和尺寸精度的要求也在不断提高,如刀柄、刀体和刀片必须具有很高的精度才能满足高精度加工的要求。

总之,根据被加工工件材料的热处理状态、切削性能及加工余量,选择刚性好、耐用度高、精度高的数控铣床/加工中心刀具,是充分发挥数控铣床/加工中心的生产效率和获得满意加工质量的前提。

2.1.2　数控加工刀具的特点

为了达到高效、多能、快换、经济的目的,数控加工刀具与普通金属切削刀具相比应具有以下特点。

①刀片及刀柄高度的通用化、规格化、系列化。

②刀片或刀具的耐用度及经济寿命指标的合理性。

③刀具或刀片几何参数和切削参数的规范化、典型化。

④刀片或刀具材料及切削参数与被加工材料之间应相匹配。

⑤刀具应具有较高的精度,包括刀具的形状精度、刀片及刀柄对机床主轴的相对位置。

⑥刀片、刀柄的转位及拆装的重复精度高。

⑦刀柄的强度要高,刚性及耐磨性要好。

⑧刀柄或工具系统的装机重量有限度。

⑨刀片及刀柄切入的位置和方向有要求。

⑩刀片、刀柄的定位基准及自动换刀系统要优化。

总之,数控机床上用的刀具应满足安装调整方便、刚性好、精度高、耐用度好等要求。

2.1.3　数控铣床/加工中心刀具的材料

常用的数控刀具材料有高速钢、硬质合金、涂层硬质合金、陶瓷、立方氮化硼、金刚石等。其中,高速钢、硬质合金和涂层硬质合金在数控铣削刀具中应用最广。

1. 高速钢(High Speed Steel)

自 1906 年 Taylor 和 White 发明高速钢以来,经过许多改进,至今仍被大量使用,大体上可分为 W 系和 MO 系两大类。其主要特征有:合金元素含量多且结晶颗粒比其他工具钢细,淬火温度极高(12000℃)而淬透性极好,可使刀具整体的硬度一致。回火时有明显的二次硬化现象,甚至比淬火硬度更高且耐回火软化性较高,在 6000℃ 仍能保持较高的硬度,较其他工具钢耐磨性好,且比硬质合金韧性高,但压延性较差,热加工困难,耐热冲击较弱。

显然,高速钢刀具仍是数控机床刀具的选择对象之一。目前国内外应用 WMO、WMOM、WMOCO 为主,其中 WMOAI 是我国特有的品种。

(1)普通高速钢

W18Cr4V,用于制造麻花钻、铰刀、丝锥、铣刀、齿轮刀具。

W6M05Cr4V2,用于制造要求塑性好的刀具(如轧制麻花钻)及承受较大冲击载荷的刀具。

(2)高性能高速钢

W2M08Cr4VC08 和 W12M03Cr4V3CoSSi,用于制造要求高、难加工材料的各种刀具,不宜用于冲击载荷及工艺系统刚性不足的条件。

W6M05Cr4V2AI,用于制造麻花钻、丝锥、绞刀、铣刀、车刀和刨刀等,它用于加工铁基高温合金的麻花钻时,效果显著,用于制造形状复杂刀具。

2. 硬质合金(Cemented Carbide)

硬质合金是将钨钴类 WC、钨钛钴类 WC－TiC、钨钛钽(铌)钴类 WC TiC－TaC 等硬质碳化物以 Co 为结合剂烧结而成的物质,于 1926 年由德国的 Krupp 公司发明,其主体为 WC－Co 系,在铸铁、非铁金属和非金属的切削中大显身手。1929 年至 1931 年前后,TiC 以及 TaC 等添加的复合碳化物系硬质合金在铁系金属的切削中显示出极好的性能,从而使硬质合金得到了迅速普及。

按 ISO 标准,以硬质合金的硬度,抗弯强度等指标为依据,可以将硬质合金刀片材料分为 P、M、K 三大类:

・WC＋Co,K 类、YG 类。

・WC＋TiC＋Co,P 类、YT 类。

・WC＋TiC＋TaC＋Co,M 类、YW 类。

K 类适于加工切屑的黑色金属、有色金属及非金属材料。其主要成分为碳化钨和 3%～10% 的钴,有时还含有少量的碳化钽等添加剂。

P 类适于加工长切屑的黑色金属。其主要成分为碳化钛、碳化钨和钴(或镍),有时还加入碳化钽等添加剂。

M 类适用于加工长切屑或短切屑的黑色金属和有色金属。其成分和性能介于 K 类和 P 类之间,可用于加工钢和铸铁。

以上为一般切削工具所用硬质合金的大致分类。在国际标准(ISO)中通常又分别在 K、P、M 三种代号之后附加 01、05、10、20、30、40、50 等数字进行更进一步的细分。一般来讲,数字越小,硬度越高但韧性越低;而数字越大,则韧性越高但硬度越低。硬质合金有以下几类。

(1)YG 类

①YG3X:铸铁、有色金属及其合金的精加工和半精加工,不能承受冲击载荷。

②YG3:铸铁、有色金属及其合金的精加工和半精加工,不能承受冲击载荷。

③YG6X:普通铸铁、冷硬铸铁、高温合金的精加工和半精加工。

④YG6:铸铁、有色金属及其合金的半精加工和粗加工。

⑤YG8:铸铁、有色金属及其合金、非金属材料的粗加工,也可用于断续切削。

⑥YG6A:冷硬铸铁、有色金属及其合金的半精加工,亦可用于高锰钢、淬硬钢的半精加工和精加工。

(2)YT 类

①YT30:碳素钢、合金钢的精加工。

②YT15:碳素钢、合金钢在连续切削时的粗加工和半精加工,亦可用于断续切削时的精加工。YT 14 与 YT15 类似。

③YT5:碳素钢、合金钢的粗加工,可用于断续切削。

(3)YW 类

①YWI:高温合金、高锰钢、不锈钢等难加工材料及普通钢料、铸铁、有色金属及其合金的半精加工和精加工。

②YWZ:高温合金、不锈钢、高锰钢等难加工材料及普通钢料、铸铁、有色金属及其合金的粗加工和半精加工。

另外,涂层硬质合金类刀片是在韧性较好的工具表面涂上一层耐磨损、耐溶解、耐反应的物质,使刀具在切削中同时具有既硬又不易破损的性能。

3. 陶瓷(Ceramics)

自 20 世纪 30 年代人们就开始研究以陶瓷作为切削工具了。陶瓷刀具基本上由两大类组成,一类为氧化铝类(白色陶瓷),另一类为 TiC 添加类(黑色陶瓷)。此外,还有在 Al_2O_3 中添加 SiCw(晶须),ZrO_2(青色陶瓷)来增加韧性的,以及以 Si_3N_4 为主体的陶瓷刀具。

陶瓷材料具有高硬度、高温强度好(约 2000℃ 下亦不会熔融)的特性,化学稳定性亦很好,但韧性很低。对此,最近热等静压技术的普及对改善结晶的均匀细密性、提高陶瓷的各项性能均衡乃至提高韧性都起到了很大的作用。作为切削工具用的陶瓷,抗弯强度已经提高到 900MPa 以上。

一般来说,陶瓷刀具相对于硬质合金和高速钢仍是极脆的材料,因此,多用于高速连续切削中,如铸铁的高速加工。另外,陶瓷的热导率相对于硬质合金非常低,是现有工具材料中最低的一种,故在切削加工中容易积蓄加工热,且对于热冲击的变化较难承受。所以,加工中陶瓷刀具很容易因热裂纹产生崩刃等损伤,且切削温度较高。

陶瓷刀具因其材质的化学稳定性好、硬度高,在耐热合金等难加工材料的加工中有广泛的应用。金属切削加工所用刀具的研究开发,总是在不断地追求硬度,也遇到了韧性问题。金属陶瓷就是为了解决陶瓷刀具的脆性大问题而出现的,其成分以 TiC(陶瓷)为基体,Ni、Mo(金属)为结合剂,故取名为金属陶瓷。

金属陶瓷刀具的最大优点是与被加工材料的亲和性极低,故不易产生粘刀和积屑瘤现象,使加工表面非常光洁、平整,是良好的精加工刀具材料,但韧性差这一缺点大大限制了它的应用范围。如今人们通过添加 WC、TaC、TiN、TaN 等异种碳化物,使其抗弯强度达到了硬质合金的水平,因而得到广泛的应用。日本黛杰(DUET)公司新近推出通用性更为优良的 CX 系列金属陶瓷,可以适应各种切削状态的加工要求。

4. 立方氮化硼(CBN)

立方氮化硼是靠超高压、高温技术人工合成的新型刀具材料,其结构与金刚石相似,由美国 GE 公司研制开发。它的硬度略低于金刚石,但热稳定性远高于金刚石,并且与铁族元素亲和力小,不易产生"积屑瘤"。

CBN 粒子硬度高达 4500HV,热导率高,在大气中加热至 1300℃ 仍能保持性能稳定,且与铁的反应性很低,是迄今为止能够加工铁族金属和钢铁材料的最硬的刀具材料。它的出现使无法进行正常切削加工的淬火钢、耐热钢的高速切削成为可能。

2.1.4　数控铣床/加工中心刀具系统

数控铣床与加工中心使用的刀具种类很多,主要分为铣削刀具和孔加工刀具两大类,所用刀具正朝着标准化、通用化和模块化的方向发展。为满足高效和特殊的铣削要求,又发展出了各种特殊用途的专用刀具。

1. 工具系统

工具系统是指连接数控机床与刀具的系列装夹工具,由刀柄、连杆、连接套和夹头等组成。数控机床工具系统能实现刀具的快速、自动装夹。

随着数控工具系统的应用日益普及,我国已经建立了标准化、系列化、模块化的数控工具系统。数控机床的工具系统分为整体式和模块式两种形式。

(1)整体式工具系统 TSG.

整体式工具系统 TSG 按连接杆的形式分可分为锥柄和直柄两种类型。锥柄连接杆的代码为 JT(如图 2-1 所示);直柄连接杆的代码为 JZ(如图 2-2 所示)。该系统结构简单、使用方便、装夹灵活、更换迅速。由于工具的品种、规格繁多,给生产、使用和管理也带来了一定的不便。

(2)模块式工具系统 TMG

模块式工具系统 TMG 有三种结构形式:圆柱连接系列 TMG21[如图 2-3(a)所示],轴心用螺钉拉紧刀具;短圆锥定位系列 TMG10([如图 2-3(b)所示],轴心用螺钉拉紧刀具;长圆锥定位系列 TMGl4[如图 2-3(c)所示],用螺钉锁紧刀具。模块式工具系统以配置最少的工具来满足不同零件的加工需要,因此该系统增加了工具系统的柔性,是工具系统发展的高级阶段。

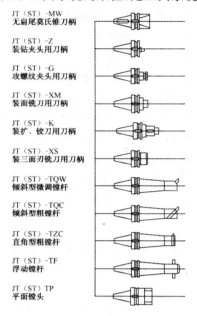

图 2-1　锥柄式工具系统

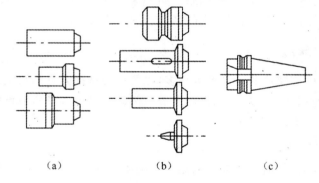

图 2-2　直柄式工具系统

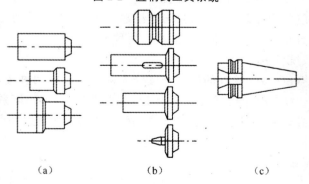

图 2-3　模块式工具系统

2.刀柄系统

数控铣床/加工中心用刀柄系统是刀具与数控铣床/加工中心的连接部分,由三部分组成,即刀柄、拉钉和夹头(或中间模块),起到固定刀具及传递动力的作用。

(1)刀柄

切削刀具通过刀柄与数控铣床主轴连接,其强度、刚性、耐磨性、制造精度以及夹紧力等对加工有直接的影响。

刀柄及其尾部供主轴内拉紧机构用的拉钉已实现标准化,其使用的标准有国际标准(ISO)和中国、美国、德国、日本等国的国家标准。根据刀柄的柄部形式及所采用国家标准的不同,我国使用的刀柄常分成 BT(日本 MAS403 − 75 标准)、JT(GB/T10944—1989 与 ISO7388—1983 标准,带机械手夹持槽)、ST(ISO 或 GB,不带机械手夹持槽)和 CAT(美国 ANSI 标准)等几种系列。这几种系列的刀柄除局部槽的形状不同外,其余结构基本相同。

数控铣床刀柄一般采用 7:24 锥面与主轴锥孔配合定位,根据锥柄大端直径的不同,数控刀柄又可分成 40、45、50(个别的还有 30 和 35)等几种不同的锥度号,如 BT/JT/ST50 和 BT/JT/ST40 分别代表锥柄大端直径为 69.85mm 和 44.45mm 的 7:24 锥柄。

(2)拉钉

加工中心拉钉(如图 2-4 所示)的尺寸也已标准化,ISO 或 GB 规定了 A 型和 B 型两种形式的拉钉,其中 A 型拉钉用于不带钢球的拉紧装置,而 B 型拉钉用于带钢球的拉紧装置。刀柄及拉钉的具体尺寸可查阅有关标准的规定。

图 2-4　拉钉

(3)弹簧夹头及中间模块

弹簧夹头有两种,即 ER 弹簧夹头[如图 2-5(a)所示]和 KM 弹簧夹头[如图 2-5(b)所示]。其中 ER 弹簧夹头的夹紧力较小,适用于切削力较小的场合;KM 弹簧夹头的夹紧力较大,适用于强力铣削。

(a)　　　　　　　　　　　　　　　　(b)

图 2-5　弹簧夹头

中间模块(如图 2-6 所示)是刀柄和刀具之间的中间连接装置,通过中间模块的使用,提高了刀柄的通用性能。例如,镗刀、丝锥和钻夹头与刀柄的连接就经常使用中间模块。

（a）精镗刀中间模块　　　　　（b）攻丝夹套　　　　　（c）钻夹头接柄

图 2-6　中间模块

2.2　加工中心的刀具种类

数控铣床/加工中心的刀具各类很多,根据刀具的加工用途,其刀具可分为轮廓类加工刀具和孔类加工刀具等几种类型。

2.2.1　轮廓铣削刀具

常用轮廓铣削刀具主要有面铣刀、立铣刀、键槽铣刀、球头铣刀等。

1.面铣刀

面铣刀的圆周表面和端面上都有切削刃,端部切削刃为副切削刃。面铣刀多制成套式镶齿结构,刀齿为高速钢或硬质合金,刀体为 40Cr。

图 2-7　可转位铣刀

刀片和刀齿与刀体的安装方式有整体焊接式、机夹焊接式和可转位式（如图 2-7 所示）三种,其中可转位式是当前最常用的一种夹紧方式。

根据盘铣刀刀具型号的不同,面铣刀直径一般可选取 $d＝\varphi40～\varphi400mm$,螺旋角 $\beta＝10°$,刀齿数取 $Z＝4～20$。

2.立铣刀

立铣刀是数控机床上用得最多的一种铣刀。立铣刀的圆柱表面和端面上都有切削刃,圆柱表面的切削刃为主切削刃,端面上的切削刃为副切削刃,它们可同时进行切削,也可单独进行切削。

主切削刃一般为螺旋齿,这样可以增加切削平稳性、提高加工精度。由于普通立铣刀端面中心处无切削刃,所以立铣刀不能做轴向进给,端面刃主要用来加工与侧面相垂直的底平面。立铣刀也有端面切削刃过中心的,可以做轴向进给。

立铣刀的刀柄有直柄[如图 2-8（a）所示]和锥柄[如图 2-8（b）所示]之分。直径较小的立铣刀,一般做成直柄形式。对于直径较大的立铣刀,一般做成 7：24 的锥柄形式。还有一些大直径(φ25～φ80mm)的立铣刀,除采用锥柄形式外,还采用内螺孔来拉紧刀具。

(a) 直柄立铣刀 (b) 锥柄立铣刀

图 2-8 立铣刀

3. 键槽铣刀

键槽铣刀一般只有两个刀齿,圆柱面和端面都有切削刃,端面刃延伸至中心,既像立铣刀,又像钻头。加工时先轴向进给达到槽深,然后沿键槽方向铣出键槽全长。

按国家标准规定,直柄键槽铣刀[如图 2-9(a)所示]直径 d＝φ2～φ22mm,锥柄键槽铣刀[如图 2-9(b)所示]直径出 d＝φ14～φ50mm。键槽铣刀直径的精度要求较高,其偏差有 e8 和 d8 两种。键槽铣刀重磨时,只需刃磨端面切削刃。

(a) 直柄键槽铣刀 (b) 锥柄键槽铣刀

图 2-9 键槽铣刀

4. 球头铣刀

球头铣刀由立铣刀发展而成,可分为双刃球头立铣刀[如图 2-10(a)所示]和多刃球头立铣刀[如图 2-10(b)所示]两种,其柄部有直柄、削平型直柄和莫氏锥柄。球头铣刀中,两刃球头立铣刀在数控机床上应用较为广泛。

(a) 双刃球头立铣刀 (b) 多刃球头立铣刀

图 2-10 球头铣刀

5. 其他铣刀

轮廓加工时除使用以上几种铣刀外,还使用圆鼻刀[如图 2-11(a)所示]、鼓形铣刀[如图 2-11(b)所示]和成形铣刀[如图 2-11(c)所示]等类型铣刀。

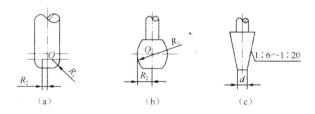

(a) (b) (c)

图 2-11 轮廓加工常用刀具

2.2.2 孔类零件加工刀具

1. 钻头

常用的加工中心上用钻头(如图 2-12 所示)有中心钻、标准麻花钻、扩孔钻、深孔钻和锪孔钻等。麻花钻由工作部分和柄部组成。工作部分包括切削部分和导向部分,而柄部有莫氏锥柄和圆柱柄两种。刀具材料常使用高速钢和硬质合金。

（a）　　　　　　　　（b）　　　　　　　　（c）

图 2-12　加工中心用钻头

（1）中心钻

中心钻[如图 2-12(a)所示]主要用于孔的定位,由于切削部分的直径较小,所以中心钻钻孔时,应选取较高的转速。

（2）标准麻花钻

标准麻花钻[如图 2-12(b)所示]的切削部分由两个主切削刃、两个副切削刃、一个横刃和两条螺旋槽组成。在加工中心上钻孔,因无夹具钻模导向,受两切削刃上切削力不对称的影响,容易引起钻孔偏斜,故要求钻头的两切削刃必须有较高的刃磨精度(两刃长度一致,顶角对称于钻头中心线或先用中心钻定中心,再用钻头钻孔)。

（3）扩孔钻

标准扩孔钻[如图 2-12(c)所示]一般有 3～4 条主切削刃、切削部分的材料为高速钢或硬质合金,结构形式有直柄式、锥柄式和套式等。在小批量生产时,常用麻花钻改制或直接用标准麻花钻代替。

2. 铰刀

数控铣床及加工中心采用的铰刀(如图 2-13 所示)有通用标准铰刀、机夹硬质合金刀片单刃铰刀和浮动铰刀等。铰孔的加工精度可达 IT6～IT9 级、表面粗糙度度可达 0.8～1.6 μm。

图 2-13　铰刀

标准铰刀有 4～12 齿,由工作部分、颈部和柄部三部分组成。铰刀工作部分包括切削部分与校准部分。切削部分为锥形,担负主要切削工作。校准部分的作用是校正孔径、修光孔壁和导向。校准部分包括圆柱部分和倒锥部分。圆柱部分保证铰刀直径和便于测量,倒锥部分可减少铰刀与孔壁的摩擦和减小孔径扩大量。整体式铰刀的柄部有直柄和锥柄之分,直径较小的铰刀,一般做成直柄形式,而大直径铰刀则常做成锥柄形式。其他常用铰刀如图 2-14 所示。

3. 镗孔的刀具

镗孔所用刀具为镗刀。镗刀种类很多,按加工精度可分为粗镗刀和精镗刀。此外,镗刀按切削刃数量可分为单刃镗刀和双刃镗刀。

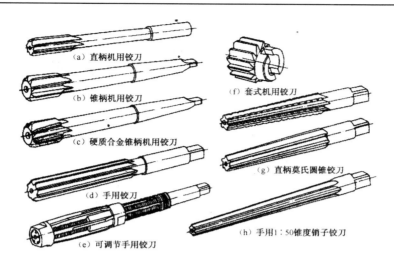

图 2-14 其他常用铰刀

（1）粗镗刀

粗镗刀（如图 2-15 所示）结构简单，用螺钉将镗刀刀头装夹在镗杆上。刀杆底部和侧部有两只锁紧螺钉，分别起调整尺寸和锁紧作用。根据粗镗刀刀头在刀杆上的安装形式分，粗镗刀又可分成倾斜型粗镗刀和直角型粗镗刀。镗孔时，所镗孔径的大小要靠调整刀头的悬伸长度来保证，调整麻烦，效率低，大多用于单件小批量生产。

图 2-15 倾斜型单刃粗镗刀

（2）精镗刀

精镗刀目前较多地选用精镗可调镗刀（如图 2-16 所示）和精镗微调镗刀（如图 2-17 所示）。这种镗刀的径向尺寸可以在一定范围内进行微调，调节方便，且精度高。调整尺寸时，先松开锁紧螺钉，然后转动带刻度盘的调整螺母，等调至所需尺寸时，再拧紧锁紧螺钉。

图 2-16 可调精镗刀

图 2-17　精镗微调镗刀

（3）双刃镗刀

双刃镗刀（如图 2-18 所示）的两端有一对对称的切削刃、同时参加切削，与单刃镗刀相比，每转进给量可提高一倍左右，生产效率高；同时，可以消除切削力对镗杆的影响。

图 2-18　双刃镗刀

（4）镗孔刀刀头

镗刀刀头有粗镗刀刀头（如图 2-19 所示）和精镗刀刀头（如图 2-20 所示）之分。粗镗刀刀头与普通焊接车刀相类似；精镗刀刀头上带刻度盘，每格刻线表示刀头的调整距离为 0.01mm（半径值）。

图 2-19　粗镗刀刀头　　　　　图 2-20　精镗刀刀头

4.螺纹孔加工刀具

数控铣床与加工中心大多采用攻丝的加工方法来加工内螺纹。此外，还采用螺纹铣削刀具来铣削加工螺纹孔。

（1）丝锥

丝锥（如图 2-21 所示）由工作部分和柄部组成。工作部分包括切削部分和校准部分。切削部分的前角为 $8°\sim 10°$，后角铲磨成 $6°\sim 8°$。前端磨出切削锥角，使切削负荷分布在几个刀齿上，切削更省力。校正部分的大径、中径、小径均有 $(0.05\sim 0.12)/100$ 的倒锥，以减少与螺孔的摩擦,减小所攻螺纹的扩张量。

图 2-21　机用丝锥

（2）攻丝刀柄

刚性攻丝中通常使用浮动攻丝刀柄（如图 2-22 所示）,这种攻丝刀柄采用棘轮机构来带动丝锥,当攻丝扭矩超过棘轮机构的扭矩时,丝锥在棘轮机构中打滑,从而防止丝锥折断。螺纹铣削作为一种新型的螺纹加工工艺,与攻丝相比有着独有的优势和更广泛灵活的使用方式及应用场合。螺纹铣削刀具可分为单刃螺纹铣削刀具（如图 2-23 所示）和多刃螺纹铣削刀具（如图 2-24 所示）。

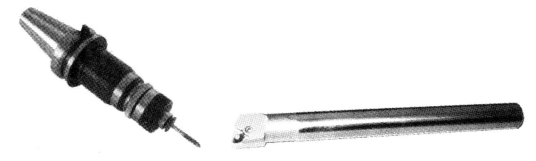

图 2-22　攻丝夹头刀柄　　　　　　　　　　图 2-23　单刃螺纹铣削刀具

图 2-24　多刃螺纹铣削刀具

2.3　加工中心夹具

数控铣床加工的工件一般都比较复杂,也经常用到一些夹具,这样既有利于提高加工效率,也可以保证加工精度。用夹具装夹工件进行加工时,能有效地缩短工件的装夹和定位时间,提高了加工效率和加工精度,工件批量较大时作用更加明显。

2.3.1 夹具概述

1. 夹具的组成

机床夹具的种类和结构虽然繁多,但它们的组成均可概括为以下几个部分,这些组成部分既相互独立又相互联系。

(1)定位元件

定位元件用于保证工件在夹具中处于正确的位置。如图 2-25 所示为钻后盖上的 $\varphi10$mm 孔的工图,其钻夹具如图 2-26 所示。夹具上的圆柱销、菱形销和支撑板都是定位元件,通过它们可使工件在夹具中处于正确的位置。

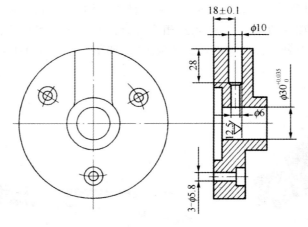

图 2-25　后盖零件钻径向孔的工序图

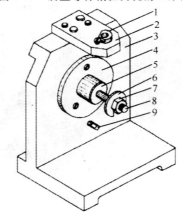

图 2-26　后盖钻夹具

1—钻套;2—钻模板;3—夹具体;4—支撑板;5—圆柱销;
6—开口垫圈;7—螺母;8—螺杆;9—菱形销

(2)夹紧装置

夹紧装置的作用是将工件压紧夹牢,保证工件在加工过程中受到外力(切削力等)作用时不离开已经占据的正确位置。图 2-26 中的螺杆(与圆柱销合成一个零件)、螺母和开口垫圈就起到了这种作用。

（3）对刀或导向装置

对刀或导向装置用于确定刀具相对于定位元件的正确位置。如图 2-26 中钻套和钻模板组成导向装置,用于确定钻头轴线相对定位元件的正确位置。铣床夹具上的对刀块和塞尺为对刀装置。

（4）连接元件

连接元件是确定夹具在机床上处于正确位置的元件。图 2-26 中所示夹具体的底面为安装基面,保证了钻套的轴线垂直于钻床工作台以及圆柱销的轴线平行于钻床工作台。因此,夹具体可兼作连接元件。车床夹具上的过渡盘、铣床夹具上的定位键都是连接元件。

（5）夹具体

夹具体是机床夹具的基础件,图 2-26 中所示的夹具体就是用于将夹具的所有元件连接成一个整体。

（6）其他装置或元件

这是指夹具中因特殊需要而设置的装置或元件。

当需加工按一定规律分布的多个表面时,常设置分度装置;为了能方便、准确地定位,常设置预定位装置;对于大型夹具,常设置吊装元件等。

2. 数控铣床对夹具的基本要求

实际上,数控铣削加工时一般不要求很复杂的夹具,只要求有简单的定位、夹紧机构就可以了。其设计原理也与通用铣床夹具相同,结合数控铣削加工的特点,这里只提出几点基本要求:

①为保持零件安装方位与机床坐标系及程编坐标系方向的一致性,夹具应能保证在机床上实现定向安装,还要求能协调零件定位面与机床之间保持一定的坐标尺寸联系。

②为保持工件在本工序中所有需要完成的待加工面充分暴露在外,夹具要做得尽可能开敞,因此夹紧机构元件与加工面之间应保持一定的安全距离,同时要求夹紧机构元件能低则低,以防止夹具与铣床主轴套筒或刀套、刀具在加工过程中发生碰撞。

③夹具的刚性与稳定性要好。尽量不采用在加工过程中更换夹紧点的设计,当必须在加工过程中更换夹紧点时,要特别注意不能因更换夹紧点而破坏夹具或工件定位精度。

3. 常用夹具种类

机床夹具的种类很多,按其通用化程度可分为通用夹具、专用夹具、成组夹具和组合夹具等几种类型。

（1）通用夹具

车床的卡盘、顶尖和数控铣床上的平口钳、分度头等均属于通用夹具。这类夹具已实现了标准化。其特点是通用性强、结构简单,装夹工件时无须调整或稍加调整即可,主要用于单件小批量生产。

（2）专用夹具

专用夹具是专为某个零件的某道工序设计的。其特点是结构紧凑、操作迅速方便。但这类夹具的设计和制造的工作量大、周期长、投资大,只有在大批大量生产中才能充分发挥它的经济效益。

（3）成组夹具

成组夹具是随着成组加工技术的发展而产生的。它是根据成组加工工艺,把工件按形状尺寸和工艺的共性分组,针对每组相近工件而专门设计的。其特点是使用对象明确、结构紧凑和调整方便。

（4）组合夹具

组合夹具是由一套预先制造好的标准元件组装而成的专用夹具。它具有专用夹具的优点,用完后可拆卸存放,从而缩短了生产准备周期,减少了加工成本。因此,组合夹具既适用于单件及中、小批量生产,又适用于大批量生产。

机床夹具按工作介质分可分为真空夹具、气动或液压夹具等。

（1）真空夹具

真空夹具适用于有较大定位平面或具有较大可密封面积的工件。有的数控铣床（如壁板铣床）自身带有通用真空平台,在安装工件时,对形状规则的矩形毛坯,可直接用特制的橡胶条（有一定尺寸要求的空心或实心圆形截面）嵌入夹具的密封槽内,再将毛坯放上,开动真空泵,就可以将毛坯夹紧。对形状不规则的毛坯,用橡胶条已不太适应,要在其周围抹上腻子（常用橡皮泥）密封,这样做不但很麻烦,而且占机时间长、效率低。为了克服这种困难,可以采用特制的过渡真空平台,将其叠加在通用真空平台上使用。

（2）气动或液压夹具

气动或液压夹具适用于生产批量较大,采用其他夹具又特别费工、费力的工件。它能减轻工作劳动强度和提高生产率,但此类夹具结构较复杂,造价往往较高,而且制造周期较长。

除上述几种夹具外,数控铣削加工中也经常采用虎钳、分度头和三爪夹盘等通用夹具。

4.数控铣削夹具的选用原则

在选用夹具时,通常需要考虑产品的生产批量,生产效率,质量保证及经济性等,选用时可参照下列原则:

①在生产量小或研制时,应广泛采用万能组合夹具,只有在组合夹具无法解决工件装夹时才可放弃。

②小批或成批生产时可考虑采用专用夹具,但应尽量简单。

③在生产批量较大时可考虑采用多工位夹具和气动或液压夹具。

2.3.2 单件小批量夹具

1.平口钳和压板

平口钳具有较大的通用性和经济性,适用于尺寸较小的方形工件的装夹。常用精密平口钳如图 2-27 所示,常采用机械螺旋式、气动式或液压式夹紧方式。其中机械螺旋式平口钳应用较多,但是夹紧力不大。

对于较大或四周不规则的工件,无法采用平口钳或其他夹具装夹时,可直接采用压板（如图 2-28 所示）进行装夹。加工中心压板通常采用 T 形螺母与螺栓的夹紧方式。

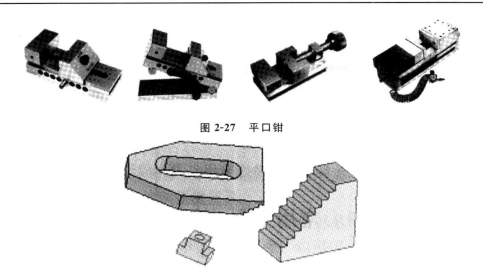

图 2-27　平口钳

图 2-28　压板、垫铁与 T 形螺母

2. 卡盘和分度头

卡盘根据卡爪的数量可分为二爪卡盘、三爪自定心卡盘（如图 2-29（a）所示）、四爪单动卡盘（如图 2-29（b）所示）和六爪卡盘等几种类型。在数控车床和数控铣床上应用较多的是三爪自定心卡盘和四爪单动卡盘。特别是三爪自定心卡盘，由于其具有自动定心作用和装夹简单的特点，所以中小型圆柱形工件在数控铣床或数控车床上加工时，常采用三爪自定心卡盘进行装夹。卡盘的夹紧有机械螺旋式、气动式或液压式等多种形式。一般以机械螺旋式居多。

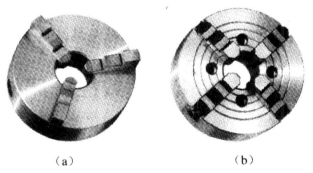

（a）　　　　　　　　　　　　（b）

图 2-29　卡盘

许多机械零件，如花键、离合器、齿轮等零件在加工中心上加工时，常采用分度头分度的方法来等分每一个齿槽，从而加工出合格的零件。分度头是数控铣床或普通铣床的主要部件。在机械加工中，常用的分度头有万能分度头（如图 2-30（a）所示）、简单分度头（如图 2-30（b）所示）、直接分度头等，但这些分度头普遍分度精度不是很精密。因此，为了提高分度精度，数控机床上还采用投影光学分度头和数显分度头等对精密零件进行分度。

2.3.3　中、小批量及大批量工件的装夹

中、小批量工件在加工中心上加工时，可采用组合夹具进行装夹。而大批量工件进行加工

（a）万能分度头　　　　　　　　　（b）简单分度头

图 2-30　分度头

时，大多采用专用夹具或成组夹具进行装夹，但由于加工中心较适合单件、小批量工件的加工，所以此类夹具在数控机床上运用不多。

总之，加工中心上零件夹具的选择要根据零件精度等级、零件结构特点、产品批量及机床精度等情况综合考虑。

选择顺序是：首先考虑通用夹具，其次考虑组合夹具，最后考虑专用夹具、成组夹具。

2.4　加工中心常用量具

2.4.1　量具的类型

1. 实物类量具

标准直接与实物进行比较，此类量具叫实物类量具。

①量块：对长度测量仪器、卡尺等量具进行检定和调整。

②塞规（试针）：测量孔内径和孔深度。

③塞尺（厚薄规）：测量产品的变形和段差。

④R 规：主要用于测量 R 角。

⑤螺纹规：主要用于测量螺丝孔的通和止的方向。

2. 卡尺类量具

（1）游标卡尺

包括分度值为 0.01mm 和 0.02mm 的，还有 0.05mm 的，但不常用。

①深度游标卡尺：测量工件的深度尺寸，如阶梯的长度、槽深、不通孔的深度。

②高度游标卡尺：测量工件的高度尺寸、相对位置。

③二用游标卡尺：测量工件的内外径尺寸。

④三用游标卡尺：测量工件的内、外径、深度尺寸。

（2）表盘卡尺

同游标卡尺。

（3）电子卡尺

同游标卡尺。

（4）高度尺

测量长度、宽度、两柱及两孔之间中心距、台阶、柱高、槽深、平面度等，分度值为 0.01mm。

①表盘高度尺（也叫带表高度尺）；

②电子高度尺。

3.千分尺类量具

千分尺类量具也称为螺旋测微仪，主要用于测量柱外径，及精确度比较高的尺寸，允许误差值 ±0.01mm。它专门用于检定试针、杠杆百分表等，主要包括：

①外径千（百）分尺。

②内径千（百）分尺。

③电子千分尺。

④杠杆千分尺。

4.角度类量具

它用于角度的测量，测量范围为 $0°\sim320°$、$0°\sim360°$，主要包括：

①角度尺。

②万能角度规等。

5.指示表类量具

①百分表：测量工件的形状、位置等尺寸或某些测量装置的测量元件。

②杠杆百分表：主要用于工件的形状和位置误差等尺寸测量。

③内径百分表：用于测量工件的内径尺寸。

④千分表：用于测量工件的形状、位置误差或某些测量装置的指示部位。

6.形位误差类量具

（1）水平仪

用于测量工件表面相对水平位置倾斜度，可测量各种机床导轨平面度的误差、平行度误差和直线度误差，也可校正安装设备时的水平位置和垂直位置等。

（2）平台

用于测量被测物体及其变形的辅助量具。

（3）平板

用于测量被测物体变形的辅助量具。

7.综合类量具

（1）投影仪

用于测量易变形、薄形、不易用其他量具测量到的尺寸，可通过透射的原理测量外形角度、通孔、柱径等尺寸。

（2）三坐标测量仪

它功能强大，可用于测量其他量具测到及测不到的所有尺寸，其精度为 $0.5\,\mu m$。

三坐标测量仪是指在一个六面体的空间范围内，能够表现几何形状、长度及圆周分度等测量能力的仪器，又称为三坐标测量机或三坐标量床。

三坐标测量仪又可定义为"一种具有可作三个方向移动的探测器,可在三个相互垂直的导轨上移动,此探测器以接触或非接触等方式传递信号,三个轴的位移测量系统(如光栅尺)经数据处理器或计算机等计算出工件的各点(x,y,z)及各项功能测量的仪器"。三坐标测量仪的测量功能应包括尺寸精度、定位精度、几何精度及轮廓精度等。

对被测体没什么特殊要不求,要根据被测物体选择不同的测头及测针。

2.4.2 外形轮廓的测量与分析

外形轮廓测量常用量具如图 2-31 所示,游标卡尺(如图 2-31(a)所示)和千分尺(如图 2-31(b)所示)主要用于尺寸精度的测量,而万能角度尺(如图 2-31(c)所示)和直角尺(如图 2-31(d)所示)用于角度的测量。

游标卡尺测量工件时,对工人的手感要求较高,测量时卡尺夹持工件的松紧程度对测量结果影响较大。因此,其实际测量时的测量精度不是很高。本例中主要用于总长、总宽、总高等未注公差尺寸的测量。

千分尺的测量精度通常为 0.01mm,测量灵敏度要比游标卡尺高,而且测量时也易控制其夹持工件的松紧程度。因此,千分尺主要用于较高精度的轮廓尺寸的测量。主要用于测量有公差要求的尺寸,如尺寸 $60_{0.05-}^{0}$ 等。

万能角度尺和直角尺主要用于各种角度和垂直度的测量,采用透光检查法进行。本任务中主要用于六边形和三角形角度的测量。

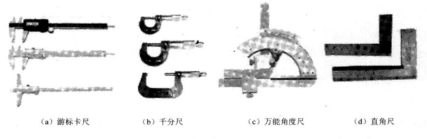

（a）游标卡尺　　（b）千分尺　　（c）万能角度尺　　（d）直角尺

图 2-31　外形轮廓测量常用量具

2.4.3 孔的测量及孔加工精度误差分析

1.孔径的测量

孔径尺寸精度要求较低时,可采用直尺、内卡钳或游标卡尺进行测量,如 φ9mm、φ15mm孔径的测量。当孔的精度要求较高时,可以用以下几种测量方法。

（1）内卡钳测量

当孔口试切削或位置狭小时,使用内卡钳更加方便灵活。当前使用的内卡钳已采用量表或数显方式来显示测量数据(如图 2-32 所示)。采用这种内卡钳可以测出 IT7～IT8 级精度的内孔。

（2）塞规测量

塞规(如图 2-33 所示)是一种专用量具,一端为通端,另一端为止端。使用塞规检测孔径时,当通端能进入孔内,而止端不能进入孔内,说明孔径合格,否则为不合格孔径。与此相类似,轴类零件也可采用光环规(如图 2-33 所示)测量。

图 2-32　数显内卡钳　　　　　　　图 2-33　光环规和塞规

(3)内径百分表测量

内径百分表测量内孔时,图 2-34 所示左端触头在孔内摆动,读出直径方向的最大尺寸即为内孔尺寸。内径百分表适用于深度较大内孔的测量。

图 2-34　内径百分表

(4)内径千分尺测量

内径千分尺(如图 2-35 所示)的测量方法和外径千分尺的测量方法相同,但其刻线方向和外径千分尺相反,相应其测量时的旋转方向也相反。内径千分尺不适合深度较大孔的测量。

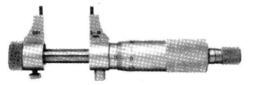

图 2-35　内径千分尺

2.孔距测量

孔距测量时,通常采用游标卡尺测量。精度较高的孔距也可采用内外径千分尺配合圆柱测量芯棒进行测量。

3.孔的其他精度测量

孔除了要进行孔径和孔距测量外,有时还要进行圆度、圆柱度等形状精度的测量以及径向圆跳动、端面圆跳动、端面与孔轴线的垂直度等位置精度的测量。

2.4.4　螺纹的测量

螺纹的主要测量参数有螺距、大径、小径和中径尺寸。

1.大、小径的测量

外螺纹大径和内螺纹的小径的公差一般较大,可用游标卡尺或千分尺测量。

2. 螺距的测量

螺距一般可用钢直尺或螺距规测量。由于普通螺纹的螺距一般较小,所以采用钢直尺测量时,最好测量 10 个螺距的长度,然后除以 10,就得出一个较正确的螺距尺寸。

3. 中径的测量

对精度较高的普通螺纹,可用螺纹千分尺(如图 2-36 所示)直接测量,所测得的千分尺的读数就是该螺纹中径的实际尺寸;也可用"三针"进行间接测量(三针测量法仅适用于外螺纹的测量),如图 2-37 所示,但需通过计算后,才能得到其中径尺寸。三针法测量螺纹中径适用于测量螺纹的有效中径,可和千分尺、比较仪或和其他仪器配合使用。三针以三根同直径、同精度等级为一组。三针精度为 0、1 两级。0 级测量螺纹中径公差为 $4\sim8\ \mu m$ 的螺纹零件;1 级测量螺纹中径公差为大于 $8\ \mu m$ 的螺纹零件。

图 2-36 外螺纹千分尺

实际生产中一般齿轮都用小钻头来代替三针,所选钻头的直径应该小于螺距,所得结果须凭经验减去各种误差。现在测螺纹中径一般都用螺纹千分尺,但对于大螺纹或者非标准螺纹、单件生产条件下的测量,三针法还是很经济、准确且实用的。

4. 综合测量

综合测量是指用螺纹塞规或螺纹环规(如图 2-38 所示)的通、止规综合检查内、外普通螺纹是否合格。使用螺纹量规时,应按其对应的公差等级进行选择。

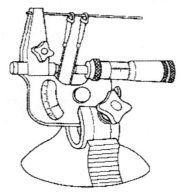

图 2-37 三针法测量螺纹中径

图 2-38 螺纹塞规与螺纹环规

第3章 数控机床加工工艺

3.1 数控加工概述

3.1.1 数控加工的定义

数控加工是指在数控机床上进行零件加工的一种工艺方法。数控机床加工与传统机床加工的工艺规程从总体上说是一致的,但也有一些明显的变化。数控加工是用数字信息控制零件和刀具位移的机械加工方法。它是解决零件品种多变、批量小、形状复杂、精度高等问题和实现高效化和自动化加工的有效途径。

3.1.2 数控加工零件的选择要求

1. 适合类

根据数控加工的特点,并综合数控加工的经济效益,数控机床通常比较适宜加工具有以下特点的零件。

①多品种、小批量生产的零件或新产品试制的零件。

②轮廓形状复杂、对加工精度要求较高的零件。

③用普通机床加工时,需要有昂贵工艺装备(工具、夹具和模具)的零件。

④需要多次改型的零件。

⑤价格昂贵、加工中不允许报废的关键零件。

⑥需要最短生产周期的急需零件。

2. 不适合类

采用数控机床加工以下几类零件,其生产率和经济性无明显改善,甚至可能得不偿失,因此,不适宜在数控机床上进行加工。

①装夹困难或完全靠找正定位来保证加工精度的零件。

②加工余量极不稳定的零件,主要针对无在线检测系统可自动调整零件坐标位置的数控机床。

③必须用特定的工艺装备协调加工的零件。

3.1.3 数控车床的加工对象

与传统车床相比,数控车床比较适合于车削具有以下要求和特点的回转体零件。

(1)精度要求高的零件

由于数控车床的刚性好、制造和对刀精度高,以及能方便和精确地进行人工补偿甚至自动补偿,所以它能够加工尺寸精度要求高的零件。在有些场合可以以车代磨。此外,由于数控车削时刀具运动是通过高精度插补运算和伺服驱动来实现的,再加上机床的刚性好和制造精度高,所以它能加工对母线直线度、圆度、圆柱度要求高的零件。例如,尺寸精度高达 0.001mm 或更小的零件;圆柱度要求高的圆柱体零件;素线直线度、圆度和倾斜度均要求高的圆锥体零件,以及通过恒线速度切削功能,加工表面精度要求高的各种变径表面类零件等。

(2)表面粗糙度好的回转体零件

数控车床能加工出表面粗糙度小的零件,不但是因为机床的刚性好和制造精度高,还由于它具有恒线速度切削功能。在材质、精车留量和刀具已定的情况下,表面粗糙度取决于进给速度和切削速度。使用数控车床的恒线速度切削功能,就可选用最佳线速度来切削端面,这样切出的粗糙度既小又一致。数控车床还适合于车削各部位表面粗糙度要求不同的零件。粗糙度小的部位可以用减小进给速度的方法来达到,而这在传统车床上是做不到的。

(3)轮廓形状复杂的零件

数控车床具有圆弧插补功能,所以可直接使用圆弧指令来加工圆弧轮廓。数控车床也可加工由任意平面曲线所组成的轮廓回转零件,既能加工可用方程描述的曲线,也能加工列表曲线。如果说车削圆柱零件和圆锥零件既可选用传统车床也可选用数控车床,那么车削复杂转体零件就只能使用数控车床。

(4)带一些特殊类型螺纹的零件

带一些特殊类型螺纹的零件是指特大螺距、等螺距与变螺距或圆柱与圆锥螺纹面之间做平滑过渡的螺纹零件等。传统车床所能切削的螺纹相当有限,它只能加工等节距的直、锥面公、英制螺纹,而且一台车床只限定加工若干种节距。数控车床不但能加工任何等节距直、锥面公、英制和端面螺纹,而且能加工增节距、减节距,以及要求等节距、变节距之间平滑过渡的螺纹。数控车床加工螺纹时,主轴转向不必像传统车床那样交替变换,它可以一刀又一刀不停顿地循环,直至完成,所以它车削螺纹的效率很高。数控车床还配有精密螺纹切削功能,再加上一般采用硬质合金成型刀片,以及可以使用较高的转速,所以车削出来的螺纹精度高、表面粗糙度小。可以说,包括丝杠在内的螺纹零件很适合于在数控车床上加工。

(5)超精密、超低表面粗糙度的零件

磁盘、录像机磁头、激光打印机的多面反射体、复印机的回转鼓、照相机等光学设备的透镜及其模具,以及隐形眼镜等要求超高的轮廓精度和超低的表面粗糙度值,它们适合于在高精度、高功能的数控车床上加工。以往很难加工的塑料散光用的透镜,现在也可以用数控车床来加工。超精加工的轮廓精度可达到 $0.1\mu m$,表面粗糙度高达 $0.02\mu m$。超精车削零件的材质以前主要是金属,现已扩大到塑料和陶瓷。

(6)淬硬工件的加工

在大型模具加工中,有不少尺寸大而形状复杂的零件。这些零件热处理后的变形量较大,磨削加工有困难,因此可以用陶瓷车刀在数控机床上对淬硬后的零件进行车削加工,以车代磨,提高加工效率。

3.2　数控加工工艺概述

数控加工工艺是数控加工方法和数控加工过程的总称。

3.2.1　数控加工工艺的基本特点

（1）工艺内容明确而具体

数控加工工艺与普通加工工艺相比，在工艺文件的内容上和格式上都有很大的区别。许多在普通加工工艺中不必考虑而由操作人员在操作过程中灵活掌握并调整的问题（例如，工序内工步的安排、对刀点、换刀点及加工路线的确定等），在编制数控加工工艺文件时必须详细列出。

（2）数控加工工艺的工作要求准确而严密

数控机床虽然自动化程度高，但自适应性差，它不能像普通加工时可以根据加工过程中出现的问题自由地进行人为的调整。所以，数控加工的工艺文件必须保证加工过程中的每一细节准确无误。

（3）采用先进的工艺装备

为了满足数控加工中高质量、高效率和高柔性的要求，数控加工中广泛采用先进的数控刀具、组合刀具等工艺装备。

（4）采用工序集中的加工原则

数控加工大多采用工序集中的原则来安排加工工序，从而缩短了生产周期，减少了设备的投入，提高了经济效益。

3.2.2　数控铣削加工工艺流程

数控铣床/加工中心加工工艺流程：首先，通过分析零件图样，明确工件适合数控铣削的加工内容、加工要求，并以此为出发点确定零件在数控铣削过程中的加工工艺和过程顺序；然后，选择确定数控加工的工艺装备，如确定采用何种机床；接着，考虑工件如何装夹及装夹方案的拟订；最后，明确和细化工步的具体内容，包括对走刀路线、位移量和切削参数等的确定。

数控铣削加工工艺设计流程如图 3-1 所示。

（1）分析数控铣削加工要求

分析毛坯，了解加工条件，对适合数控加工的工件图样进行分析，以明确数控铣削加工内容和加工要求。

（2）确定加工方案

设计各结构的加工方法，合理规划数控铣削加工工序流程。

（3）确定加工设备

确定适合工件加工的数控铣床或加工中心类型、规格、技术参数；确定装夹设备、刀具、量具等加工用具；确定装夹方案、对刀方案。

（4）设计各刀具路线

确定刀具路线数据，确定刀具切削用量等内容。

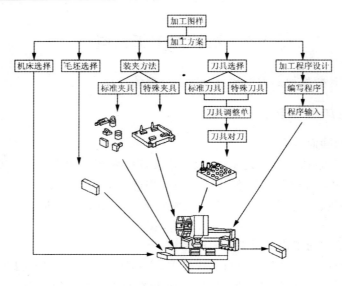

图 3-1   数控铣削加工工艺流程示意图

（5）根据工艺设计内容

填写规定格式的加工程序；根据工艺设计调整机床，对编制好的程序必须经过校验和试切，并验证、改进工艺。

（6）编写数控加工专用技术文件

作为管理数控加工及产品验收的依据。

（7）工件的验收与质量误差分析

工件入库前，先进行工件的检验，并通过质量分析，找出误差产生的原因，得出纠正误差的方法。

3.2.3   数控铣削加工零件的结构工艺性分析

零件的结构工艺性是指根据加工工艺特点，对零件的设计所产生的要求，也就是说零件的结构设计会影响或决定加工工艺性的好坏。本书仅从数控加工的可行性、方便性及经济性方面加以分析。

1. 零件图样尺寸的正确标注

由于数控加工程序是以准确的坐标点为基础进行编制的，所以各图形的几何要素的相互关系应明确；各种几何要素的条件要充分，应无引起矛盾的多余尺寸或影响工序安排的封闭尺寸等。

2. 保证基准统一

在数控加工零件图样上，最好以同一基准引注尺寸或直接给出坐标尺寸。这种标注方法既便于编程，也便于尺寸之间的相互协调，便于保持设计基准、工艺基准、检测基准与编程原点设置的一致性。

3. 零件各加工部位的结构工艺性

零件各加工部位的结构工艺性的要求如下。

①零件的内腔与外形最好采用统一的几何类型和尺寸,这样可以减少刀具规格和换刀次数,从而简化编程并提高生产率。

②轮廓最小内圆弧或外轮廓的内凹圆弧的半径 R 限制了刀具的直径。因此,圆弧半径 R 不能取得过小。此外,零件的结构工艺性还与 R/H(H 为零件轮廓面的最大加工高度)的比值有关,当 $R/H>0.2$ 时,零件的结构工艺性较好(如图 3-2 所示外轮廓内凹圆弧),反之则较差(如图 3-2 所示内轮廓圆弧)。

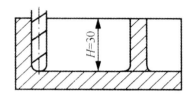

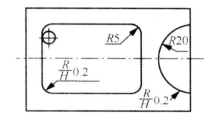

图 3-2　零件结构工艺性

③铣削槽底平面时,槽底圆角半径 r(如图 3-3 所示)不能过大。圆角半径 r 越大,铣刀端面刃与铣削平面的最大接触直径 $d=D-2r$(D 为铣刀直径)越小,加工平面的能力就越差,效率越差,工艺性也越差。

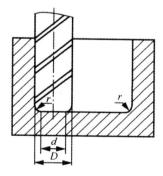

图 3-3　槽底平面圆弧对加工工艺的影响

④分析零件的变形情况。对于零件在数控铣加工过程中的变形问题,可在加工前采取适当的热处理工艺(如调质、退火等)来解决,也可采取粗、精加工分开或对称去余量等常规方法来解决。

⑤毛坯结构工艺性。对于毛坯的结构工艺性要求,首先要考虑毛坯的加工余量应充足和尽量均匀;其次应考虑毛坯在加工时定位与装夹的可靠性和方便性,以便在一次安装过程中加工出尽量多的表面。

另外,对于不便装夹的毛坯,可考虑在毛坯上另外增加装夹余量或工艺凸台、工艺凸耳等辅助基准。

3.3　加工方法的选择及加工路线的确定

加工方法的选择原则是保证加工表面的加工精度和表面粗糙度要求。由于获得同一级精度及表面粗糙度的加工方法有多种,所以在实际选择时,要结合零件的形状、尺寸、批量、毛坯材料及毛坯热处理等情况合理选用。

此外,还应考虑生产率和经济性的要求及工厂的生产设备等实际情况。常用加工方法的经济加工精度及表面粗糙度可查阅相关工艺手册。

3.3.1　加工路线的确定原则

在数控加工中,刀具刀位点相对于零件运动的轨迹称为加工路线。加工路线的确定与工件的加工精度和表面粗糙度直接相关,其确定原则如下。

①加工路线应保证被加工零件的精度和表面粗糙度,且效率较高。

②规划安全的刀具路径,保证刀具切削加工的正常进行,使数值计算简便,以减少编程工作量。

③应使加工路线最短,这样既可减少程序段,又可减少空走刀时间,有利于提高加工效益。

④规划适当的刀具路径,有利于零件加工时满足工件质量要求;加工路线还应根据工件的加工余量和机床、刀具的刚度等具体情况确定。

3.3.2　规划安全的刀具路径

在数控加工拟定刀具路径时,应把安全考虑放在首要地位。规划刀具路径时,最值得注意的安全问题就是刀具在快速的点定位过程中与障碍物的碰撞。

1.快速的点定位路线起点、终点的安全设定

在拟定刀具快速趋近工件的定位路径时,趋向点与工件实体表面的安全间隙大小应有谨慎的考虑。如图 3-4(a)所示,刀具在 Z 向趋近点相对工件的安全间隙设置多少为宜呢?间隙量小可缩短加工时间,但间隙量太小对操作工来说却不太安全和方便,容易带来潜在的撞刀危险。对间隙量大小设定时,应考虑到加工的面是否已经加工到位,若没有加工,还应考虑可能的最大毛坯余量。若程序控制是批量生产,还应考虑更换新工件后 Z 向尺寸带来的新变化,以及操作员是否有足够的经验。

在铣削加工中,刀具从 X、Y 方向趋近工件与 Z 向快速趋于工件的情况相比较,同样应精心设计安全间隙,但情况又有所不同。因为刀具 X、Y 方向刀位点在圆心始终与刀具切削工件的点相差一个半径,所以设计刀具趋近工件点与工件的安全间隙时,除了要考虑毛坯余量的大小,还应考虑刀具半径值的大小。起始切削的刀具中心点与工件的安全间隙大于刀具半径与毛坯切削余量之和是比较稳妥、安全的考虑。刀具切出工件安全的地方是离开刚刚加工完的轮廓有足够安全间隙的地方,安全间隙同样应大于刀具半径与毛坯切削余量之和,如图 3-4(b)所示。

2.避免点定位路径中有障碍物

程序员拟定刀具路径时必须使刀具移动路线中没有障碍物,一些常见的障碍物如加工中心的机床工作台和安装其上的卡盘、分度头,以及虎钳、夹具、工件的非加工结构等。若对各种

影响路线设计因素考虑不周,将容易引起撞刀的危险情况。G00 的目的是把刀具从相对工件的一个位置点快速移动到另一个位置点,但不可忽视的是 CNC 控制的两点间点定位路线不一定是直线,如图 3-4(c)所示,定位路线往往是先几轴等速移动,然后是单轴趋近目标点的折线,忽视这一点将可能忽略阻挡在实际移动折线路线中的障碍物。不但 G00 的路线考虑这一点,G28、G29、G30、G81~G89、G73 等的点定位路线也应该考虑同样的问题。还应注意到,撞刀不仅是刀具头部与障碍物的碰撞,还可能是刀具其他部分,如刀柄与其他物体的碰撞。

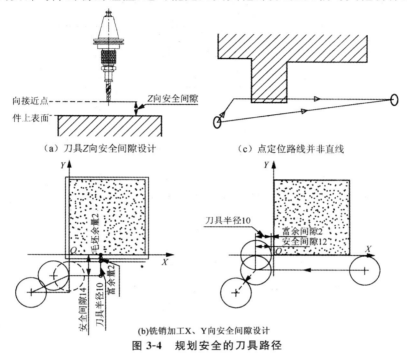

(a) 刀具Z向安全间隙设计　　　　(c) 点定位路线并非直线

(b)铣销加工X、Y向安全间隙设计

图 3-4　规划安全的刀具路径

3.3.3　轮廓铣削加工路线的确定

1. 切入、切出方法选择

采用立铣刀侧刃铣削轮廓类零件时,为减少接刀痕迹,保证零件表面质量,铣刀的切入和切出点应选在零件轮廓曲线的延长线上(如图 3-5(a)中的 $A-B-C-D$),应沿切向直接切入零件,以避免加工表面产生刀痕,保证零件轮廓光滑。

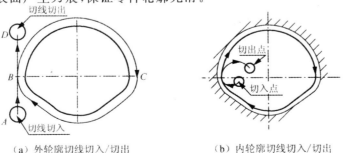

(a) 外轮廓切线切入/切出　　　　(b) 内轮廓切线切入/切出

图 3-5　轮廓切线切入/切出

铣削内轮廓表面时,如果切入和切出无法外延,切入与切出应尽量采用圆弧过渡(如图3-5(b)所示)。在无法实现时铣刀可沿零件轮廓的法线方向切入和切出,但须将其切入点、切出点选在零件轮廓两几何元素的交点处。

2.凹槽切削方法选择

加工凹槽切削方法有三种,即行切法(如图3-6(a)所示)、环切法(如图3-6(b)所示)和先行切最后环切法(如图3-6(c)所示)。三种方案中,图3-6(a)所示方案最差;图3-6(c)所示方案最好。

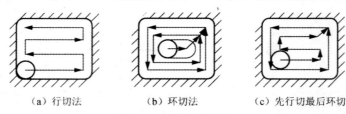

(a)行切法   (b)环切法   (c)先行切最后环切

图3-6　凹槽切削方法

3.轮廓铣削加工应避免刀具的进给停顿

轮廓加工过程中,在工件、刀具、夹具、机床系统弹性变形平衡的状态下,进给停顿时,切削力减小,会改变系统的平衡状态,刀具会在进给停顿处的零件表面留下刀痕,因此在轮廓加工中应避免进给停顿。

4.顺铣与逆铣

根据刀具的旋转方向和工件的进给方向的相互关系,数控铣削可分为顺铣和逆铣两种。

逆铣是指刀具的切削速度方向与工件的移动方向相反(如图3-7所示)。采用逆铣可以使加工效率大大提高,但逆铣切削力大,会导致切削变形增加、刀具磨损加快。

顺铣是指刀具的切削速度方向与工件的移动方向相同(如图3-8所示)。顺铣的切削力及切削变形小,但容易产生崩刀现象。在刀具正转的情况下,采用左刀补铣削为顺铣,而采用右刀补铣削则为逆铣。

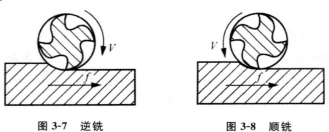

图3-7　逆铣   图3-8　顺铣

顺铣和逆铣的特点如下。

①顺铣时,每个刀的切削厚度都是由小到大逐渐变化的。当铣刀的刀齿刚与工件接触时,切削厚度为零,只有当刀齿在前一刀齿留下的切削表面上滑过一段距离,切削厚度达到一定数值后,刀齿才真正开始切削。逆铣时的切削厚度是由大到小逐渐变化的,刀齿在切削表面上的滑动距离也很小。而且顺铣时,刀齿在工件上经过的路程也比逆铣短。因此,在相同的切削条件下,采用逆铣时,刀具易磨损。

②逆铣时,由于铣刀作用在工件上的水平切削力方向与工作进给运动方向相反,所以工作

台丝杆与螺母能始终保持螺纹的一个侧面紧密贴合。而顺铣时则不然,由于水平铣削力的方向与工作进给运动方向一致,当刀齿对工件的作用力较大时,由于工作台丝杆与螺母间间隙的存在,工作台会产生窜动,这样不仅破坏了切削过程的平稳性,影响工件的加工质量,严重时还会损坏刀具。

③逆铣时,由于刀齿与工件间的摩擦较大,所以已加工表面的冷硬现象较严重。

④逆铣时,刀齿每次都由工件表面开始切削,所以不宜用来加工有硬皮的工件。

⑤顺铣时的平均切削厚度大,切削变形较小,与逆削相比较功率消耗要少些(铣削碳钢时,功率消耗可减少 5%,铣削难以加工材料时可减少 14%)。

那么顺铣和逆铣如何选择呢?采用顺铣时,首先要求机床具有间隙消除机构,能可靠地消除工作台进给丝杆与螺母间的间隙,以防止铣削过程中产生的震动。如果工作台是由液压驱动的则最为理想。其次,要求工件毛坯表面没有硬皮,工艺系统要有足够的刚性。如果以上条件能够满足,应尽量采用顺铣。特别是对难以加工材料的铣削,采用顺铣不仅可以减少切削变形,而且降低切削力和功率,由于顺铣工件是受压,逆铣工件是受拉,受拉容易过切,因此从理论上来说顺铣比逆铣好,切削力由大到小,刀具损耗不大,不易拉动工件,易排屑。

因此,通常在粗加工时采用逆铣的加工方法,精加工时采用顺铣的加工方法。

5.端面铣削方式

端面铣削时,根据铣刀相对于工件的安装位置不同,可分为对称铣削和不对称铣削两种方式,如图 3-9 所示。

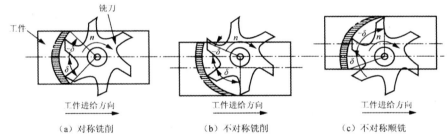

（a）对称铣削　　　　（b）不对称铣削　　　　（c）不对称顺铣

图 3-9　对称铣削和不对称铣削

6.平面铣削工艺路径

①单向平行切削路径:刀具以单一的顺铣或逆铣方式切削平面,如图 3-10（a）所示。

②往复平行切削路径:刀具以顺铣、逆铣混合方式切削平面,如图 3-10(b)所示。

③环切切削路径:刀具以环状走刀方式切削平面,可采用从里向外或从外向里的方式,如图 3-10(c)所示。

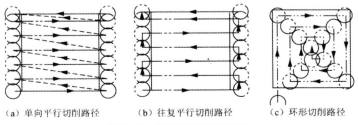

（a）单向平行切削路径　　（b）往复平行切削路径　　（c）环形切削路径

图 3-10　平面铣削工艺路径

7.轮廓形位精度及其误差分析

在外轮廓的加工过程中,造成形位精度降低的原因见表 3-1。

表 3-1　数控铣削形位精度降低分析

影响因素	序号	产生原因
装夹与校正	1	工件装夹不牢固,加工过程中产生松动与震动
	2	夹紧力过大,产生弹性变形,切削完成后变形恢复
	3	工件校正不正确,造成加工面与基准面不平行或不垂直
刀具	4	刀具刚性差,刀具加工过程中产生震动
	5	对刀不正确,产生位置精度误差
加工	6	切削深度过大,导致刀具发生弹性变形,加工面呈锥形
	9	铣削用量选择不当,导致切削力过大而产生工件变形
工艺系统	10	夹具装夹找正不正确(如钳口找正不正确)
	11	机床几何误差
	12	工件定位不正确或夹具与定位组件制造误差

3.3.4　孔类零件加工路线的确定

1.孔加工方法的选择

在数控铣床及加工中心上,常用于加工孔的方法有钻孔、扩孔、铰孔、粗/精镗孔等。通常情况下,在数控铣床及加工中心上能较方便地加工出 IT7～IT9 级精度的孔,对于这些孔的推荐加工方法见表 3-2。

表 3-2　孔的加工方法推荐选择表

单位 mm

孔的精度	有无预孔	孔尺寸				
		0～	12～	20～	30～	60～80
IT9～IT11	无	钻—铰	钻—扩		钻—扩—镗(或铰)	
	有	粗扩—精扩;或粗镗—精镗(余量少可一次性扩孔或镗孔)				
IT8	无	钻—扩—铰	钻—扩—精镗(或铰)		钻—扩—粗镗—精镗	
	有	粗镗—半精镗—精镗(或精铰)				
IT7	无	钻—粗铰—精铰	钻—扩—粗铰—精铰;或钻—扩—粗镗—半精镗—精镗.			
	有	粗镗—半精镗—精镗(如仍达不到精度还可进一步采用精细镗)				

说明:

①在加工直径小于 30mm 且没有预孔的毛坯孔时,为了保证钻孔加工的定位精度,可选择在钻孔前先将孔口端面铣平或采用打中心孔的加工方法。

②对于表中的扩孔及粗镗加工,也可采用立铣刀铣孔的加工方法。

③在加工螺纹孔时,先加工出螺纹底孔,对于直径在 M6 下的螺纹,通常不在加工中心上加工。

2. 孔加工路线及铰孔余量的确定

(1)孔加工导入量

孔加工导入量(图 3-11 中的 ΔZ)是指在孔加工过程中,刀具由快进转为工进时,刀尖点位置与孔上表面之间的距离。

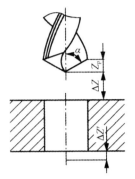

图 3-11　孔加工导入量与超越量

孔加工导入量的具体值由工件表面的尺寸变化量确定,一般情况下取 $2\sim10\mathrm{mm}$。当孔上表面为已加工表面时,导入量取较小值(约 $2\sim5\mathrm{mm}$)。

(2)孔加工超越量

钻加工不通孔时,超越量(图 3-11 中的 $\Delta Z'$)大于或等于钻尖高度 $Z_{\mathrm{p}} = \left(\dfrac{D}{2}\right)\cos\alpha = 0.3D$。

通孔镗孔时,刀具超越量取 $1\sim3\mathrm{mm}$。

通孔铰孔时,刀具超越量取 $3\sim5\mathrm{mm}$。

钻加工通孔时,超越量等于 $Z_{\mathrm{p}} + (1\sim3)\mathrm{mm}$。

(3)相互位置精度高的孔系的加工路线

对于位置精度要求较高的孔系加工,特别要注意孔的加工顺序的安排,避免将坐标轴的反向间隙带入,影响位置精度。

如图 3-12 所示的孔系加工,如果按 $A-1-2-3-4-5-6-P$ 安排加工走刀路线,在加工5、6孔时,X 方向的反向间隙会使定位误差增加,而影响5、6孔与其他孔的位置精度。当采用 $A-1-2-3-P-6-5-4$ 的走刀路线时,可避免反向间隙的引入,提高5、6孔与其他孔的位置精度。

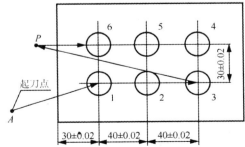

图 3-12　孔系加工路线

3. 钻孔与铰孔精度及误差分析

钻孔与铰孔的精度及误差分析见表 3-3。

表 3-3　钻孔与铰孔的精度及误差分析表

项目	出现问题	产生原因
钻孔	孔大于规定尺寸	钻头两切削刃不对称,长度不一致
		钻头本身的质量问题
		工件装夹不牢固,加工过程中工件松动或振动
	孔壁粗糙	钻头不锋利
		进给量过大
		切削液选用不当或供应不足
		加工过程中排屑不畅通
	孔歪斜	工件装夹后校正不正确,基准面与主轴不垂直
		进给量过大使钻头弯曲变形
	钻孔呈多边形或孔位偏移	对刀不正确
		钻头角度不对
		钻头两切削刃不对称,长度不一致
铰孔	孔径扩大	铰孔中心与底孔中心不一致
		进给量或铰削余量过大
		切削速度太快,铰刀热膨胀
		切削液选用不当或没加切削液
	孔径缩小	铰刀磨损或铰刀已钝
		铰铸铁时
	孔呈多边形	铰削余量太大,铰刀振动
		铰孔前钻孔不圆
铰孔	表面粗糙度质量差	铰孔余量太大或太小
		铰刀切削刃不锋利
		切削液选用不当或没加切削液
		切削速度过大,产生积屑瘤
		孔加工固定循环选择不合理,进/退刀方式不合理
		容屑槽内切屑堵塞

4. 镗孔加工的关键技术

镗孔加工的关键技术是解决镗刀杆的刚性问题和排屑问题。

（1）刚性问题的解决方案

①选择截面积大的刀杆。镗刀刀杆的截面积通常为内孔截面积的 1/4。因此，为了增加刀杆的刚性，应根据所加工孔的直径和预孔的直径，尽可能选择截面积大的刀杆。

在通常情况下，孔径在 $\phi30mm \sim \phi120mm$ 范围内，镗刀杆直径一般为孔径的 0.7～0.8。孔径小于 $\phi30mm$ 时，镗刀杆直径取孔径的 0.8～0.9。

②刀杆的伸出长度尽可能短。镗刀刀杆伸得太长，会降低刀杆刚性，容易引起振动。因此，为了增加刀杆的刚性，选择刀杆长度时，只需选择刀杆伸出长度略大于孔深即可。

③选择适的切削角度。为了减小切削过程中由于受径向力作用而产生的振动，镗刀的主偏角一般选得较大。镗铸铁孔或精镗时，一般取 $\kappa_r = 90°$；粗镗钢件孔时，取 $\kappa_r = 60° \sim 75°$，以提高刀具的寿命。

（2）排屑问题的解决方案

排屑问题主要通过控制切削流出方向来解决。精镗孔时，要求切屑流向待加工表面（即前排屑）。此时，选择正刃倾角的镗刀。加工盲孔时，通常向刀杆方向排屑。此时，选择负刃倾角的镗刀。

5.镗孔尺寸的控制

（1）粗镗孔尺寸的控制

孔径尺寸的控制通过调整镗刀刀尖位置来实现。粗镗刀刀尖位置的调整，一般采用敲刀法来实现，敲出的量大多凭手感经验来控制，也有借助百分表来控制敲出量的。采用上述方法控制镗削孔径尺寸时，常通过试切法来获得准确的孔径。试切时，先在孔口镗深 1mm，经测量检查，认为尺寸符合要求后再正式镗孔。

（2）精镗孔尺寸的控制

精镗孔尺寸的控制较为方便，通常采用两种方法来控制：一种是试切削调整法，先用粗调好的精镗刀在孔口试切，根据试切后的尺寸调节带刻度的螺母，然后进行精镗；第二种方法是机外调整法，将精镗刀在机外对刀仪上对刀并调整至要求尺寸，再将精镗刀装入主轴进行加工。

3.3.5　螺纹加工路线的确定

1.普通螺纹简介

普通螺纹是我国应用最为广泛的一种三角形螺纹，牙型角为 60°。

普通螺纹分为粗牙普通螺纹和细牙普通螺纹。粗牙普通螺纹螺距是标准螺距，其代号用字母"M"及公称直径表示，如 M16、M12 等。细牙普通螺纹代号用字母"M"及公称直径×螺距表示，如"M24×1.5"、"M27×2"等。

普通螺纹有左旋螺纹和右旋螺纹之分，左旋螺纹应在螺纹标记的末尾处加注"LH"字，如"M20×1.5LH"等，未注明的是右旋螺纹。

2.攻螺纹底孔直径的确定

攻螺纹时，丝锥在切削金属的同时，还伴随较强的挤压作用。因此，金属产生塑性变形形成凸起挤向牙尖，使攻出的螺纹的小径小于底孔直径。

攻螺纹前的底孔直径应稍大于螺纹小径,否则攻螺纹时冈挤压作用,会使螺纹牙项与丝锥牙底之间没有足够的容屑空间,将丝锥箍住,甚至折断丝锥。这种现象在攻塑性较大的材料时将更为严重。但底孔值不易过大,否则会使螺纹牙型高度不够,降低强度。

底孔直径大小通常根据经验公式决定,其公式如下:

$$D_底 = D - P \text{(加工钢件等塑性金属)}$$
$$D_底 = D - 1.05P \text{(加工铸铁等脆性金属)}$$

式中,$D_底$ 为攻螺纹、钻螺纹底孔用钻头直径(mm);D 为螺纹大径(mm);P 为螺距(mm)。

对于细牙螺纹,其螺距已在螺纹代号中做了标记。而对于粗牙螺纹,每一种尺寸规格螺纹的螺距也是固定的,例如,M8 的螺距为 1.25mm,M10 的螺距为 1.5mm,M12 的螺距为 1.75mm 等,具体数据请查阅有关螺纹尺寸参数表。

3. 不通孔螺纹底孔长度的确定

攻不通孔螺纹时,由于丝锥切削部分有锥角,端部不能切出完整的牙型,所以钻孔深度要大于螺纹的有效深度(如图 3-13 所示),一般取:

$$H_钻 = h_{有效} + 0.7D$$

式中,$H_钻$ 为底孔深度;$h_{有效}$ 为螺纹有效深度;D 为螺纹大径(mm)。

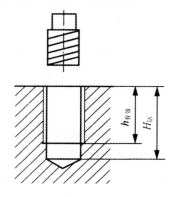

图 3-13　不通孔螺纹底孔长度

4. 螺纹轴向起点和终点尺寸的确定

在数控机床上攻螺纹时,沿螺距方向的 Z 向进给应和机床主轴的旋转保持严格的速比关系,但在实际攻螺纹开始时,伺服系统不可避免地有一个加速的过程,结束前也相应有一个减速的过程。在这两段时间内,螺距得不到有效保证。为了避免这种情况的出现,在安排其工艺时要尽可能考虑图 3-14 所示合理的导入距离 δ_1 和导出距离 δ_2(即"超越量")。

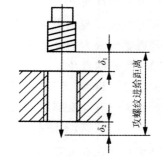

δ_1 和 δ_2 的数值与机床拖动系统的动态特性有关,还与螺纹的螺距和螺纹的精度有关。一般 δ_1 取 $2P \sim 3P$,对大螺距和高精度的螺纹则取较大值;δ_2 一般取 $P \sim 2P$。此外,在加工通孔螺纹时,导出量还要考虑丝锥前端切削锥角的长度。

图 3-14　攻螺纹轴向起点与终点

5. 攻丝误差分析

攻丝误差分析见表 3-4。

表 3-4　攻丝精度误差分析表

出现问题	产生原因
螺纹乱牙或滑牙	丝锥夹紧不牢,造成乱牙
	攻不通孔螺纹时,固定循环中的孔底平面选择过深
	切屑堵塞,没有及时清理
	固定循环程序选择不合理
丝锥折断	底孔直径太小
	底孔中心与攻丝主轴中心不重合
	攻丝夹头选择不合理,没有选择浮动夹头
尺寸不正确或螺纹不完整	丝锥磨损
	底孔直径太大,造成螺纹不完整
表面粗糙度质量差	转速太快,导致进给速度太快
	切削液选择不当或使用不合理
	切屑堵塞,没有及时清理
	丝锥磨损

3.3.6　曲面加工路线

铣削曲面时,常用球头刀采用"行切法"进行加工。所谓行切法,是指刀具与零件轮廓的切点轨迹是一行一行的,而行间的距离是按零件加工精度的要求确定的。

1. 直纹面加工

对于边界敞开的曲面加工,可采用两种加工路线。例如,在加工发动机大叶片时,若采用如图 3-15(a)所示的加工方案,每次沿直线加工,刀位点计算简单,程序少,加工过程符合直纹面的形成,可以准确保证母线的直线度。若采用如图 3-15(b)所示的加工方案,便于加工后检验,叶形的准确度较高,但程序较多。由于曲面零件的边界是敞开的,没有其他表面限制,所以曲面边界可以延伸,球头刀应由边界外开始加工。

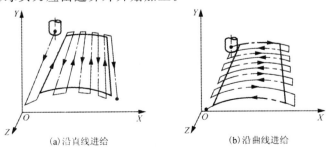

(a)沿直线进给　　　　　　　　(b)沿曲线进给

图 3-15　直纹曲面的加工路线

2. 曲面轮廓加工

立体曲面加工应根据曲面形状、刀具形状及精度要求采用不同的铣削方法。

(1)两坐标联动加工

在两坐标联动的三坐标行切法加工过程中，X、Y、Z 三轴中任意两轴做联动插补，第三轴做单独的周期进刀，称为两轴坐标联动。如图 3-16 所示，将 X 向分成若干段，圆头铣刀沿 YZ 面所截的曲线进行铣削，每段加工完成进给 ΔX，再加工另一相邻曲线，如此依次切削即可加工整个曲面。在行切法中，要根据轮廓表面粗糙度的要求及刀头不干涉相邻表面的原则选取 ΔX。行切法加工中通常采用球头铣刀。球头铣刀的刀头半径应选得大些，有利于散热，但刀头半径不应大于曲面的最小曲率半径。

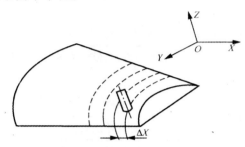

图 3-16　曲面行切法

(2)二轴半坐标联动加工

用球头铣刀加工曲面时，总是用刀心轨迹的数据进行编程。如图 3-17(a)所示为二轴半坐标加工的刀心轨迹与切削点轨迹示意图。$ABCD$ 为被加工曲面，P_{YZ} 平面为平行于 YZ 坐标面的一个行切面，其刀心轨迹 O_1O_2 为曲面 $ABCD$ 的等距 $IJKL$ 与平面 P_{YZ} 的交线，显然 O_1O_2 是一条平面曲线。在此情况下，曲面的曲率变化会导致球头刀与曲面切削点的位置改变，因此切削点的连线 ab 是一条空间曲线，从而在曲面上形成扭曲的残留沟纹。

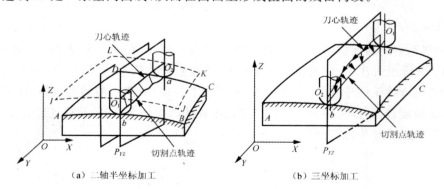

（a）二轴半坐标加工　　　　　（b）三坐标加工

图 3-17　二轴半坐标加工和三坐标加工

由于二轴半坐标加工的刀心轨迹为平面曲线，故编程计算比较简单，数控逻辑装置也不复杂，常在曲率变化不大及精度要求不高的粗加工中使用。

(3)三坐标联动加工

三坐标联动加工时 X、Y、Z 三轴可同时插补联动。用三坐标联动加工曲面时，通常也用行切方法。如图 3-17(b)所示，P_{YZ} 平面为平行于 YZ 坐标面的一个行切面，它与曲面的交线为 ab，若要求 ab 为一条平面曲线，则应使球头刀与曲面的切削点总是处于平面曲线 ab 上（即沿 ab 切削），以获得规则的残留沟纹。显然，这时的刀心轨迹 O_1O_2 不在 P_{YZ} 平面上，而是一条空间曲面（实际是空间折线），因此需要 X、Y、Z 三轴联动。三轴联动加工常用于复杂空间曲面的精确加工（如精密锻模），但编程计算较为复杂，所用机床的数控装置还必须具备三轴联动功能。

（4）四坐标联动加工

如图 3-18 所示，工件的侧面为直纹扭曲面。若在三坐标联动的机床上用圆头铣刀按行切法加工，不但生产效率低，而且表面粗糙度大。为此，应采用圆柱铣刀周边切削，并用四坐标铣床加工，即除三个直角坐标运动外，为保证刀具与工件型面在全长始终贴合，刀具还应绕 O_1（或 O_2）做摆角运动。由于摆角运动导致直角坐标（图 3-18 中 Y 轴）需做附加运动，所以其编程计算较为复杂。

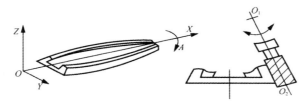

图 3-18 四轴坐标加工

（5）五坐标联动加工

螺旋桨是五坐标加工的典型零件之一，其叶片的形状和加工原理如图 3-19 所示。在半径为 R_1 的圆柱面上与叶面的交线 AB 为螺旋线的一部分，螺旋升角为 ψ_i，叶片的径向叶型线（轴向割线）EF 的倾角 α 为后倾角。螺旋线 AB 用极坐标加工方法，并且以折线段逼近。逼近段 mn 是由 C 坐标旋转 $\Delta\theta$ 与 Z 坐标位移 ΔZ 的合成。当 AB 加工完成后，刀具径向位移 ΔX（改变 R_1），再加工相邻的另一条叶型线，依次加工即可形成整个叶面。由于叶面的曲率半径较大，所以常采用面铣刀加工，以提高生产率并简化程序。因此为保证铣刀端面始终与曲面贴合，铣刀还应做由坐标 A 和坐标 B 形成的 θ_1 和 α_1 的摆角运动。在摆角的同时，还应做直角坐标的附加运动，以保证铣刀端面始终位于编程值所规定的位置上，即在切削成形点，铣刀端平面与被切曲面相切，铣刀轴心线与曲面该点的法线一致，所以需要五坐标加工。这种加工的编程计算相当复杂，一般采用自动编程。

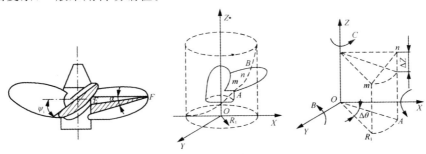

图 3-19 螺旋桨的五坐标加工

3.4 铣削用量及切削液的选择

3.4.1 铣削用量及其选择

所谓铣削用量,是指切削速度 v_c、进给速度 f(进给量)和背吃刀量 a_p 三者的总称,如图 3-20 所示(a_e——切削层厚度)。

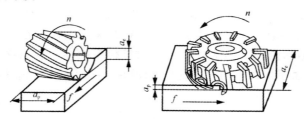

图 3-20 铣削及用量

1. 铣削用量的选用原则

合理的切削用量应满足以下要求:在保证安全生产,不发生人身、设备事故,保证工件加工质量的前提下,能充分地发挥机床的潜力和刀具的切削性能,在不超过机床的有效功率和工艺系统刚性所允许的额定负荷的情况下,尽量选用较大的切削用量。一般情况下,对切削用量选择时应考虑到下列问题。

①保证加工质量:保证加工表面的精度和表面粗糙度达到工件图样的要求。

②保证切削用量的选择在工艺系统的能力范围内:不应超过机床允许的动力和转矩的范围,不应超过工艺系统(铣床、刀具、工件)的刚度和强度范围,同时又能充分发挥它们的潜力。

③保证刀具有合理的使用寿命:在追求较高的生产效率的同时,保证刀具有合理的使用寿命,并考虑较低的制造成本。

以上三条,要根据具体情况有所侧重。一般在粗加工时,应尽可能地发挥刀具、机床的潜力和保证合理的刀具使用寿命。精加工时,则应首先保证切削加工精度和表面粗糙度,同时兼顾合理的刀具的使用寿命。

2. 铣削用量的选取方法

(1)背吃刀量的选择

粗加工时,除留下精加工余量外,一次走刀应尽可能切除全部余量。在加工余量过大、工艺系统刚性较低、机床功率不足、刀具强度不够等情况下,可分多次走刀。当遇切削表面有"硬皮"的铸锻件时,应尽量使 a_p 大于硬皮层的厚度,以保护刀尖。

精加工的加工余量一般较小,可一次切除。

在中等功率机床上,粗加工的背吃刀量可达 8～10mm;半精加工的背吃刀量取 0.5～5mm;精加工的背吃刀量取 0.2～1.5mm。

余量不大时,力求粗加工一次进给完成;但是在余量较大或工艺系统刚性较差或机床动力不足时,可多次分层切削完成。

当工件表面粗糙度值要求不高时,粗铣或分粗铣、半精铣两步加工;当工件表面粗糙度值要求较高时,宜分粗铣、半精铣、精铣三步进行。

（2）进给速度（进给量）的确定

铣削加工的进给量 f(mm/r) 是指刀具转一周,工件与刀具沿进给运动方向的相对位移量;进给速度是数控机床铣削用量中的重要参数,主要根据零件的加工精度和表面粗糙度要求及刀具、工件的材料性质选取,最大进给速度受机床刚度和进给系统的性能限制。

对于多齿刀具（如钻头、铣刀）,每转中每齿相对于工件在进给运动方向上的位移量称为每齿进给量 f_z,单位为 mm/r。显然:

$$f_z = \frac{f}{z}$$

式中,z 为刀齿数。

进给速度 F(mm/min) 是单位时间内工件与铣刀沿进给方向的相对位移量。进给速度与进给量的关系为

$$F = nf = nf_z z$$

式中,n 为铣刀转速（r/min）。

每齿进给量的选取主要依据工件材料的力学性能、刀具材料、工件表面粗糙度等因素。工件材料强度和硬度越高,切削力越大,每齿进给量宜选得小些;刀具强度、韧性越高,可承受的切削力越大,每齿进给量可选得大一些;工件表面粗糙度要求越高,每齿进给量选小些;工艺系统刚性差,每齿进给量应取较小值。

粗加工时,由于对工件的表面质量没有太高的要求,这时主要根据机床进给机构的强度和刚性、刀杆的强度和刚性、刀具材料、刀杆和工件尺寸,以及已选定的背吃刀量等因素来选取进给速度。

精加工时,则按表面粗糙度要求、刀具及工件材料等因素来选取进给速度。

（3）切削速度的确定

切削速度是指切削刃上选定点相对于工件的主运动的瞬时速度,单位为 mm/min。当主运动为旋转运动时,其计算公式为

$$v_c = \frac{\pi D n}{1000}$$

式中,D 为切削刃上选定点所对应的工件或刀具的直径;n 为主运动的转速。

切削速度 v_c 可根据已经选定的背吃刀量、进给量及刀具耐用度选取。实际加工过程中,也可根据生产实践经验和查表的方法来选取。

粗加工或工件材料的加工性能较差时,宜选用较低的切削速度。精加工或刀具材料、工件材料的切削性能较好时,宜选用较高的切削速度。

切削速度 v_c 确定后,可根据刀具或工件直径（D）按公式 $n = \frac{1000 v_c}{\pi D}$ 来确定主轴转速即（r/min）。

3.4.2 切削液的选用

1. 切削液的作用

切削液主要起润滑作用、冷却作用、清洗作用和防锈作用。由于各种切削液的性能不同，导致其在加工中所起的作用也各不相同。

2. 切削液的种类

切削液主要分为水基切削液和油基切削液两类。水基切削液的主要成分是水、化学合成水和乳化液，冷却能力强。油基切削液主要成分是各种矿物油、动物油、植物油或由它们组成的复合油，并可添加各种添加剂，因此其润滑性能突出。

3. 切削液的选择

粗加工或半精加工时，切削热量大。因此，切削液的作用应以冷却散热为主。精加工时，为了获得良好的已加工表面质量，切削液应以润滑为主。

硬质合金刀具的耐热性能好，一般可不用切削液。如果要使用切削液，一定要采用连续冷却的方法。

4. 切削液的使用方法

切削液的使用普遍采用浇注法。对于深孔加工、难加工材料的加工以及高速或强力切削加工，应采用高压冷却法。切削时切削液工作压力约为 $1\sim10\text{MPa}$，流量为 $50\sim150\text{L/min}$。

喷雾冷却法也是一种较好的使用切削液的方法，加工时，切削液被加高压并通过喷雾装置雾化，并被高速喷射到切削区。

3.5 加工阶段的划分及精加工余量的确定

3.5.1 加工阶段的划分

对重要的零件，为了保证其加工质量和合理使用设备，零件的加工过程可划分为四个阶段，即粗加工阶段、半精加工阶段、精加工阶段和精密加工（包括光整加工）阶段。

1. 加工阶段的性质

（1）粗加工阶段

粗加工的任务是切除毛坯上大部分多余的金属，使毛坯在形状和尺寸上接近零件成品，减小工件的内应力，为精加工做好准备。因此，粗加工的主要目标是提高生产率。

（2）半精加工阶段

半精加工的任务是使主要表面达到一定的精度并留有一定的精加工余量，为主要表面的精加工做好准备，并可完成一些次要表面（如攻螺纹、铣键槽等）的加工。热处理工序一般放在半精加工的前后。

（3）精加工阶段

精加工是从工件上切除较少的余量，所得的精度比较高、表面粗糙度值比较小的加工过程。其任务是全面保证工件的尺寸精度和表面粗糙度等加工质量。

（4）精密加工阶段

精密加工主要用于加工精度和表面粗糙度要求很高(IT6级以上,表面粗糙度 R_a 为 $0.4\mu m$ 以下)的零件,其主要目标是进一步提高尺寸精度,减小表面粗糙度。精密加工对位置精度影响不大。

并非所有零件的加工都要经过四个加工阶段。因此,加工阶段的划分不应绝对化,应根据零件的质量要求、结构特点、毛坯情况和生产纲领灵活掌握。

2.划分加工阶段的目的

（1）保证加工质量

工件在粗加工阶段,切削的余量较多。因此,铣削力和夹紧力较大,切削温度也较高,零件的内部应力也将重新分布,从而产生变形。如果不进行加工阶段的划分,将无法避免上述原因产生的误差。

（2）合理使用设备

粗加工可采用功率大、刚性好和精度低的机床加工,铣削用量也可取较大值,从而充分发挥设备的潜力;精加工则切削力小,对机床破坏小,从而保持了设备的精度。因此,划分加工过程阶段既可提高生产率,又可延长精密设备的使用寿命。

（3）便于及时发现毛坯缺陷

对于毛坯的各种缺陷(如铸件、夹砂和余量不足等),在粗加工后即可发现,便于及时修补或决定是否报废,避免造成浪费。

（4）便于组织生产

通过划分加工阶段,便于安排一些非切削加工工艺(如热处理工艺、去应力工艺等),从而有效地组织了生产。

3.5.2　加工顺序的安排

加工顺序(又称为工序)通常包括切削加工工序、热处理工序和辅助工序。本书主要介绍切削加工工序。

1.加工顺序安排原则

（1）基准面先行原则

用做精基准的表面应优先加工出来,因为定位基准的表面越精确,装夹误差就越小。

（2）先粗后精原则

各个表面的加工顺序按照粗加工→半精加工→精加工→精密加工的顺序依次进行,逐步提高表面的加工精度和减小表面粗糙度。

（3）先主后次原则

零件的主要工作表面、装配基面应先加工,从而能及早发现毛坯中主要表面可能出现的缺陷。次要表面可穿插进行,放在主要加工表面加工到一定程度后、最终精加工之前进行。

（4）先面后孔原则

对箱体、支架类零件,由于其平面轮廓尺寸较大,一般应先加工平面,再加工孔和其他尺寸,这样安排加工顺序,一方面用加工过的平面定位,稳定可靠;另一方面在加工过的平面上加工孔,比较容易,并能提高孔的加工精度,特别是钻孔,孔的轴线不易偏斜。

2.工序的划分

(1)工序的定义

工序是工艺过程的基本单元。它是一个(或一组)工人在一个工作地点,对一个(或同时几个)工件连续完成的那一部分加工过程。划分工序的要点是工人、工件及工作地点三不变并连续加工完成。

(2)工序划分原则

工序划分原则有两种,即工序集中和工序分散。在数控铣床、加工中心上加工的零件,一般按工序集中原则划分工序。

1)工序集中原则

每道工序包括尽可能多的加工内容,从而使工序的总数减少。采用工序集中原则有利于保证加工精度(特别是位置精度)、提高生产效率、缩短生产周期和减少机床数量,但专用设备和工艺装备投资大、调整维修比较麻烦、生产准备周期较长,不利于转产。

2)工序分散原则

将工件的加工分散在较多的工序内进行,每道工序的加工内容很少。采用工序分散原则有利于调整和维修加工设备和工艺装备、选择合理的铣削用量且转产容易;但工艺路线较长,所需设备及工人数量较多,占地面积大。

(3)工序划分的方法

以同一把刀具完成的那一部分工艺过程为一道工序,这种方法适用于工件的待加工表面较多、机床连续工作时间较长、加工程序的编制和检查难度较大等情况。加工中心常用这种方法划分。

3.5.3 精加工余量的确定

1.精加工余量的概念

精加工余量是指在精加工过程中切去的金属层厚度。通常情况下,精加工余量由精加工一次切削完成。

加工余量有单边余量和双边余量之分。轮廓和平面的加工余量是指单边余量,它等于实际切削的金属层厚度。而对于一些内圆和外圆等回转体表面,加工余量有时指双边余量,即以直径方向计算,实际切削的金属层厚度为加工余量的一半。

2.精加工余量的影响因素

精加工余量的大小对零件的加工最终质量有直接影响。选取的精加工余量不能过大,也不能过小。余量过大会增加切削力、切削热的产生,进而影响加工精度和加工表面质量;余量过小则不能消除上道工序(或工步)留下的各种误差、表面缺陷和本工序的装夹误差,容易造成废品。因此,应根据影响余量大小的因素合理地确定精加工余量。

影响精加工余量大小的因素主要有两个:上道工序(或工步)的各种表面缺陷、误差和本工序的装夹误差。

3.精加工余量的确定方法

确定精加工余量的方法主要有以下三种。

（1）经验估算法

此法是凭工艺人员的实践经验估计精加工余量。为避免因余量不足而产生废品,所估余量一般偏大,仅用于单件小批生产。

（2）查表修正法

将工厂生产实践和试验研究积累的有关精加工余量的资料制成表格,并汇编成手册。确定精加工余量时,可先从手册中查得所需数据,然后再结合工厂的实际情况进行适当修正。这种方法目前应用最广。

（3）分析计算法

采用此法确定精加工余量时,需运用计算公式和一定的试验资料,对影响精加工余量的各项因素进行综合分析和计算来确定其精加工余量。用这种方法确定的精加工余量比较经济合理,但必须有比较全面和可靠的试验资料,目前只在材料十分贵重,以及军工生产或少数大量生产的工厂中采用。

3.6　装夹与校正

外形轮廓铣削加工时,常采用压板或平口钳装夹。

3.6.1　压板装夹

采用压板装夹工件(如图 3-21(a);所示)时,应使压板垫铁的高度略高于工件,以保证夹紧效果;压板螺栓应尽量靠近工件,以增大压紧力;压紧力要适中,或在压板与工件表面安装软材料垫片,以防工件变形或工件表面受到损伤;工件不能在工作台面上拖动,以免工作台面被划伤。

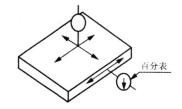

（a）压板装夹与找正　　　　　　（b）找正时百分表移动方向

图 3-21　工件装夹后的找正

工件在使用平口钳或压板装夹过程中,应对工件进行找正。找正时,将百分表用磁性表座(如图 3-22 所示)固定在主轴上,百分表触头接触工件,再前后或左右方向移动主轴(如图 3-21(b)所示),从而找正工件上下平面与工作台面的平行度。同样在侧平面内移动主轴,找正工件侧面与轴进给方向的平行度。如果不平行,则可用铜棒轻敲工件或垫塞尺的办法进行纠正,然后再重新找正。

图 3-22　百分表与磁性表座

3.6.2　平口钳装夹

采用平口钳装夹工件时，首先要根据工件的切削高度在平口钳内垫上合适的高精度平行垫铁，以保证工件在切削过程中不会产生受力移动；其次要对平口钳钳口进行找正，以保证平口钳的钳口方向与主轴刀具的进给方向平行或垂直。

平口钳钳口的找正方法如图 3-23 所示，首先将百分表用磁性表座固定在主轴上，百分表触头接触钳口，然后沿平行于钳口方向移动主轴，根据百分表读数用铜棒轻敲平口钳进行调整，以保证钳口与主轴移动方向平行或垂直。

图 3-23　校正平口钳钳口

3.6.3　三爪自定心卡盘的装夹与找正

在加工中心上使用三爪自定心卡盘时，通常用压板将卡盘压紧在工作台面上，使卡盘轴心线与主轴平行。三爪自定心卡盘装夹圆柱形工件找正时，将百分表固定在主轴上，触头接触外圆侧母线，上下移动主轴，根据百分表的读数用铜棒轻敲工件进行调整，当主轴上下移动过程中百分表读数不变时，表示工件母线平行于 Z 轴。

当找正工件外圆圆心时，可手动旋转主轴，根据百分表的读数值在 XY 平面内手摇移动工件，直至手动旋转主轴时百分表读数值不变，此时，工件中心与主轴轴心同轴，记下此时的 X、Y 机床坐标系的坐标值，可将该点（圆柱中心）设为工件坐标系 X、Y 平面的工件坐标系原点。内孔中心的找正方法与外圆圆心找正方法相同，但找正内孔时通常使用杠杆式百分表。

　　分度头装夹工件(工件水平)的找正方法如图 3-24 所示。首先,分别在 A 点和 B 点处前后移动百分表,调整工件,保证两处百分表的最大读数相等,以找正工件与工作台面的平行度;其次,找正工件侧母线与工件进给方向的平行度。

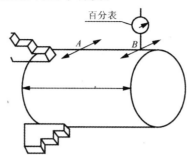

图 3-24　分度头水平安装工件的找正

3.6.4　数控刀具的手动安装

1. 数控刀具在刀柄中的安装

①选择 KM 弹簧夹头(ϕ12 mm),将键槽铣刀装入弹簧夹头。

②选择强力夹头刀柄。

③将刀具装入如图 3-25 所示的锁刀器,刀柄卡槽对准锁刀器的凸起部分。

④用月牙形扳手松开锁紧螺母,将装有刀具的 KM 弹簧夹头装入刀柄。

⑤锁紧螺母,完成刀具在刀柄中的安装。

2. 数控刀柄在数控铣床上的安装

①打开供气气泵,向数控铣床的气动装置供气。

②手握刀柄底部,将刀柄柄部伸入主轴锥孔中。

③按下主轴上的气动按钮,同时向上推刀柄(如图 3-26 所示)。

④松开气动按钮,然后松开手握刀柄。

⑤检查刀柄在数控铣床上的安装情况。

图 3-25　锁刀器与月牙形扳手

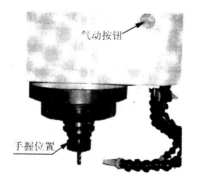

图 3-26　刀柄在数控铣床的安装

3.6.5 数控铣床工件坐标系找正

零件装夹后,必须正确地找出工件的坐标,输入给机床控制系统,这样工件才能与机床建立起运动关系。测定工件坐标系的坐标值就是程序中给出的编程原点(G54～G59)。

编程原点的确定可以通过辅助工具(寻边器、百分表等)来实现。常见的寻边器有机械式和电子接触式。下面介绍寻找程序原点的几种常见方法。

1. XY 平面找正

(1)使用百分表寻找程序原点

使用百分表寻找程序原点只适合几何形状为回转体的零件,通过百分表找正可使主轴轴心线与工件轴心线同轴。

找正方法:

①在找正之前,先用手动方式把主轴降到工件上表面附近,大致使主轴轴心线与工件轴心线同轴,再抬起主轴到一定的高度,把磁力表座吸附在主轴端面,安装好百分表头,使表头与工件圆柱表面垂直,如图 3-27 所示。

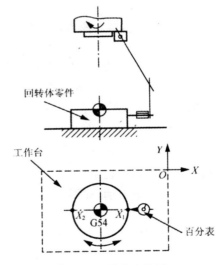

图 3-27 百分表找正

②找正时,可先对 X 轴或 Y 轴进行单独找正。若先对 X 轴找正,则规定 Y 轴不动,调整工件在 X 方向的坐标。通过旋转主轴使百分表绕着工件在 X_1 与 X_2 点之间做旋转运动,通过反复调整工作台 X 方向的运动,使百分表指针在 X_1 点的位置与 X_2 点相同,说明 X 轴的找正完毕。同理,进行 Y 轴的找正。

③记录"POS",屏幕中的机械坐标值中 X,Y 坐标值,即为工件坐标系(G54) X,Y 坐标值,输入相应的工件偏置坐标系。

(2)使用离心式寻边器进行找正

当零件的几何形状为矩形或回转体,可采用离心式寻边器来进行程序原点的找正。

①在半自动(MDI)模式下输入以下程序:

M03S600

②运行该程序,使寻边器旋转起来,转速为 600r/min(注:寻边器转速一般为 600～660 r/min)。

③进入手动模式,把屏幕切换到机械坐标显示状态。

④找正 X 轴坐标。找正方法如图 3-28 所示。

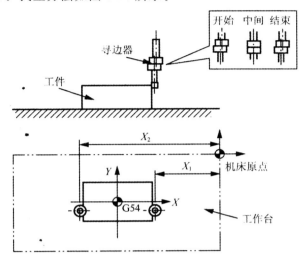

图 3-28　离心式寻边器进行找正

⑤记录 X_1 和 X_2 的机械位置坐标,并求出 $X = \dfrac{(X_1 + X_2)}{2}$,输入相应的工件偏置坐标系。

⑥找正 Y 轴坐标,方法与 X 轴找正一致。

2. Z 坐标找正

对于 Z 轴的找正,一般采用对刀块来进行刀具 Z 坐标值的测量。

①进入手动模式,把屏幕切换到机械坐标显示状态;

②在工件上放置一 50mm 或 100mm 对刀块,然后使用对刀块去与刀具端面或刀尖进行试塞。通过主轴 Z 向的反复调整,使得对刀块与刀具端面或刀尖接触,即 Z 方向程序原点找正完毕。

③记录机械坐标系中的 Z 坐标值,把该值输入相应的工件偏置中的 Z 坐标,如 G54 中的 Z 坐标值。

第4章 数控机床编程基础

4.1 数控机床编程概述

4.1.1 数控编程和定义

为了使数控机床能根据零件加工的要求进行动作,必须将这些要求以机床数控系统能识别的指令形式告知数控系统,这种数控系统可以识别的指令称为程序,制作程序的过程称为数控编程。

数控编程的过程不仅单指编写数控加工指令代码的过程,还包括从零件分析到编写加工指令代码再到制成控制介质,以及程序校核的全过程。在编程前首先要进行零件的加工工艺分析,确定加工工艺路线、工艺参数、刀具的运动轨迹、位移量、切削用量(切削速度、进给量、背吃刀量),以及各项辅助功能(换刀、主轴正反转、切削液开关等);接着根据数控机床规定的指令代码及程序格式编写加工程序单;再把这一程序单中的内容记录在控制介质上(如软磁盘、移动存储器、硬盘),检查正确无误后采用手工输入方式或计算机传输方式输入数控机床的数控装置中,从而指挥机床加工零件。

4.1.2 数控编程的分类

数控编程可分为手工编程和自动编程两种。

1. 手工编程

手工编程是指所有编制加工程序的全过程,即图样分析、工艺处理、数值计算、编写程序单、制作控制介质、程序校验都是由手工来完成。

手工编程不需要计算机、编程器、编程软件等辅助设备,只需要合格的编程人员即可完成。手工编程具有编程快速、及时的优点,但其缺点是不能进行复杂曲面的编程。手工编程比较适合批量较大、形状简单、计算方便、轮廓由直线或圆弧组成的零件的加工。对于形状复杂的零件,特别是具有非圆曲线、列表曲线及曲面的零件,采用手工编程比较困难,最好采用自动编程的方法进行编程。

2. 自动编程

自动编程是利用计算机专用软件来编制数控加工程序。编程人员只需根据零件图样的要求,使用数控语言,由计算机自动进行数值计算及后置处理,编写出零件加工程序单,加工程序通过直接通信的方式送入数控机床,指挥机床工作。自动编程能够顺利地完成一些计算烦琐、手工编程困难或无法编出的程序。

自动编程的优点是效率高、程序正确性好。自动编程是由计算机代替人完成复杂的坐标计算和书写程序单的工作,它可以解决许多手工编制无法完成的复杂零件编程难题,但其缺点是必须具备自动编程系统或编程软件。自动编程较适合用于形状复杂零件的加工程序编制,如模具加工、多轴联动加工等场合。

采用 CAD/CAM 软件自动编程与加工的过程为:图纸分析、零件造型、生成刀具轨迹、后置处理生成加工程序、程序校验、程序传输并进行加工。

4.1.3　数控手工编程的内容与步骤

数控编程的步骤如图 4-1 所示,主要有以下几方面的内容。

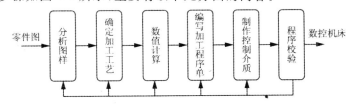

零件图 → 分析图样 → 确定加工工艺 → 数值计算 → 编写加工程序单 → 制作控制介质 → 程序校验 → 数控机床

图 4-1　数控编程的步骤

(1)分析零件图样

零件轮廓分析,零件尺寸精度、形位精度、表面粗糙度、技术要求的分析,零件材料、热处理等要求的分析。

(2)确定加工工艺

选择加工方案,确定加工路线,选择定位与夹紧方式,选择刀具,选择各项切削参数,选择对刀点、换刀点等。

(3)数值计算

选择编程坐标系原点,对零件轮廓上各基点或节点进行准确的数值计算,为编写加工程序单做好准备。

(4)编写加工程序单

根据数控机床规定的指令及程序格式编写加工程序单。

(5)制作控制介质

简单的数控加工程序可直接通过键盘进行手工输入,当需要自动输入加工程序时,必须预先制作控制介质。现在大多数程序采用软盘、移动存储器、硬盘作为存储介质,采用计算机传输进行自动输入。

(6)程序校验

加工程序必须经过校验并确认无误后才能使用。程序校验一般采用机床空运行的方式进行,有图形显示功能的机床可直接在 CRT 显示屏上进行校验,另外还可采用计算机数控模拟等方式进行校验。

4.2　数控机床的坐标系

要实现刀具在数控机床中的移动,首先要知道刀具向哪个方向移动。这些刀具的移动方向即为数控机床的坐标系方向。因此,数控编程与操作的首要任务就是确定机床的坐标系。

4.2.1 机床坐标系

1.机床坐标系的定义

在数控机床上加工零件,机床动作是由数控系统发出的指令来控制的。为了确定机床的运动方向和移动距离,就要在机床上建立一个坐标系,这个坐标系就称为机床坐标系,也称为标准坐标系。

2.机床坐标系中的规定

数控机床的加工动作主要分为刀具动作和工件动作两部分。因此,在确定机床坐标系的方向时规定:永远假定刀具相对于静止的工件而运动。

对于机床坐标系的方向,均将增大工件和刀具间距离的方向确定为正方向。数控机床的坐标系采用右手定则的笛卡尔坐标系。如图 4-2 所示,左图中大拇指的方向为 X 轴的正方向,食指指向 Y 轴的正方向,中指指向 Z 轴的正方向,而右图则规定了转动轴 A、B、C 轴的转动正方向。

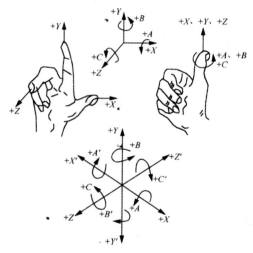

图 4-2　右手笛卡尔坐标系统

3.机床坐标系的确定

数控机床的机床坐标系方向如图 4-3 和图 4-4 所示,其确定方法如下。

(1)Z 坐标方向

Z 坐标的运动由传递切削力的主轴所决定。不管哪种机床,与主轴轴线平行的坐标轴即为 Z 轴。根据坐标系正方向的确定原则,在钻、镗、铣加工中,钻入或镗入工件的方向为 Z 轴的负方向。

(2)X 坐标方向

X 坐标一般为水平方向,它垂直于 Z 轴且平行于工件的装卡面。对于立式铣床,若 Z 方向是垂直的,则为站在工作台前,从刀具主轴向立柱看,水平向右方向为 X 轴的正方向,如图 4-3 所示。若 Z 轴是水平的,则从主轴向工件看(即从机床背面向工件看),向右方向为 X 轴的正方向,如图 4-4 所示。

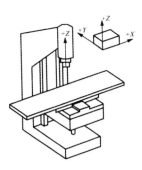
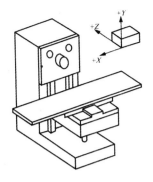

图 4-3 立式升降台铣床　　图 4-4 卧式升降台铣床

（3）Y 坐标方向

Y 坐标垂直于 X,Z 坐标轴,根据右手笛卡尔坐标系(如图 4-2 所示)来进行判别。由此可见,确定坐标系各坐标轴时,总是先根据主轴来确定 Z 轴,再确定 X 轴,最后确定 Y 轴。

（4）旋转轴方向

旋转运动 A、B、C 相对应表示其轴线平行于 X、Y、Z 坐标轴的旋转运动。A、B、C 正方向,相应地表示在 X、Y、Z 坐标正方向上按照右旋旋进的方向。

对于工件运动而不是刀具运动的机床,编程人员在编程过程中也按照刀具相对于工件的运动来进行编程。

4.2.2 机床原点、机床参考点

1.机床原点

机床原点(也称为机床零点)是机床上设置的一个固定点,用于确定机床坐标系的原点。它在机床装配、调试时就已设置好,一般情况下不允许用户进行更改。

机床原点又是数控机床进行加工运动的基准参考点,数控机床的机床原点一般设在刀具远离工件的极限点处,即坐标正方向的极限点处。

2.机床参考点

对于大多数数控机床,开机第一步总是先进行返回机床参考点(即机床回零)操作。

开机回参考点的目的就是建立机床坐标系,并确定机床坐标系的原点。该坐标系一经建立,只要机床不断电,将永远保持不变,并且不能通过编程对它进行修改。

机床参考点是数控机床上一个特殊位置的点,机床参考点与机床原点的距离由系统参数设定,其值可以是零,如果其值为零则表示机床参考点和机床原点重合,如果其值不为零,则机床开机回零后显示的机床坐标系的值就是系统参数中设定的距离值。

4.2.3 工件坐标系

1.工件坐标系

机床坐标系的建立保证了刀具在机床上的正确运动。但是由于加工程序的编制通常是针对某一工件,根据零件图纸进行的,为了便于尺寸计算、检查,加工程序的坐标系原点一般都与

零件图纸的尺寸基准保持一致。这种针对某一工件,根据零件图纸建立的坐标系称为工件坐标系(也称为编程坐标系)。

2.工件原点

工件原点也称为编程原点,该点是指工件装夹完成后,选择工件上的某一点作为编程或工件加工的原点。

现以立式数控机床为例来说明工件原点的选择方法:Z 方向的原点一般取在工件的上表面。XY 平面原点的选择,有两种情况:当工件对称时,一般以对称中心作为 XY 平面的原点;当工件不对称时,一般取工件其中的一角作为工件原点。例如,如图 4-5 所示工件的编程原点就是设在左下角上平面位置。

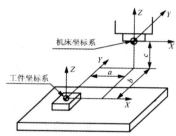

图 4-5　工件坐标系原点设定

3.工件坐标系原点设定

工件坐标系原点通常通过零点偏置的方法来进行设定。

其设定过程为:选择装夹后工件的编程坐标系原点,找出该点在机床坐标系中的绝对坐标值(图 4-5 中的 $-a$、$-b$ 和 $-c$ 值),将这些值通过机床面板操作输入机床偏置存储器参数(这种参数有 G54~G59,共 6 个)中,从而将机床坐标系原点偏移至工件坐标系原点。找出工件坐标系在机床坐标系中位置的过程称为对刀。

零点偏置设定的工件坐标系实质就是在编程与加工之前让数控系统知道工件坐标系在机床坐标系中的具体位置。通过这种方法设定的工件坐标系,只要不对其进行修改、删除操作,该工件坐标系将永久保存,即使机床关机,其坐标系也将保留。

4.3　数控加工程序的格式与组成

一个零件程序是一组被传送到数控装置中去的指令和数据。它由遵循一定结构句法和格式规则的若干个程序段组成,而每个程序段又由若干个指令字组成。

4.3.1　程序的组成

一个完整的程序由程序名、程序内容和程序结束组成。

(1)程序名

每个存储在系统存储器中的程序都需要指定一个程序号以相互区别,这种用于区别零件加工程序的代号称为程序号。因为程序号是加工程序开始部分的识别标记(又称为程序名),

所以同一数控系统中的程序号(名)不能重复。

程序号写在程序的最前面,必须单独占一行。

FANUC 系统程序号的书写格式为 O×××××,其中 O 为地址符,其后为四位数字,数值从 O0000 到 O9999,在书写时其数字前的零可以省略不写,如 O0020 可写成 O20。

(2)程序内容

程序内容是整个加工程序的核心,它由许多程序段组成,每个程序段由一个或多个指令字构成,表示数控机床中除程序结束外的全部动作。

(3)程序结束

程序结束由程序结束指令构成,它必须写在程序的最后。

可以作为程序结束标记的 M 指令有 M02 和 M30,它们代表零件加工程序的结束。为了保证最后程序段的正常执行,通常要求 M02/M30 单独占一行。

此外,子程序结束的结束标记因不同的系统而各异,例如,FANUC 系统中用 M99 表示子程序结束后返回主程序,而在 SIEMENS 系统中则通常用 M17、M02 或字符"RET"作为子程序的结束标记。

4.3.2　程序段的组成

1.程序段的基本格式

程序段格式是指在一个程序段中,字、字符、数据的排列、书写方式和顺序。

程序段是程序的基本组成部分,每个程序段由若干个地址字构成,而地址字又由表示地址的英文字母、特殊文字和数字构成,如 X30、G71 等。在通常情况下,程序段格式有可变程序段格式、使用分隔符的程序段格式和固定程序段格式三种。本节主要介绍当前数控机床上常用的可变程序段格式。其格式如下。

①程序起始符:"O"符,"O"符后跟程序名。

②程序结束:M30 或 M02。

③注释符:括号()内或分号后的内容为注释文字。

值得注意的是,一个零件程序是按程序段的输入顺序执行的,而不是按程序段号的顺序执行的,但书写程序时建议按升序书写程序段号。如图 4-6 所示为程序段格式。

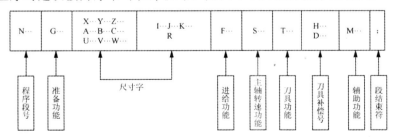

图 4-6　程序段格式

2.程序段号与程序段结束

程序段由程序段号 N×× 开始,以程序段结束标记"CR(或 LF)"结束,实际使用时,常用符号";"表示"CR(或 LF)",本书中一律以符号";"表示程序段结束。

N××为程序段号,由地址符 N 和后面的若干位数字表示。在大部分系统中,程序段号仅作为"跳转"或"程序检索"的目标位置指示。因此,它的大小及次序可以颠倒,也可以省略。程序段在存储器内以输入的先后顺序排列,而程序的执行是严格按信息在存储器内的先后顺序逐段执行,即执行的先后次序与程序段号无关。但是,当程序段号省略时,该程序段将不能作为"跳转"或"程序检索"的目标程序段。

程序段的中间部分是程序段的内容,主要包括准备功能字、尺寸功能字、进给功能字、主轴功能字、刀具功能字、辅助功能字等,但并不是所有程序段都必须包含这些功能字,有时一个程序段内可仅含有其中一个或几个功能字,例如,下面的程序段:

N10G01X100.0F100;

N80 M05;

程序段号也可以由数控系统自动生成,程序段号的递增量可以通过"机床参数"进行设置,一般可设定增量值为 10,以便在修改程序时方便进行"插入"操作。

3.程序的斜杠跳跃

有时,在程序段的前面编有"/"符号,该符号称为斜杠跳跃符号,该程序段称为可跳跃程序段,例如,下面的程序段:

/N10G00X100.0;

这样的程序段,可以由操作者对程序段和执行情况进行控制。当操作机床并使系统的"跳过程序段"信号生效时,程序在执行中将跳过这些程序段;当"跳过程序段"信号无效时,该程序段照常执行,即与不加"/"符号的程序段相同。

4.程序段注释

为了方便检查、阅读数控程序,在许多数控系统中允许对程序段进行注释,注释可以作为对操作者的提示显示在荧屏上,但注释对机床动作没有丝毫影响。FANUC 系统的程序注释用"()"括起来,而且必须放在程序段的最后,不允许将注释插在地址和数字之间,例如,下面的程序段:

00010;(PROGRAM NAME−10)

G21G98G40;

T0 101;(TOOL 01)

对于 FANUC 数控系统来说,程序注释不识别汉字,而国产的华中系统就能很好地识别汉字。

4.4 数控机床的功能

数控系统常用的功能有准备功能、辅助功能和其他功能三种,这些功能是编制加工程序的基础。

4.4.1 准备功能

准备功能又称为 G 功能或 G 指令,是数控机床完成某些准备动作的指令。它由地址符 G

和后面的两位数字组成,从 G00 到 G99 共 100 种,如 G01、G41 等。目前,随着数控系统功能不断增加等原因,有的系统已采用三位数的功能指令,如 SIEMENS 系统中的 G450、G451、G158 等。

从 G00 到 G99 虽有 100 种 G 指令,但并不是每种指令都有实际意义,有些指令在国际标准(ISO)及我国机械工业部相关标准中并没有指定其功能,即"不指定",这些指令主要用于将来修改其标准时指定新的功能。还有一些指令,即使在修改标准时也永不指定其功能,即"永不指定",这些指令可由机床设计者根据需要自行规定其功能,但必须在机床的出厂说明书中予以说明。

准备功能 G 代码是建立坐标平面、坐标系偏置、刀具与工件相对运动轨迹(插补功能)以及刀具补偿等多种加工操作方式的指令。范围由 G0(等效于 G00)到 G99。

4.4.2　辅助功能

辅助功能又称为 M 功能或 M 指令。它由地址符 M 和后面的两位数字组成,从 M00 至 M99 共 1 00 种。辅助功能主要控制机床或系统的各种辅助动作,例如,机床/系统的电源开、关,冷却液的开、关,主轴的正、反、停及程序的结束等。

因数控系统及机床生产厂家的不同,其 G/M 指令的功能也不尽相同,甚至有些指令与 ISO 标准指令的含义也不相同。因此,一方面我们迫切希望对数控指令的使用贯彻标准化;另一方面,用户在进行数控编程时,一定要严格按照机床说明书的规定进行。

在同一程序段中,既有 M 指令又有其他指令时,M 指令与其他指令执行的先后次序由机床系统参数设定。因此,为保证程序以正确的次序执行,有很多 M 指令,如 M30、M02、M98 等最好以单独的程序段进行编程。

辅助功能 M 指令主要用于设定数控机床电控装置单纯的开/关动作,以及控制加工程序的执行走向。部分 M 指令功能见表 4-1。

表 4-1　M 代码功能表

M 指令	功能	M 指令	功能
M00	程序停止	M06	刀具交换
M01	程序选择性停止	M08	切削液开启
M02	程序结束	M09	切削液关闭
M03	主轴正转	M30	程序结束,返回程序头
M04	主轴反转	M98	调用子程序
M05	主轴停止	M99	子程序结束

(1)程序停止指令 M00

当 CNC 执行到 M00 指令时,将暂停执行当前程序,以方便操作者进行刀具更换、工件的尺寸测量、工件调头或手动变速等操作。暂停时机床的主轴进给及冷却液停止,而全部现存的模态信息保持不变。若欲继续执行后续程序,重按操作面板上的"启动键"即可。

（2）程序结束指令 M02

M02 用在主程序的最后一个程序段中，表示程序结束。当 CNC 执行到 M02 指令时，机床的主轴、进给及冷却液全部停止。使用 M02 的程序结束后，若要重新执行该程序，就必须重新调用该程序。

（3）程序结束并返回到零件程序头指令 M30

M30 和 M02 功能基本相同，只是 M30 指令还兼有控制返回到零件程序头（%）的作用。使用 M30 的程序结束后，若要重新执行该程序，只需再次按操作面板上的"启动键"即可。

（4）子程序调用及返回指令 M98、M99

M98 用于调用子程序。M99 表示子程序结束，执行 M99 可使控制返回到主程序。在子程序开头必须规定子程序号，以作为调用入口地址。在子程序的结尾用 M99，可以控制执行完该子程序后返回主程序。

在这里可以带参数调用子程序，类似于固定循环程序方式。另外，G65 指令的功能与 M98 相同。

（5）主轴控制指令 M03、M04 和 M05

M03 启动主轴，主轴以顺时针方向（从 Z 轴正向朝 Z 轴负向看）旋转；M04 启动主轴，主轴以逆时针方向旋转；M05 主轴停止旋转。

（6）换刀指令 M06

M06 用于具有刀库的数控铣床或加工中心，用于换刀。通常与刀具功能字 T 指令一起使用。例如，T03 M06 是更换调用 03 号刀具，数控系统收到指令后，将原刀具换走，而将 03 号刀具自动安装在主轴上。

（7）切削液开停指令 M08、M09

M07 指令将打开切削液管道，M09 指令将关闭切削液管道。其中，M09 为默认功能。

4.4.3 其他功能

1. 坐标功能

坐标功能字（又称为尺寸功能字）用于设定机床各坐标的位移量。它一般使用 X、Y、Z、U、V、W、P、Q、R，或者 A、B、C、D、E，以及 I、J、K 等地址符为首，在地址符后紧跟"＋"或"－"号和一串数字，分别用于指定直线坐标、角度坐标及圆心坐标的尺寸。如 X100.0、A－30.0、I－10.105 等。

2. 刀具功能

刀具功能是指系统进行选（转）刀或换刀的功能指令，也称为 T 功能。刀具功能用地址符 T 及后面的一组数字表示。常用刀具功能的指定方法有 T 四位数法和 T 二位数法。

T 四位数法：四位数的前两位数用于指定刀具号，后两位数用于指定刀具补偿存储器号。刀具号与刀具补偿存储器号可以相同，也可以不同。例如，T0101 表示选 1 号刀具及选 1 号刀具补偿存储器中的补偿值，而 T0102 则表示选 1 号刀具及选 2 号刀具补偿存储器中的补偿值。FANUC 数控系统及部分国产系统数控车床大多采用 T 四位数法。

T 二位数法：该指令仅指定了刀具号，刀具存储器号则由其他指令（如 D 或 H 指令）进行选择。同样,刀具号与刀具补偿存储器号可以相同,也可以不同,例如,T04D01 表示选用 4 号刀具及 4 号刀具中 1 号补偿存储器。数控铣床、加工中心普遍采用 T 二位数法。

3. 进给功能

用于指定刀具相对于工件运动速度的功能称为进给功能,由地址符 F 和其后面的数字组成。根据加工的需要,进给功能分为每分钟进给和每转进给两种,并以其对应的功能字进行转换。

(1)每分钟进给

直线运动的单位为毫米/分钟(mm/min)。数控铣床的每分钟进给通过准备功能字 G94 来指定,其值为大于零的常数,例如,下面的程序段:

G94 G01 X20.0 F100;　(进给速度为 100mm/min)

(2)每转进给

例如,在加工米制螺纹过程中,常使用每转进给来指定进给速度(该进给速度即表示螺纹的螺距或导程),其单位为毫米/转(mm/r),通过准备功能字 G95 来指定,例如,下面的程序段:

G95 G33 Z−50.0 F2;　(进给速度为 2mm/r,即加工的螺距/导程为 2mm)

G95 G01 X20.0 F0.2;　(进给速度为 0.2mm/r)

在编程时,进给速度不允许用负值来表示,一般也不允许用 F0 来控制进给停止。但在除螺纹加工的实际操作过程中,均可通过操作机床面板上的进给倍率旋钮来对进给速度值进行实时修正。这时,通过倍率开关,可以控制其进给速度的值为 0。

4. 主轴功能

用以控制主轴转速的功能称为主轴功能,也称为 S 功能,由地址符 S 及其后面的一组数字组成。根据加工的需要,主轴的转速分为转速和恒线速度 V 两种。

(1)转速

转速的单位是转/分钟(r/min),用准备功能 G97 来指定,其值为大于零的常数。转速指令格式如下:

G97 S1 000;　(主轴转速为 1000 r/min)

(2)恒线速度 y

在加工某些非圆柱体表面时,为了保证工件的表面质量,主轴需要满足其线速度恒定不变的要求,而自动实时调整转速,这种功能即称为恒线速度。恒线速度的单位为米/分钟(m/min),用准备功能 G96 来指定。恒线速度指令格式如下:

G96 S100;　(主轴恒线速度为 100m/min)

如图 4-7 所示,线速度 V 与转速 n 之间的相互换算关系为

$$V = \pi \frac{Dn}{1000}$$

$$n = 1000 \frac{V}{\pi D}$$

式中,V 为切削线速度,(m/min);D 为刀具直径(mm);n 为主轴转速(r/min)。

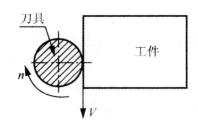

图 4-7　线速度与转速的关系

在编程时,主轴转速不允许用负值来表示,但允许用 S0 使转速停止。在实际操作过程中,可通过机床操作面板上的主轴倍率旋钮来对主轴转速值进行修正,其调整范围一般为 50%～120%。

(3) 主轴的启、停

在程序中,主轴的正转、反转、停转由辅助功能 M03/M04/M05 进行控制。其中,M03 表示主轴正转,M04 表示主轴反转,M05 表示主轴停转,其指令格式如下:

G97 M03 S300;　(主轴正转,转速为 300r/min)

M05;　(主轴停转)

4.4.4　常用功能指令的属性

1. 指令分组

所谓指令分组,就是将系统中不能同时执行的指令分为一组,并以编号区别。例如,G00、G01、G02、G03 就属于同组指令,其编号为 01 组。类似的同组指令还有很多。同组指令具有相互取代作用,同一组指令在一个程序段内只能有一个生效。当在同一程序段内出现两个或两个以上的同组指令时,只执行其最后输入的指令,有的机床此时会出现系统报警。对于不同组的指令,在同一程序段内可以进行不同的组合,例如,下面的程序段:

G90 G94 G40 G21 G17 G54;　(是正确的程序段,所有指令均不同组)

G01 G02 X30.0 Y30.0 R30.0 F100;　(是错误程序段,其中 G01 与 G02 是同组指令)

2. 模态指令

模态指令(又称为续效指令)表示该指令在某个程序段中一经指定,在接下来的程序段中将持续有效,直到出现同组的另一个指令时,该指令才失效,如常用的 G00、G01～G03 及 F、S、T 等指令。

模态指令的出现,避免了在程序中出现大量的重复指令,使程序变得清晰明了。同样,当尺寸功能字在前后程序段中出现重复,则该尺寸功能字也可以省略。在如下程序段中,有下画线的指令可以省略其书写和输入:

G01 X20.0 Y20.0 F150.0;

G01 X30.0 Y20.0 F150.0;

G02 X30.0 Y-20.0 R20.0 F100.0;

因此,以上程序可写成:

G01 X20.0 Y20.0 FI50.0;

X30.0；

G02 Y－20.0 R20.0 F100.0；

仅在编入的程序段内才有效的指令称为非模态指令(或称为非续效指令)，如 G 指令中的 G04 指令、M 指令中的 M00 等指令。

对于模态指令与非模态指令的具体规定，因数控系统的不同而各异，编程时请查阅有关系统说明书。

3. 开机默认指令

为了避免编程人员出现指令遗漏，数控系统中对每一组的指令，都选取其中的一个作为开机默认指令，此指令在开机或系统复位时可以自动生效。

常见的开机默认指令有 G01、G17、G40、G54、G94、G97 等。例如，当程序中没有 G96 或 G97 指令时，可用程序"M03 S200；"指定主轴的正转转速是 200r/min。

4.4.5　坐标功能指令规则

1. 单位设定指令 G20、G21

G20 是英制输入制式；G21 是公制输入制式。两种制式下线性轴和旋转轴的尺寸单位见表 4-2。

表 4-2　尺寸输入制式及单位

指令	线性轴	旋转轴
G20(英制)	英寸	度
G21(公制)	毫米	度

例如：

G91 G20 G01 X 50.0；　　　(表示刀具向 X 轴正方向移动 50 英寸)

G91 G21 G01 X50.0；　　　(表示刀具向 X 轴正方向移动 50mm)

公制、英制均对旋转轴无效，旋转轴的单位总是度(deg)。

2. 绝对值编程 G90 与相对值编程 G91

(1)绝对坐标

在 ISO 代码中，绝对坐标坐标指令用 G 代码 G90 来表示。程序中坐标功能字后面的坐标是以原点作为基准，表示刀具终点的绝对坐标。

(2)相对坐标

在 ISO 代码中，相对坐标(增量坐标)指令用 G 代码 G91 来表示。程序中坐标功能字后面的坐标是以刀具起点作为基准，表示刀具终点相对于刀具起点坐标值的增量。

如图 4-8(a)所示的图形，要求刀具由原点按顺序移动到 1、2、3 点，使用 G90 和 G91 编程如图 4-8(b)、(c)所示。

选择合适的编程方式可以使编程简化。通常当图纸尺寸由一个固定基准给定时，采用绝对方式编程较为方便；而当图纸尺寸是以轮廓顶点之间的间距给出时，采用相对方式编程较为方便。

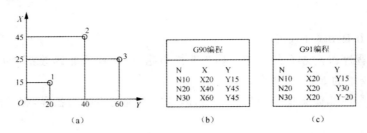

图 4-8 绝对值编程与相对值编程

G90 与 G91 属于同组模态指令,系统默认指令是 G90。在实际编程时,可根据具体的零件及零件的标注来进行 G90 和 G91 方式的切换。

3. 加工平面设定指令 G17、G18、G19

G17 选择 XY 平面;G18 选择 ZX 平面;G19 选择 YZ 平面,如图 4-9 所示。一般系统默认为 G17。该组指令用于选择进行圆弧插补和刀具半径补偿的平面。

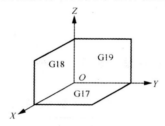

图 4-9 加工平面设定

值得注意的是,移动指令与平面选择无关,例如,执行指令"G17 G01 Z10"时,Z 轴照样会移动。

4. 小数控点编程

数控编程时,数字单位以公制为例分为两种:一种是以毫米为单位;另一种是以脉冲当量,即机床的最小输入单位为单位。现在大多数机床常用的脉冲当量为 0.001mm。

对于数字的输入,有些系统可省略小数点,有些系统则可以通过系统参数来设定是否可以省略小数点,而大部分系统小数点不可省略。对于不可省略小数点编程的系统,当使用小数点进行编程时,数字以毫米(mm),英制为英寸,角度为度(°)为输入单位;而当不用小数点编程时,则以机床的最小输入单位作为输入单位。

例如,从 A 点(0,0)移动到 B 点(60,0)有以下三种表达方式:

X60.0

X60.   (小数点后的零可以省略)

X60 000   (脉冲当量为 0.001mm)

以上三组数值均表示坐标值为 60mm,60.0 与 60 000 从数学角度上看,两者相差了 1000 倍。因此在进行数控编程时,不管哪种系统,为保证程序的正确性,最好不要省略小数点的输入。此外,脉冲当量为 0.001mm 的系统采用小数点编程时,其小数点后的倍数超过四位时,数控系统按四舍五入处理。如当输入 X60.1234 时,经系统处理后的数值为 X60.123。

4.5　数控系统常用指令

4.5.1　与插补相关的功能指令

1. 快速定位指令 G00

(1)指令格式

G00　X_Y_Z_；

其中,X_Y_Z_为刀具目标点坐标,当使用增量方式时,X_Y_Z_为目标点相对于起始点的增量坐标,不运动的坐标可以不写。

(2)指令说明

刀具相对于工件以各轴预先设定的速度,从当前位置快速移动到程序段指令的定位目标点。其快移速度由机床参数"快移进给速度"对各轴分别设定,而不能用 F 规定。G00 指令一般用于加工前的快速定位或加工后的快速退刀。

需要注意的是,在执行 G00 指令时,由于各轴以各自速度移动,不能保证各轴同时到达终点,联动直线轴的合成轨迹不一定是直线,所以操作者必须格外小心,以免刀具与工件发生碰撞。常见的做法是将 Z 轴移动到安全高度,再放心地执行 G00 指令。

例如:

G90 G00 X0 Y0 Z 100.0；　（使刀具以绝对编程方式快速定位到(0,0,100)的位置）

由于刀具的快速定位运动,一般不直接使用 G90 G00 X0 Y0 Z100.0 的方式,避免刀具在安全高度以下首先在 XY 平面内快速运动而与工件或夹具发生碰撞。

一般用法:

G90 G00 Z100.0；　（刀具首先快速移到 Z＝100.0mm 高度的位置）

X0.Y0.；　（刀具接着快速定位到工件原点的上方）

G00 指令一般在需要将主轴和刀具快速移动时使用,可以同时控制 1～3 轴,即可在 X 或 Y 轴方向移动,也可以在空间做三轴联动快速移动。而刀具的移动速度又由数控系统内部参数设定,在数控机床出厂前已设置完毕,一般为 5000～10000mm/min。

2. 直线插补指令 G01

数控机床的刀具(或工作台)沿各坐标轴位移是以脉冲当量(mm/脉冲)为单位的。刀具加工直线或圆弧时,数控系统按程序给定的起点和终点坐标值,在其间进行"数据点的密化"——求出一系列中间点的坐标值,然后依顺序按这些坐标轴的数值向各坐标轴驱动机构输出脉冲。数控装置进行的这种"数据点的密化"叫作插补功能。

G01 指令是直线运动指令,它命令刀具在两坐标或三坐标轴间以联动插补的方式按指定的进给速度做任意斜率的直线运动。G01 也是模态指令。

(1)指令格式

G01 X_Y_Z_F_；

其中,X_Y_Z_为刀具目标点坐标,当使用增量方式时,X_Y_Z_为目标点相对于起始点的增量坐标,不运动的坐标可以不写。

F 为刀具切削进给的进给速度。在 G01 程序段中必须含有 F 指令。如果在 G01 程序段前的程序中没有指定 F 指令,而在 G01 程序段也没有 F 指令,则机床不运动,有的系统还会出现系统报警。

(2)指令说明

G01 指令是要求刀具以联动的方式,按 F 指令规定的合成进给速度,从当前位置按线性路线(联动直线轴的合成轨迹为直线)移动到程序段指令的终点。G01 是模态指令,可由 G00、G02、G03 或 G33 功能注销。

3.圆弧插补指令(G02、G03)

$$G17 \left\{ \begin{array}{c} G02 \\ G03 \end{array} \right\} X\_Y\_ \quad \left\{ \begin{array}{c} R\_ \\ I\_J\_ \end{array} \right\} F\_;$$

$$G18 \left\{ \begin{array}{c} G02 \\ G03 \end{array} \right\} X\_Z\_ \quad \left\{ \begin{array}{c} R\_ \\ I\_K\_ \end{array} \right\} F\_;$$

$$G19 \left\{ \begin{array}{c} G02 \\ G03 \end{array} \right\} Y\_Z\_ \quad \left\{ \begin{array}{c} R\_ \\ J\_K\_ \end{array} \right\} F\_;$$

其中,G02 表示顺时针圆弧插补;G03 表示逆时针圆弧插补。如图 4-10 所示,圆弧插补的顺逆方向的判断方法是:沿圆弧所在平面(如 XY 平面)的另一根轴(Z 轴)的正方向向负方向看,顺时针方向为顺时针圆弧,逆时针方向为逆时针圆弧。

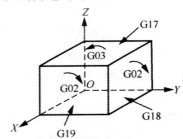

图 4-10　圆弧插补的顺逆方向判断

X_Y_Z_为圆弧的终点坐标值,其值可以是绝对坐标,也可以是增量坐标。在增量方式下,其值为圆弧终点坐标相对于圆弧起点的增量值。

R_为圆弧半径。

I_J_K_为圆弧的圆心相对其起点并分别在 X,Y 和 Z 坐标轴上的增量值,如图 4-11 所示的圆弧,在编程时的 I、J 值均为负值。

4.螺旋线进给指令(G02、G03)

(1)指令格式

$$G17 \left\{ \begin{array}{c} G02 \\ G03 \end{array} \right\} X\_Y\_ \left\{ \begin{array}{c} I\_J\_ \\ R\_ \end{array} \right\} Z\_F\_;$$

$$G18 \left\{ \begin{array}{c} G02 \\ G03 \end{array} \right\} X\_Z\_ \left\{ \begin{array}{c} I\_K\_ \\ R\_ \end{array} \right\} Y\_F\_;$$

$$G19 \left\{ \begin{array}{c} G02 \\ G03 \end{array} \right\} Y\_Z\_ \left\{ \begin{array}{c} J\_K\_ \\ R\_ \end{array} \right\} X\_F\_;$$

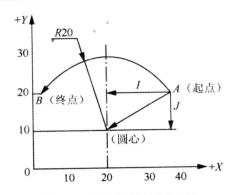

图 4-11　圆弧编程中的 I、J 值

（2）指令说明

指令中 X,Y,Z 是由 G17/G18/G19 平面选定的两个坐标为螺旋线投影圆弧的终点，意义同圆弧进给，第三坐标是与选定平面相垂直轴的终点。其余参数的意义同圆弧进给。

该指令对另一个不在圆弧平面上的坐标轴施加运动指令，对于任何小于 360° 的圆弧，可附加任一数值的单轴指令，如图 4-12（a）所示。螺旋线编程的程序如图 4-12（b）所示。

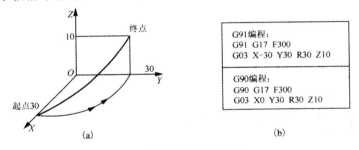

图 4-12　螺旋线进给指令

5. 任意倒角 C 与拐角圆弧过渡 R 指令

任意倒角 C 与拐角圆弧过渡 R 指令可以在直线轮廓和圆弧轮廓之间插入任意倒角或拐角圆弧过渡轮廓，简化编程。倒角和拐角圆弧过渡程序段可以自动地插入在下面的程序段之间：在直线插补和直线插补程序段之间、在直线插补和圆弧插补程序段之间、在圆弧插补和直线插补程序段之间、在圆弧插补和圆弧插补程序段之间。

（1）指令格式

C_；（任意倒角）

R_；（拐角圆弧过渡）

（2）指令说明

C 之后的数字指定从虚拟拐点到拐角起点和终点的距离。虚拟拐点是假定不执行倒角，实际存在的拐角点。

上面的指令加在直线插补（G01）或圆弧插补（G02 或 G03）程序段的末尾时，加工中自动在拐角处加上倒角或过渡圆弧。倒角和拐角圆弧过渡的程序段可连续地指定。

采用倒角 C 与拐角圆弧过渡 R 指令编程时，工件轮廓虚拟拐点坐标必须易于确定，且下一个程序段必须是倒角或拐角圆弧过渡后的轮廓插补加工指令，否则不能切出正确加工轨迹。

6.暂停指令 G04

G04 暂停指令可使刀具做短时间无进给加工或机床空运转,从而降低加工表面粗糙度。因此,G04 指令一般用于铣平面、锪孔等加工的光整加工。其指令格式为:

G04　X2.0;

或

G04　P2000;

地址 X 后面可用小数点进行编程,如 X2.0 表示暂停时间为 2s,而 X2 则表示暂停时间为 2ms。地址 P 后面不允许带小数点,单位为 ms,如 P2000 表示暂停时间为 2s。

4.5.2　与坐标系统相关的指令功能

1.返回参考点指令(G27、G28、G29)

对于机床回参考点动作,除可采用手动回参考点的操作外,还可以通过编程指令来自动实现。常见的与返回参考点相关的编程指令主要有 G27、G28、G29 三种,均为非模态指令。

(1)返回参考点校验指令 G27

返回参考点校验指令 G27 用于检查刀具是否正确返回到程序中指定的参考点位置。执行该指令时,如果刀具通过快速定位指令 G00 正确定位到参考点上,则对应轴的返回参考点指示灯亮,否则将产生机床系统报警。其指令格式为

G27 X_Y_Z_;

其中,X_Y_Z_是参考点在工件坐标系中的坐标值。

(2)自动返回参考点 G28

执行 G28 指令时,可以使刀具以点位方式经中间点返回到参考点,中间点的位置由该指令后的 X_Y_Z_值决定。其指令格式为

G28 X_Y_Z_;

其中,X_Y_Z_是返回过程中经过的中间点,其坐标值可以用增量值也可以用绝对值,但须用 G91 或 G90 来指定。

返回参考点过程中设定中间点的目的是为了防止刀具在返回参考点过程中与工件或夹具发生干涉。例如:

G90 G28 X100.0 Y100.0 Z100.0;则刀具先快速定位到工件坐标系的中间点(100,100,100)处,再返回机床 X、Y、Z 轴的参考点。

(3)自动从参考点返回指令 G29

执行 G29 指令时,可以使刀具从参考点出发,经过一个中间点到达 X、Y、Z 坐标值所指定的位置。G29 中间点的坐标与前面 G28 所指定的中间点坐标为同一坐标值,因此,这条指令只能出现在 G29 指令的后面。其指令格式为

G29 X_Y_Z_;

其中,X_Y_Z_是从参考点返回后刀具所到达的终点坐标。可用 G91/G90 来决定该值是增量值还是绝对值。如果是增量值,则该值是指刀具终点相对于 G28 中间点的增量值。

由于在编写 G29 指令时有种种限制,而且在选择 G28 指令后,这条指令并不是必需的,所以建议用 G00 指令来代替 G29 指令。

G28 与 G29 指令执行过程如图 4-13 所示,刀具回参考点前已定位到点 A,取 B 点为中间点,R 点为参考点,C 点为执行 G29 指令到达的终点。其指令如下:

G91 G28 X200.0 Y100.0Z0.0;

T01 M06;

G29 X100.0 Y−100.0 Z0.0;

或:

G90 G28 X200.0 Y200.0 Z0.0;

T01 M06;

G29 X300.0 Y100.0 Z0.0;

以上程序的执行过程为:首先执行 G28 指令,刀具从 A 点出发,以快速点定位方式经中间点 B 返回参考点 R;返回参考点后执行换刀动作;再执行 G29 指令,从参考点 R 点出发,以快速点定位方式经中间点 B 定位到点 C。

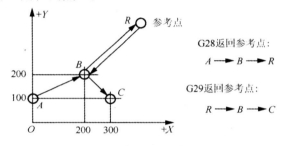

图 4-13　G28 与 G29 指令执行过程

2. 工件坐标系零点偏移及取消指令(G54～G59、G53)

通过对刀设定的工件坐标系,在编程时,可通过工件坐标系零点偏移指令 G54～G59 在程序中得到体现。

(1)指令格式

G54;　(程序中设定工件坐标系零点偏移指令)

G53;　(程序中取消工件坐标系零点偏移指令)

工件坐标系零点偏移指令可通过指令 G53 来取消。工件坐标系零点偏移取消后,程序中使用的坐标系为机床坐标系。

(2)指令说明

一般通过对刀操作及对机床面板的操作,通过输入不同的零点偏移数值,可以设定 G54～G59 共 6 个不同的工件坐标系,在编程及加工过程中可以通过 G54～G59 指令来对不同的工件坐标系进行选择,如图 4-14 及如下程序所示:

G90;　(绝对坐标系编程)

G54 G00 X0 Y0;　(选择 G54 坐标系,快速定位到该坐标系 XY 平面原点)

G57 G00 X0 Y0;　(选择 G57 坐标系,快速定位到该坐标系 XY 平面原点)

G58 G00 X0 Y0;　(选择 G58 坐标系,快速定位到该坐标系 XY 平面原点)

G53 G00 X0 Y0；（取消工件坐标系偏移,回到机床坐标系 *XY* 平面原点）

M30；（程序结束）

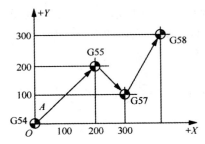

图 4-14　零点偏移指令应用

如果系统 G54～G59 存储器中设定了不同的值,再执行以上程序,刀具将在设定的各个坐标系原点间进行移动。

需要注意的是,这是一组模态指令,没有默认方式。若程序中没有给出工作坐标系,则数控系统默认程序原点为机械原点。工件坐标系零点偏移是通过对刀和输入相应的系统参数来设定工件坐标系,每个工件坐标系都有相对应的系统参数值,程序中须用 G54～G59 指令来进行调用。

3. 工件坐标系设定指令(G92)

G92 指令也可用于工件坐标系的设定。

(1)指令格式

G92 X_Y_Z_；

其中,X_Y_Z_是刀具当前位置相对于新设定的工件坐标系的新坐标值。

例如：

G92 X100.0 Y50.0 Z80.0；

通过 G92 指令设定的工件坐标系原点,是由刀具的当前位置及指令后的坐标值反推得出的,上例即表示刀具当前的位置位于工件坐标系的点(100,50,80)处。

(2)指令说明

在执行该指令前,必须将刀具的刀位点通过手动方式准确移动 G92 指令中的坐标位置,操作麻烦。因此,在新的数控系统中,该指令一般已不用于设定工件坐标系,而将该指令作为对 G54～G59 所设定的坐标系进行偏移的指令,如图 4-15 及如下程序所示：

G90 G54 G00 X120.0 Y90.0；

G92 X60.0 Y60.0；

执行以上指令时,刀具首先定位于 G54 设定的工件坐标中的点(120,90)处,然后通过 G92 指令指定刀具当前位置处于新坐标系的点(60,60)处,从而反推出新的工件坐标系原点位于图 4-15 中的点(60,3,80)处。

需要注意的是,G92 指令设定的工件坐标系,不具有记忆功能,当机床关机后,设定的坐标系即消失。在执行 G92 指令时,X、Y、Z 轴均不移动,但屏幕上显示的坐标发生了变化。

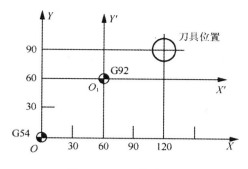

图 4-15　G92 偏移 G54

4.6　FANUC 系统固定循环功能

在数控铣床与加工中心上进行孔加工时,通常采用系统配备的固定循环功能进行编程。通过对这些固定循环指令的使用,可以在一个程序段内完成某个孔加工的全部动作(孔加工进给、退刀、孔底暂停等),从而大大减少编程的工作量。

4.6.1　孔加工固定循环指令介绍

1. 孔加工固定循环动作

孔加工固定循环动作如图 4-16 所示,通常由 6 部分组成。

①动作 1(AB 段):XY(G17)平面快速定位。

②动作 2(BR 段):Z 向快速进给到 R 点。

③动作 3(RZ 段):Z 轴切削进给,进行孔加工。

④动作 4(Z 点):孔底部的动作。

⑤动作 5(ZR 段):Z 轴退刀。

⑥动作 6(RB 段):Z 轴快速回到起始位置。

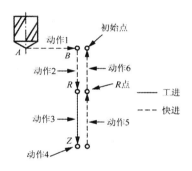

图 4-16　固定循环动作

2. 固定循环编程格式

孔加工循环的通用编程格式如下:

G73～G89 X_Y_Z_R_Q_P_F_K_;

其中,X_Y_:指定孔在 XY 平面内的位置;Z_:孔底平面的位置;R_:R 点平面所在位置;Q_:G73 和 G83 深孔加工指令中刀具每次加工深度,或 G76 和 G87 精镗孔指令中主轴准停后刀具沿准停反方向的让刀量;P_:指定刀具在孔底的暂停时间,数字不加小数点,以 ms 作为时间单位;F_:孔加工切削进给时的进给速度;K_:指定孔加工循环的次数,该参数仅在增量编程中使用。

在实际编程时,并不是每一种孔加工循环的编程都要用到以上格式的所有代码。例如下面的钻孔固定循环指令格式:

G81 X30.0 Y20.0 Z—32.0 R5.0 F50;

上述格式中,除 K 代码外,其他所有代码都是模态代码,只有在循环取消时才被清除,因

此这些指令一经指定,在后面的重复加工中不必重新指定,如下例:

G 82 X30.0 Y20.0 z－32.0 R5.0 P1000 F50;

X50.0;

G80;

执行以上指令时,将在两个不同位置加工出两个相同深度的孔。

孔加工循环用 G80 指令取消。另外,如在孔加工循环中出现 01 组的 G 代码,则孔加工方式也会自动取消。

3.固定循环的平面

(1)初始平面

初始平面(如图 4-17 所示)是为安全下刀而规定的一个平面,可以设定在任意一个安全高度上。当使用同一把刀具加工多个孔时,刀具在初始平面内的任意移动将不会与夹具、工件凸台等发生干涉。

(2)R 点平面

R 点平面又叫 R 参考平面。这个平面是刀具下刀时,自快进转为工进的高度平面,距工件表面的距离主要考虑工件表面的尺寸变化,一般情况下取 2~5mm。

(3)孔底平面

加工不通孔时,孔底平面就是孔底的 Z 轴高度。而加工通孔时,除要考虑孔底平面的位置外,还要考虑刀具的超越量(图 4-17 中 Z 点),以保证所有孔深都加工到尺寸。

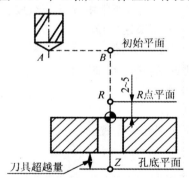

图 4-17　固定循环平面

4.G98 与 G99 方式

当刀具加工到孔底平面后,刀具从孔底平面以两种方式返回,即返回到初始平面和返回到 R 点平面,分别用指令 G98 与 G99 来决定。

(1)G98 方式

G98 为系统默认返回方式,表示返回初始平面。当采用固定循环进行孔系加工时,通常不必返回到初始平面。当全部孔加工完成后或孔之间存在凸台或夹具等干涉件时,则需返回初始平面。G98 指令格式如下:

G98 G81 X_Y_Z_R_F_;

(2)G99 方式

G99 表示返回 R 点平面(如图 4-18 所示)。在没有凸台等干涉情况下,加工孔系时,为了节省加工时间,刀具一般返回到 R 点平面。G99 指令格式如下:

G99 G82 X_Y_Z_R_P_F_；

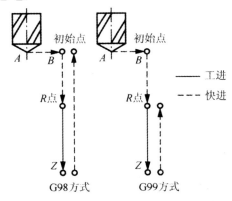

图 4-18　G98 与 G99 方式

5. G90 与 G91 方式

固定循环中 R 值与 Z 值数据的指定和 G90 与 G91 的方式选择有关,而 Q 值和 G90 与 G91 方式无关。

(1)G90 方式

G90 方式中,X、Y、Z 和 R 的取值均指工件坐标系中绝对坐标值(如图 4-19 所示)。此时,R 一般为正值,而 Z 一般为负值,如下例:

G90 G99 G83 X_Y_Z－20.0 R50.0 Q5.0 F_；

(2)G91 方式

G91 方式中,R 值是指从初始平面到 R 点平面的增量值,而 Z 值是指从 R 点平面到孔底平面的增量值。如图 4-19 所示,R 值与 Z 值(G87 例外)均为负值,如下例:

G91 G99 G83 X_Y_Z－25.0 R50.0 Q5.0 F_；

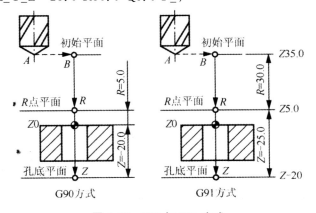

图 4-19　G90 与 G91 方式

4.6.2　钻孔循环 G81 与锪孔循环 G82

1. 指令格式

G81 X_Y_Z_R_F_；

G82 X_Y_Z_R_P_F_；

2. 指令动作

G81 指令常用于普通钻孔,其加工动作如图 4-20 所示,刀具在初始平面快速(G00 方式)定位到指令中指定的 X、Y 坐标位置,再在 Z 向快速定位到 R 点平面,然后执行切削进给到孔底平面,刀具从孔底平面快速 Z 向退回到 R 点平面或初始平面。

G82 指令在孔底增加了进给后的暂停动作,以提高孔底表面粗糙度质量,如果指令中不指定暂停参数 P,则该指令和 G81 指令完全相同。该指令常用于锪孔或台阶孔的加工。

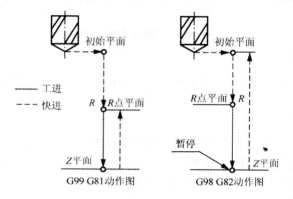

图 4-20　G81 与 G82 指令动作图

4.6.3　高速深孔钻循环 G73 与深孔钻循环 G83

所谓深孔,是指孔深与孔直径之比大于 5 而小于 10 的孔。加工深孔时,加工中散热差,排屑困难,钻杆刚性差,易使刀具损坏和引起孔的轴线偏斜,从而影响加工精度和生产率。

1. 指令格式

G73 X_Y_Z_R_Q_F_；

G83 X_Y_Z_R_Q_F_；

2. 指令动作

如图 4-21 所示,G73 指令通过刀具 Z 轴方向的间歇进给实现断屑动作。指令中的 Q 值是指每一次的加工深度(均为正值且为带小数点的值)。图 4-21 中的 d 值由系统指定,无须用户指定。

G83 指令通过 Z 轴方向的间歇进给实现断屑与排屑的动作。该指令与 G73 指令的不同之处在于:刀具间歇进给后快速回退到 R 点,再快速进给到 Z 向距上次切削孔底平面 d 处。从该点处,快进变成工进,工进距离为 $Q+d$。

G73 指令与 G83 指令多用于深孔加工的编程。

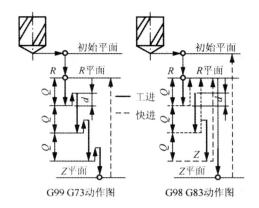

图 4-21 G73 与 G83 指令动作图

4.6.4 铰孔循环 G85

1. 指令格式

G85 X_Y_Z_R_F_;

2. 指令动作

如图 4-22 所示,执行 G85 固定循环时,刀具以切削进给方式加工到孔底,然后以切削进给方式返回到 R 点平面。该指令常用于铰孔和扩孔加工,也可用于粗镗孔加工。

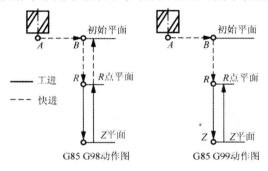

图 4-22 G85 指令动作图

4.6.5 粗镗孔循环(G86、G88 和 G89)

粗镗孔指令除前节介绍的 G85 指令外,通常还有 G86、G88、G89 等,其指令格式与铰孔固定循环 G85 的指令格式相类似。

1. 指令格式

G86 X_Y_Z_R_P_F_;
G88 X_Y_Z_R_P_F_;
G89 X_Y_Z_R_P_F_;

2. 指令动作

如图 4-23 所示,执行 G86 循环时,刀具以切削进给方式加工到孔底,然后主轴停转,刀具

快速退到 R 点平面后，主轴正转。采用这种方式退刀时，刀具在退回过程中容易在工件表面划出条痕。因此，该指令常用于精度及粗糙度要求不高的镗孔加工。

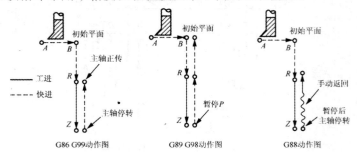

图 4-23　粗镗孔指令动作图

G89 动作与前节介绍的 G85 动作类似，不同的是 G89 动作在孔底增加了暂停，因此该指令常用于阶梯孔的加工。

G88 循环指令较为特殊，刀具以切削进给方式加工到孔底，然后刀具在孔底暂停后主轴停转，这时可通过手动方式从孔中安全退出刀具。这种加工方式虽能提高孔的加工精度，但加工效率较低。因此，该指令常在单件加工中采用。

4.6.6　精镗孔循环 G76 与反镗孔循环 G87

1.指令格式

G76 X_Y_Z_R_Q_P_F_；
G87 X_Y_Z_R_Q_F_；

2.指令动作

如图 4-24 所示，执行 G76 循环时，刀具以切削进给方式加工到孔底，实现主轴准停，刀具向刀尖相反方向移动 Q，使刀具脱离工件表面，保证刀具不擦伤工件表面，然后快速退刀至 R 点平面或初始平面，刀具正转。G76 指令主要用于精密镗孔加工。

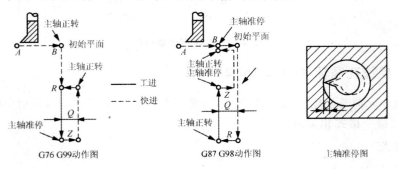

图 4-24　精镗孔指令动作图

执行 G87 循环时，刀具在 G17 平面内快速定位后，主轴准停，刀具向刀尖相反方向偏移 Q，然后快速移动到孔底（R 点），在这个位置刀具按原偏移量反向移动相同的 Q 值，主轴正转并以切削进给方式加工到 Z 平面，主轴再次准停，并沿刀尖相反方向偏移 Q，快速提刀至初始平面并按原偏移量返回到 G17 平面的定位点，主轴开始正转，循环结束。由于 G87 循环刀尖无须在孔中经工件表面退出,故加工表面质量较好,该循环常用于精密孔的镗削加工。

4.6.7　刚性攻右旋螺纹 G84 与攻左旋螺纹 G74

1. 指令格式

G84 X_Y_Z_R_P_F_;

G74 X_Y_Z_R_P_F_;

2. 指令动作

如图 4-25 所示,G74 循环为左旋螺纹攻丝循环,用于加工左旋螺纹。执行该循环时,主轴反转,在 G17 平面快速定位后快速移动到 R 点,执行攻丝到达孔底后,主轴正转退回到 R 点,主轴恢复反转,完成攻丝动作。

G84 动作与 G74 基本类似,只是 G84 用于加工右旋螺纹。执行该循环时,主轴正转,在 G17 平面快速定位后快速移动到 R 点,执行攻丝到达孔底后,主轴反转退回到 R 点,主轴恢复正转,完成攻丝动作。

在指定 G74 前,应先进行换刀并使主轴反转。另外,在 G74 与 G84 攻丝期间,进给倍率、进给保持均被忽略。

刚性攻丝指定方式有以下三种:

①在攻丝指令段之前指定"M29 S;"。

②在包含攻丝指令的程序段中指定"M29 S;"。

③将系统参数"No.5200♯0"设为 1。

需要注意的是,如果在 M29 和 G84/G74 之间指定 S 和轴移动指令,将产生系统报警;而如果在 G84/G74 中仅指定 M29 指令,也会产生系统报警。因此,本任务及以后任务均采用第三种方式指定刚性攻丝方式。

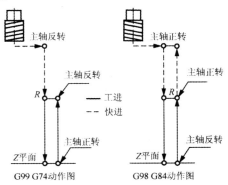

图 4-25　G74 指令与 G84 指令动作图

4.6.8　深孔攻丝断屑或排屑循环

1. 指令格式

G84 X_Y_Z_R_Q_P_F_;

G74 X_Y_Z_R_Q_P_F_;

2.指令动作

如图 4-26 所示,深孔攻丝的断屑与排屑动作与深孔钻动作类似,不同之处在于刀具在 R 点平面以下的动作均为切削加工动作。深孔攻丝的断屑与排屑动作的选择是通过修改系统攻丝参数来实现的。将系统参数"No.5200♯5"设为 0 时,可实现深孔断屑攻丝;而将系统参数"No.5200♯5"设为 1 时,可实现深孔排屑攻丝。

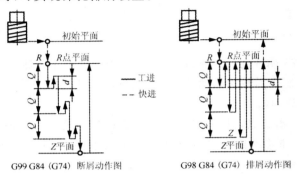

图 4-26   深孔攻丝断屑或排屑循环动作图

3.固定循环编程的注意事项

①为了提高加工效率,在指令固定循环前,应事先使主轴旋转。

②由于固定循环是模态指令,所以在固定循环有效期间,如果 X、Y、Z、R 中的任意一个被改变,就要进行一次孔加工。

③固定循环程序段中,如果在不需要指令的固定循环下指定了孔加工数据 Q、P,它只作为模态数据进行存储,而无实际动作产生。

④使用具有主轴自动启动的固定循环(G74、G84、G86)时,如果孔的 XY 平面定位距离较短,或从起始点平面到 R 点平面的距离较短,且需要连续加工,为了防止在进入孔加工动作时主轴不能达到指定的转速,应使用 G04 暂停指令进行延时。

⑤在固定循环方式中,刀具半径补偿功能无效。

4.7   刀具补偿功能的编程方法

4.7.1   刀具补偿功能

1.刀具补偿功能的概念

在数控编程过程中,为了编程人员编程方便,通常将数控刀具假想成一个点。在编程时,一般不考虑刀具的长度与半径,而只考虑刀位点与编程轨迹重合。但在实际加工过程中,由于刀具半径与刀具长度各不相同,在加工中势必造成很大的加工误差。因此,实际加工时必须通过刀具补偿指令,使数控机床根据实际使用的刀具尺寸,自动调整各坐标轴的移动量,确保实际加工轮廓和编程轨迹完全一致。数控机床的这种根据实际刀具尺寸,自动改变坐标轴位置,使实际加工轮廓和编程轨迹完全一致的功能,称为刀具补偿功能。

数控铣床的刀具补偿功能分成刀具半径补偿功能和刀具长度补偿功能两种。

2.刀位点的概念

所谓刀位点(如图 4-27 所示),是指加工和编制程序时,用于表示刀具特征的点,也是对刀和加工的基准点。车刀与镗刀的刀位点,通常是指刀具的刀尖;钻头的刀位点通常指钻尖;立铣刀、端而铣刀的刀位点指刀具底面的中心;而球头铣刀的刀位点指球头中心。

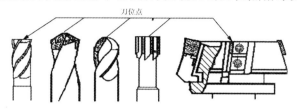

图 4-27 数控刀具的刀位点

4.7.2 刀具半径补偿

1.刀具半径补偿功能的概念

在编制数控铣床轮廓铣削加工程序的场合,一般以工件的轮廓尺寸作为刀具轨迹进行编程,而实际的刀具运动轨迹则与工件轮廓有一偏移量(即刀具半径),在编程中这一功能是通过刀具半径补偿功能来实现的。因此,运用刀具补偿功能来编程可以达到简化编程的目的。根据刀具半径补偿在工件拐角处过渡方式的不同,刀具半径补偿可分为 B 型刀补和 C 型刀补两种。

B 型刀补在工件轮廓的拐角处采用圆弧过渡,如图 4-28(a)中的圆弧 DE。这样在外拐角处,刀具切削刃始终与工件尖角接触,刀具的刀尖始终处于切削状态。采用此种刀补方式会使工件上尖角变钝、刀具磨损加剧,甚至在工件的内拐角处还会引起过切现象。

C 型刀补采用了较为复杂的刀偏计算,计算出拐角处的交点(如图 4-28(b)中 B 点),使刀具在工件轮廓拐角处的过渡采用直线过渡的方式,如图 4-28(b)中的直线 AB 与 BC,从而彻底解决了 B 型刀补存在的不足。FANUC 系统默认的刀补形式为 C 型刀补。因此,下面讨论的刀具半径补偿都是指 C 型刀补的刀具半径补偿。

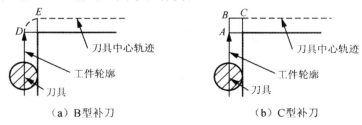

（a）B型补刀   （b）C型补刀

图 4-28 刀具半径补偿的拐角过渡方式

2.刀具半径补偿指令格式

(1)指令格式

G41 G01/G00 X_Y_Z_D_; (刀具半径左补偿)

G42 G01/G00 X_Y_Z_D_；（刀具半径右补偿）

G40 G01/G00 X_Y_；（刀具半径补偿取消）

G41 为刀具半径左补偿，G42 为刀具半径右补偿。

（2）指令说明

G41 与 G42 的判断方法是：处在补偿平面外另一根轴的正向，沿刀具的移动方向看，当刀具处在切削轮廓左侧时，称为刀具半径左补偿；当刀具处在工件的右侧时，称为刀具半径右补偿，如图 4-29 所示。

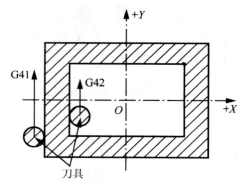

图 4-29　G41 与 G42 的判别

D 值用于指定刀具偏置存储器号。在地址 D 所对应的偏置存储器中存入相应的偏置值，其值通常为刀具半径值。刀具号与刀具偏置存储器号可以相同，也可以不同。一般情况下，为防止出错，最好采用相同的刀具号与刀具偏置存储器号。

G41、G42 为模态指令，其取消指令为 G40。

3. 刀具半径补偿过程

刀具半径补偿的过程分三步，即刀补建立、刀补进行和刀补取消，如图 4-30 及如下程序所示。

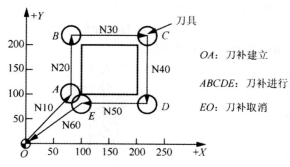

图 4-30　刀具半径补偿过程

O0010；（程序名）

……

N10 G41 G01 X100.0 Y100.0 D01 F100；（刀补建立）

```
N20                    Y200.0;
N30        X200.0;
N40                    Y100.0;            （刀补进行）
N50        X100.0;
N60 G40 G00 X0        Y0;    （刀补聚消）
......
```

（1）刀补建立

刀补建立是指刀具从起点接近工件时，刀具中心从与编程轨迹重合过渡到与编程轨迹偏离一个偏置量的过程。该过程的实现必须有 G00 或 G01 功能才有效。

如图 4-30 所示，刀具补偿过程通过 N10 程序段建立。当执行 N10 程序段时，机床刀具的坐标位置由以下方法确定：将包含 G41 语句的下边两个程序段（N20、N30）预读，连接在补偿平面内最近两移动语句的终点坐标（如图 4-30 中的 AB 连线），其连线的垂直方向为偏置方向，根据 G41 或 G42 来确定偏向哪一边，偏置的大小由偏置存储器号 D01 地址中的数值决定。经补偿后，刀具中心位于图 4-30 中 A 点处，即坐标点[（100－刀具半径），100]处。

（2）刀补进行

在 G41 或 G42 程序段后，程序进入补偿模式，此时刀具中心与编程轨迹始终相距一个偏置量，直到刀具半径补偿取消。

在补偿模式下，机床同样要预读两段程序，找出当前程序段刀具轨迹与以下程序段偏置刀具轨迹的交点，以确保机床把下一个工件轮廓向外补偿一个偏置量，如图 4-30 中的 B 点、C 点等。

（3）刀补取消

刀具离开工件，刀具中心轨迹过渡到与编程轨迹重合的过程称为刀补取消，如图 4-30 中的 EO 程序段。

刀补的取消用 G40 或 D00 来执行。要特别注意的是，G40 必须与 G41 或 G42 成对使用。

4. 刀具半径补偿注意事项

在刀具半径补偿过程中要注意以下几方面的问题。

①半径补偿模式的建立与取消程序段只有在 G00 或 G01 移动指令模式下才有效。当然，现在有部分系统也支持 G02、G03 模式，但为防止出现差错，在半径补偿建立与取消程序段最好不使用 G02、G03 指令。

②为保证刀补建立与刀补取消时刀具与工件的安全，通常采用 G01 运动方式来建立或取消刀补。如果采用 G00 运动方式来建立或取消刀补，则应先建立刀补再下刀和先退刀再取消刀补。

③为了便于计算坐标，采用切线切入方式或法线切入方式来建立或取消刀补。对于不便于沿工件轮廓线方向切向或法向切入切出时，可根据情况增加一个辅助程序段。

④刀具半径补偿建立与取消程序段的起始位置与终点位置最好与补偿方向在同一侧（图 4-31 中的 OA），以防止在半径补偿建立与取消过程中刀具产生过切现象（图 4-31 中的 OM）。

⑤在刀具补偿模式下，一般不允许存在连续两段以上的非补偿平面内移动指令，否则刀具也会出现过切等危险动作。非补偿平面移动指令通常指：只有 G、M、S、F、T 代码的程

序段(如 G90,M05 等)、程序暂停程序段(如 G04 X10.0)和 G17 平面加工中的 Z 轴移动指令等。

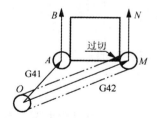

图 4-31　刀补建立时的起始与终点位置

5.刀具半径补偿的应用

刀具半径补偿功能除了使编程人员直接按轮廓编程、简化编程工作外,在实际加工中还有许多其他方面的应用。

①用同一个程序,对零件进行粗、精加工。如图 4-32(a)所示,编程时按实际轮廓 ABCD 编程,在粗加工中时,将偏置量设为 $D=R+\Delta$(其中,R 为刀具的半径;Δ 为精加工余量)。这样在粗加工完成后,形成的工件轮廓的加工尺寸要比实际轮廓 ABCD 每边都大 Δ。在精加工时,将偏置量设为 $D=R$,这样,零件加工完成后,即得到实际加工轮廓 ABCD。同理,当工件加工后,如果测量尺寸比图纸要求尺寸大时,也可用同样的办法修整解决。

②用同一个程序,加工同一公称尺寸的凹、凸型面。如图 4-32(b)所示,内、外轮廓编写成同一程序,在加工外轮廓时,将偏置值设为 $+D$,刀具中心将沿轮廓的外侧切削;当加工内轮廓时,将偏置值设为 $-D$,这时刀具中心将沿轮廓的内侧切削。这种方法在模具加工中运用较多。

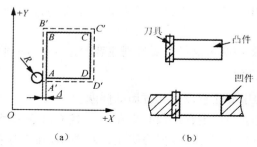

（a）　　　　　　（b）

图 4-32　刀具半径补偿的应用

4.7.3　刀具长度补偿

在自动换刀加工零件的过程中,刀具在安装后的长短各不相同。为了实现采用不同长度的刀具并在同一工件坐标加工零件的目的,通常在加工中心的编程中采用刀具长度补偿指令。

1.刀具长度补偿的定义

刀具长度补偿是用来补偿假定的刀具长度与实际的刀具长度之间的差值的指令。系统规定所有轴都可采用刀具长度补偿,但同时规定刀具长度补偿只能加在一个轴上,要对补偿轴进行切换,必须先取消前面轴的刀具长度补偿。

2.刀具长度补偿指令

(1)指令格式

G43 H_;(刀具长度补偿"＋")

G44 H_;(刀具长度补偿"－")

G49;(或 HOO;)(取消刀具长度补偿)

(2)指令说明

H_值用于指定存放刀具长度补偿值的偏置存储器号。刀具号与刀具偏置存储器号可以相同,也可以不同。通常情况下,为防止出错,最好采用相同的刀具号与刀具偏置存储器号。在地址符 H 所对应的偏置存储器号中存入的刀具长度补偿值,其值为实际刀具长度与编程时假设的刀具长度(通常将这一长度设定为 0)的差值。

G43 与 G44 均为刀具长度补偿指令,但指令的偏移方向却相反。G43 表示刀具长度＋补偿,G43 偏置存储器中的刀具长度补偿值＝实际刀具长度＋编程假设的刀具长度。G44 表示刀具长度－补偿,G44 偏置存储器中的刀具长度补偿值＝编程假设的刀具长度－实际刀具长度。因此,存储器中的刀具长度补偿值既可以是正值,也可以是负值。

G49 或 H00 均为取消刀具长度补偿指令。

(3)指令执行过程

执行刀具长度补偿指令时,系统首先根据 G43 和 G44 指令将指令要求的 Z 向移动量与偏置存储器中的刀具长度补偿值做相应的"＋"(G43)或"－"(G44)运算,计算出刀具的实际移动值,然后命令刀具做相应的运动。

3.刀具长度补偿的应用

立式加工中心中,刀具长度补偿功能常被辅助用于工件坐标系零点偏置的设定。即用 G54 设定工件坐标系时,仅在 XY 平面内进行零点偏移,而 Z 方向不偏移,Z 方向刀具刀位点与工件坐标系 ZO 平面之间的差值全部通过刀具长度补偿值来解决,如图 4-33 所示。

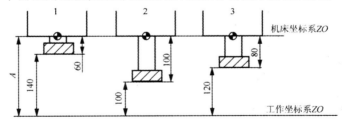

图 4-33　刀具长度补偿的应用

G54 设定工件坐标系时,Z 向偏移值为 0。刀具对刀时,将刀具的刀位点 Z 向移动到工件坐标系的 ZO 处,将屏幕显示的机床坐标系 Z 向坐标值直接输入该刀具的长度补偿存储器中。这时,1 号刀具长度补偿存储器中的长度补偿值(H01)＝－140.0mm,相应地,(H02)＝－100.0mm,(H03)＝－120.0mm。其编程格式如下:

……

T01 M06

G43 G00 Z H01 F100 M03 S;

......

......
G49 G53 G00 Z0；
T02 M06；
G43 G00 ZH02 F100 M03 S；
......

以上指令,如果采用机外对刀,已测出了刀具的长度,则其对刀与设定工件坐标系时,通常直接将图中测得的 A 值(-200.0)输入 G54 的 Z 向偏移值中,而将实际测出的刀具长度(正值)输入对应的刀具长度补偿存储器中。这时,(H01)=60mm,(H02)=100mm,(H03)=80mm。

4.8　数控加工中心的刀具交换功能

在零件的加工过程中,有时需要用到几种不同的刀具来加工同一种零件,这时,如果为单件生产或较少批量(通常指少于 10 件)生产,则采用手动换刀较为合适;而如果是批量较大的生产,则采用加工中心自动换刀的方式较为合适。

4.8.1　换刀动作

在通常情况下,不同数控系统的加工中心,其换刀程序各不相同,但换刀的动作却基本相同,通常分刀具的选择和刀具的交换两个基本动作。

1.刀具的选择

刀具选择是将刀库上某个刀位的刀具转到换刀的位置,为下次换刀做好准备。其指令格式为:

T_；

刀具选择指令可在任意程序段内执行,有时为了节省换刀时间,通常在加工过程中就同时执行 T 指令,例如,下面的程序:

G01 X100.0 Y100.0 F100 T12；

执行该程序段时,主轴刀具在执行 G01 进给的同时,刀库中的刀具也转到换刀位置。

2.刀具换刀前的准备

在执行换刀指令前,通常要做好以下几项换刀准备工作。

①主轴回到换刀点。立式加工中心的换刀点 XY 方向上是任意的。在 Z 方向上,由于刀库的 Z 向高度是固定的,所以其 Z 向换刀点位置也是固定的,该换刀点通常位于靠近 Z 向机床原点的位置。为了在换刀前接近该换刀点,通常采用以下指令来实现:

G91 G28 Z0；　（返回 Z 向参考点）

G49 G53 G00 Z0；　（取消刀具长度补偿,并返回机床坐标系 Z 向原点）

②主轴准停。在进行换刀前,必须实现主轴准停,以使主轴上的两个凸起对准刀柄的两个

卡槽。FANUC 系统主轴准停通常通过指令"M19"来实现。

③切削液关闭。换刀前通常需用"M09"指令关闭冷却液。

3.刀具交换

刀具交换是指刀库中正位于换刀位置的刀具与主轴上的刀具进行自动换刀的过程。其指令格式为：

M06；

在 FANUC 系统中，"M06"指令中不仅包括了刀具交换的过程，还包含了刀具换刀前的所有准备动作，即返回换刀点、切削液关、主轴准停。

4.8.2　加工中心常用换刀程序

1.带机械手的换刀程序

带机械手的换刀程序格式如下：

T×× M06；

该指令格式中，T 指令在前，表示选择刀具；M06 指令在后，表示通过机械手执行主轴中刀具与刀库中刀具的交换。

例如：

……

G40 G01 X20.0 Y30.0；　　（XY平面内取消刀补）

G49 G53 G00 Z0；（刀具返回机床坐标系 Z 向原点）

T05 M06；（选择 5 号刀具，主轴准停，冷却液关，刀具交换）

M03 S600 G54；（开启主轴转速，选择工件坐标系）

……

在执行该程序时，刀具先在 XY 平面取消刀补；再执行返回 Z 向机床原点命令；主轴准停并 Z 向移动至换刀点；刀库转位寻刀，将 5 号刀转到换刀位置；执行 M06 指令进行换刀。换刀结束后，若需进行下一次加工，则需开启机床转速。

2.不带机械手的换刀程序

当加工中心的刀库为转盘式刀库且不带有机械手时，其换刀程序如下：

M06 T07；

注意：该指令格式中的 M06 指令在前，T 指令在后，且 M06 指令和 T 指令不可以前后调换位置。如果调换位置，则在指令执行过程中产生程序出错报警。

执行该指令时，同样先自动完成换刀前的准备动作，再执行 M06 指令，主轴上的刀具放入当前刀库中处于换刀位置的空刀位；然后刀库转位寻刀，将 7 号刀具转换到当前换刀位置，再次执行 M06 指令，将 7 号刀具装入主轴。因此，这种方式的换刀，每次换刀过程要执行两次刀具交换。

3.子程序换刀

FANUC 系统中，为了方便编写换刀程序，防止自动换刀过程中出错，系统常自带有换刀子程序，子程序号通常为 O8999，其程序内容为

O8999；（立式加工中心换刀子程序）

M05 M09；（主轴停转，切削液关）

G80；（取消固定循环）

G91 G28 Z0；（Z 轴返回机床原点）

例如：

T06 M98P8999；

第5章　数控高级编程的应用

5.1　FANUC系统的子程序应用

在使用子程序编程时,应注意主、子程序使用不同的编程方式。一般主程序中使用G90指令,而子程序使用G91指令,避免刀具在同一位置加工。当子程序中使用M99指令指定顺序号时,子程序结束时并不返回到调用子程序程序段的下一程序段,而是返回到M99指令指定的顺序号的程序段,并执行该程序段。

编程举例如下:

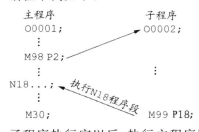

子程序执行完以后,执行主程序顺序号为18的程序段。

5.1.1　子程序的定义

机床的加工程序可以分为主程序和子程序两种。

所谓主程序,是指一个完整的零件加工程序,或是零件加工程序的主体部分,它和被加工零件或加工要求一一对应,不同的零件或不同的加工要求,都只有唯一的主程序。

在编制加工程序中,有时会遇到一组程序段在一个程序中多次出现,或者在几个程序中都要使用它。这个典型的加工程序可以做成固定程序,并单独加以命名,这组程序段就称为子程序。

子程序通常不可以作为独立的加工程序使用,它只能通过调用,实现加工中的局部动作。子程序执行结束后,能自动返回到调用的程序中。

5.1.2　子程序的格式

在大多数数控系统中,子程序和主程序并无本质区别,它们在程序号及程序内容方面基本相同。一般主程序中使用G90指令,而子程序使用G91指令,避免刀具在同一位置加工。但子程序和主程序结束标记不同,主程序用M02或M30表示主程序结束,而子程序则用M99表示子程序结束,并实现自动返回主程序功能。

编程举例如下:

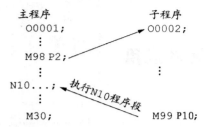

```
主程序                 子程序
O0001;              → O0002;
  ⋮                    
M98 P2;                
                       
N10...;   执行N10程序段   ⋮
  ⋮                    
M30;                M99 P10;
```

子程序执行完以后,执行主程序顺序号为 18 的程序段。对于子程序结束指令 M99,不一定要单独书写一行。

5.1.3 子程序的调用

在 FANUC 系统中,子程序的调用可通过辅助功能代码 M98 指令进行,且在调用格式中将子程序的程序号地址改为 P,其常用的子程序调用格式有两种。

1.子程序调用格式一

M98 P××××L××××;

【例 5-1】某子程序如下:

M98 P100 L5;

M98 P100;其中,地址 P 后面的 4 位数字为子程序号,地址 L 后面的数字表示重复调用的次数,子程序号及调用次数前的 O 可省略不写。如果只调用子程序一次,则地址 L 及其后的数字可省略。例如,第 1 个例子表示调用子程序"O100"共 5 次,而第 2 个例子表示调用子程序一次。

2.子程序调用格式二

M98 P××××××××;

【例 5-2】某子程序如下:

M98 P50010;

M98 P510;

地址 P 后面的 8 位数字中,前 4 位表示调用次数,后 4 位表示子程序号,采用这种调用格式时,调用次数前的 O 可以省略不写,但子程序号前的 O 不可省略。例如,第 1 个例子表示调用子程序"O10"5 次,而第 2 个例子则表示调用子程序"O510"一次。

子程序的执行过程如下程序所示。

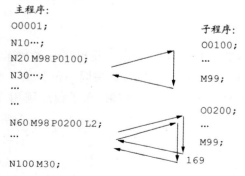

```
主程序:                子程序:
O0001;                O0100;
N10…;                 …
N20 M98 P0100;        M99;
N30…;
…
…                     O0200;
N60 M98 P0200 L2;     …
                      M99;
N100 M30;             169
```

5.1.4 子程序的嵌套

为了进一步简化程序,可以让子程序调用另一个子程序,这一功能称为子程序的嵌套。

当主程序调用子程序时,该子程序被认为是一级子程序。系统不同,其子程序的嵌套级数也不相同,FANUC 系统可实现子程序四级嵌套,如图 5-1 所示。

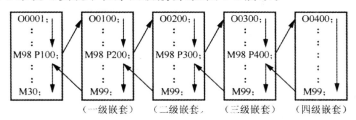

图 5-1 子程序的嵌套

5.1.5 子程序调用的特殊用法

子程序除了上述用法外,还有下列用法。

1.子程序返回到主程序某一程序段

如果在子程序的返回程序段中加上 Pn,则子程序在返回主程序时将返回到主程序中顺序号为"N"的那个程序段。其程序格式如下:

M99Pn;

M99 P100;(返回到 N100 程序段)

2.自动返回到程序头

如果在主程序中执行 M99,则程序将返回到主程序的开头并继续执行程序。也可以在主程序中插入"M99 Pn;"用于返回到指定的程序段。为了能够执行后面的程序,通常在该指令前加"/",以便在不需要返回执行时,跳过该程序段。

3.强制改变子程序重复执行的次数

用"M99 L××;"指令可强制改变子程序重复执行的次数。其中,"L××"表示子程序调用的次数。例如,如果主程序用"M98 P××L99;"调用,而子程序采用"M99 L2;"返回,则子程序重复执行的次数为 2 次。

5.1.6 子程序的应用

1.实现零件的分层切削

当零件在某个方向上的总切削深度比较大时,可通过调用该子程序采用分层切削的方式来编写该轮廓的加工程序。

【例 5—3】在立式加工中心上加工如图 5-2(a)所示的凸台外形轮廓,Z 向采用分层切削的方式进行,每次 Z 向背吃刀量为 5.0mm,试编写其数控铣加工程序。

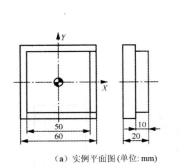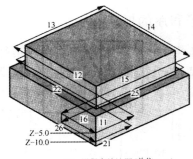

（a）实例平面图(单位: mm)   （b）子程序轨迹图(单位: mm)

图 5-2　Z 向分层切削子程序实例

其加工程序如下：

O00000 1；（主程序）

G90 G94 G40 G21 G17 G54；

G91 G28 Z0；

G90 G00 X－40.0 Y－40.0；（XY 平面快速点定位）

Z20.0；

M03 S1000 M08；

Z0.0 F50；（刀具下降到子程序 Z 向起始点）

M98 P1000 L2；（调用子程序 2 次）

G00 Z50.0 M09；

M30；（主程序结束）

O1000；（子程序）

G91 G01 Z－5.0；（刀具从 ZO 或 Z－5.0 位置增量向下移动 5mm）

G90 G41 G01 X－20.0 D01 F100；（建立左刀补，并从轮廓切线方向切入,轨迹 11 或 21 等）

Y25.0；（轨迹 12 或 22）

X25.0；（轨迹 13 或 23）

Y－25.0；（轨迹 14 或 24）

X－40.0；（切线切出,轨迹 15 或 25）

G40 Y－40.0；（取消刀补,轨迹 16 或 26）

M99；（子程序结束,返回主程序）

2.同平面内多个相同轮廓形状工件的加工

在实际加工中,相同轮廓的重复加工主要有两种情况：

①同一零件上相同轮廓在不同位置出现多次。

②在连续板料上加工多个零件。

实现相同轮廓重复加工的方法如下：

①用增量方式定制轮廓加工子程序,在主程序中用绝对方式对轮廓进行定位,再调用子程序完成加工。

②用绝对方式定制轮廓加工子程序,并解决坐标系平移的问题来完成加工;

③用宏程序来完成加工。

在数控编程时,只编写其中一个轮廓形状加工程序,然后用主程序来调用。

【例 5－4】加工如图 5-3 所示外形轮廓的零件,三角形凸台高为 5mm,试编写该外形轮廓的数控铣精加工程序。

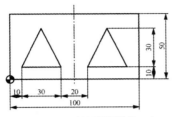
（a）实例平面图(单位: mm)

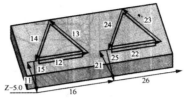
（b）子程序轨迹图(单位: mm)

图 5-3　同平面多轮廓子程序加工实例

O0001；（主程序）

G90 G94 G40 G21 G17 G54；

G91 G28 Z0；

G90 G00 X0 Y－10.0；（XY 平面快速点定位）

Z20.0；

M03 S1000 M08；

G01 Z－5.0 F50；（刀具 Z 向下降至凸台底平面）

M98 P100 L2；（调用子程序 2 次）

G90 G00 Z50.0 M09；

M30；（主程序结束）其精加工程序如下:

O100；（子程序）

G91 G42 G01 Y20.0 D01 F100；（建立右刀补,并从轮廓切线方向切入,轨迹 11 或 21）

X40.0；（轨迹 12 或 22）

x－15.0 Y30.0；（轨迹 13 或 23）

X－15.0 Y－30.0；（轨迹 14 或 24）

G40 X－10.0 Y－20.0；（取消刀补,轨迹 15 或 25）

X50.0；（刀具移动到子程序第二次循环的起始点轨迹 16 或轨迹 26）

M99；（子程序结束,返回主程序）

3. 实现程序的优化

数控铣床/加工中心的程序往往包含有许多独立的工序,编程时,把每一个独立的工序编成一个子程序,主程序只有换刀和调用子程序的命令,从而实现优化程序的目的。

4. 综合举例

【例 5－5】已知刀具起始位置为(0,0,100),切深为 10mm,试编制程序。

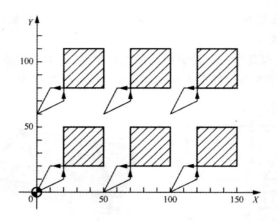

图 5-4　同平面多轮廓子程序加工实例

O1000；（主程序）

G90 G54 G00 Z100.0 S800 M03　（加工前准备指令）

M08；（冷却液开）

X0.Y0.；（快速定位到工件零点位置）

M98 P2000 L3；（调用子程序（O2000），并连续调用 3 次，完成 3 个方形轮廓的加工）

G90 G00 X0.Y60.0；（快速定位到加工另 3 个方形轮廓的起始点位置）

M98 P2000 L3；（调用子程序（O2000），并连续调用 3 次，完成 3 个方形轮廓的加工）

G90 G00 Z100.0；

X0.Y0.；（快速定位到工件零点位置）

M09；（冷却液关）

M05；（主轴停）

M30；（程序结束）

O2000；（子程序，加工一个方形轮廓的轨迹路径）

G91 Z－95.0；（相对坐标编程）

G41 X20.0 Y10.0 D1；（建立刀补）

G01 Z－10.0 F100；（铣削深度）

Y40.0；（直线插补）

X30.0；（直线插补）

Y－30.0；（直线插补）

X－40.0；（直线插补）

G00 Z110.0；（快速退刀）

G40 X－10.0 Y－20.0；（取消刀补）

X50.0；（为铣削另一方形轮廓做好准备）

M99；（子程序结束）

【例 5－6】加工图 5-5 所示的工件，取零件中心为编程零点，选用 φ12mm 键槽铣刀加工。子程序用中心轨迹编程。

本例与例 5－5 的不同点在于，它是一个阶梯孔，只要铣孔类的刀具选取好即可，其他与例

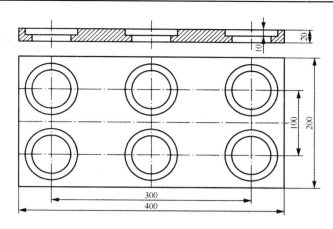

图 5-5 同平面多轮廓子程序加工实例(单位：mm)

5－5 一致,采用增量方式完成相同轮廓的重复加工。

O000； （主程序）

G54 G90 G17 G40 M03； （加工前准备指令）

G0 Z50 S2000； （加工前准备指令）

X－150 Y－50； （快速定位）

Z5； （快速定位）

M98 P0010； （调用子程序 O0010）

G0 X－150 Y50； （快速定位到加工圆形轮廓的起始点位置）

M98 P0010； （调用子程序 O0010）

G0 X0 Y50； （快速定位到加工圆形轮廓的起始点位置）

M98 P0010； （调用子程序 O0010）

G0 X0 Y－50； （快速定位到加工圆形轮廓的起始点位置）

M98 P0010； （调用子程序 O0010）

G0 X－150 Y－50； （快速定位到加工圆形轮廓的起始点位置）

M98 P0010； （调用子程序 O0010）

GO X－150 Y50； （快速定位到加工圆形轮廓的起始点位置）

M98 PO010； （调用子程序 O0010）

GO Z100； （快速抬刀）

M30； （程序结束）

O0010； （子程序,加工一个圆形轮廓的轨迹路径）

G91 G0 X24； （相对坐标编程）

G1 Z－27 F60； （直线插补）

G3 I－24 F200； （圆弧插补）

G0 Z12； （快速抬刀）

G1 X10； （直线插补）

G3I－34； （圆弧插补）

GO Z15； （快速抬刀）

G90 M99；（子程序结束）

5.2 FANUC 系统的宏程序编程应用

5.2.1 非圆曲线与三维型面的拟合加工方法

1. 非圆曲线轮廓的拟合计算方法

目前大多数控系统还不具备非圆曲线的插补功能。因此,加工这些非圆曲线时,通常采用直线段或圆弧线段拟合的方法进行。常用的手工编程拟合计算方法有等间距法、等插补段法和三点定圆法等几种。

（1）等间距法

在一个坐标轴方向,将拟合轮廓的总增量（如果在极坐标系中,则指转角或径向坐标的总增量）进行等分后,对其设定节点所进行的坐标值计算方法,称为等间距法,如图 5-6 所示。

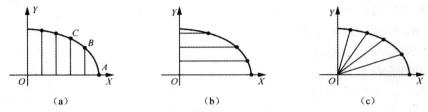

图 5-6 非圆曲线节点的等间距拟合

采用这种方法进行手工编程时,容易控制其非圆曲线或立体型面的节点。因此,宏程序编程普遍采用这种方法。

（2）等插补段法

当设定其相邻两节点间的弦长相等时,对该轮廓曲线所进行的节点坐标值计算方法称为等插补段法。

（3）三点定圆法

这是一种用圆弧拟合非圆曲线时常用的计算方法,其实质是过已知曲线上的三点（也包括圆心和半径）作一圆。

2. 三维型面母线的拟合方法

宏程序编程行切法加工三维型面（如球面、变斜角平面等）时,型面截面上的母线通常无法直接加工,而采用短直线（如图 5-7 所示）或圆弧线（如图 5-8 所示）来拟合。

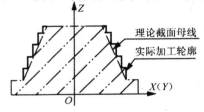

图 5-7 三维型面母线的拟合

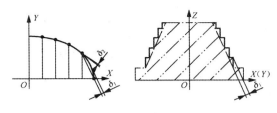

图 5-8　拟合误差

3. 拟合误差分析

非圆曲线与三维型面母线的拟合过程中,不可避免会产生拟合误差(如图 5-8 所示),但其误差值不能超出规定值。通常情况下,拟合误差 δ 应小于或等于编程允许误差 $\delta_{允}$,即 $\delta \leqslant \delta_{允}$。考虑到工艺系统及计算误差的影响,$\delta_{允}$ 一般取零件公差的 $\frac{1}{10} \approx \frac{1}{5}$。

在实际编程过程中,主要采用以下几种方法来减小拟合误差。

①采用合适的拟合方法。相比较而言,采用圆弧拟合方法的拟合误差要小一些。

②减小拟合线段的长度。减小拟合线段的长度可以减小拟合误差,但增加了编程的工作量。

③运用计算机进行曲线拟合计算。采用计算机进行曲线的拟合,在拟合过程中自动控制拟合精度,以减小拟合误差。

5.2.2　B 类宏程序

用户宏程序分为 A 类、B 类两种。一般情况下,在一些旧的 FANUC 系统版本(如 FANU(0MD)中采用 A 类宏程序,而在较为先进的系统版本(如 1 FANUC Oi)中则采用 B 类宏程序.

1. B 类宏程序的特点

在 FANUC OMD 等旧型号的系统面板上没有"＋"、"－"、"＊"、"/"、"＝"、"[]"等符号,故不能进行这些符号输入,也不能用这些符号进行赋值及数学运算。所以,在这类系统中只能按 A 类宏程序进行编程。而在 FANUC Oi 及其后(如 FANUC 18i 等)的系统中,则可以输入这些符号并运用这些符号进行赋值及数学运算,即按 B 类宏程序进行编程。

2. B 类宏程序的变量

B 类宏程序的变量与 A 类宏程序的变量基本相似,主要区别有以下几方面。

(1)变量的表示

B 类宏程序除可采用 A 类宏程序的变量表示方法外,还可以用表达式表示,但其表达式必须全部写入方括号"[]"中。

【例 5－7】

＃[＃1＋＃2＋10]

当＃1＝10,＃2＝100 时,该变量表示＃120。

(2)变量的引用

引用变量也可以采用表达式。

【例 5－8】

G01 X[♯100－30.0]Y－♯101 F[♯101＋♯103]；

当♯100＝100.0，♯101＝50.0，♯103＝80.0 时，上例即表示为"G01 X70.0 Y－50.0 F130；"。

3.变量的赋值

变量的赋值方法有两种，即直接赋值和引数赋值。

(1)直接赋值

变量可以在操作面板上用"MDI"方式直接赋值，也可在程序中以等式方式赋值，但等号左边不能用表达式。B 类宏程序的赋值为带小数点的值。在实际编程中，大多采用在程序中以等式方式赋值的方法。

【例 5－9】

♯100＝100.0；

♯100＝30.0＋20.0；

(2)引数赋值

宏程序以子程序方式出现，所用的变量可在宏程序调用时赋值。

【例 5－10】

G65 P1000 X 100.0 Y30.0 Z20.0 F100.0；

这里的 X、Y、Z 不代表坐标字，F 也不代表进给字，而是对应于宏程序中的变量号，变量的具体数值由引数后的数值决定。引数宏程序体中的变量对应关系有两种，如表 5-1 及表 5-2 所示。这两种方法可以混用，其中 G、L、N、O、P 不能作为引数代替变量赋值。

表 5-1　变量赋值方法 I

引数	变量	引数	变量	引数	变量	引数	变量
A	♯1	I_3	♯1O	I_6	♯19	I_9	♯28
B	♯2	J_3	♯11	J_6	♯20	J_9	♯29
C	♯3	K_3	♯12	K_6	♯21	K_9	♯30
I_1	♯4	I_4	♯13	I_7	♯22	I_{10}	♯31
J_1	♯5	J_4	♯14	J_7	♯23	J_{10}	♯32
K_1	♯6	K_4	♯15	K_7	♯24	K_{10}	♯33
I_2	♯7	I_5	♯16	I_8	♯25		
J_2	♯8	J_5	♯17	J_8	♯26		
K_2	♯9	K_5	♯18	K_8	♯27		

表 5-2　变量赋值方法 II

引数	变量	引数	变量	引数	变量	引数	变量
A	♯1	H	♯11	R	♯18	X	♯24
B	♯2	I	♯4	S	♯19	Y	♯25

引数	变量	引数	变量	引数	变量	引数	变量
C	♯3	3	♯5	T	♯20	Z	♯26
D	♯7	K	♯6	U	♯21		
E	♯8	M	♯13	V	♯22		
F	♯9	Q	♯17	W	♯23		

①变量赋值方法Ⅰ。

【例5-11】

G65 P0030 A50.0 I40.0 J100.0 K0 I20.0 J10.0 K40.0；

经过上面赋值后♯1＝50.0，♯4＝40.0，♯5＝100.0，♯6＝0，♯7＝20.0，♯8＝10.0，♯9＝40.0。

②变量赋值方法Ⅱ。

【例5-12】

G65 P0020 A50.0 X40.0 F100.0；

经过上面赋值后♯1＝50.0，♯24＝40.0，♯9＝100.0。

③变量赋值方法Ⅰ和Ⅱ混合使用。

【例5-13】

G65 P0030 A50.0 D40.0 I100.0 K0 I20.0；

经过上面赋值后，I20.0与D40.0同时分配给变量♯7，则后一个♯7有效，所以变量♯7＝20.0，其余同上。

【例5-14】如图5-9所示，如果零件的精加工程序中采用变量引数赋值，则其程序如下：

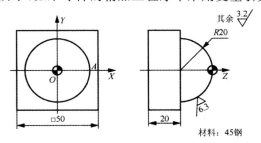

图5-9 A类宏程序编程实例

O0010；（主程序）

G65 P0210 X28.0 Z－20.0 A20.0 B0 R20.0；（赋值后，♯24＝28.0，♯26＝－20.0，♯1＝20.0，♯2＝0，♯18＝20.0）

O2100；（精加工宏程序）

N100 G01 Z♯26；

X♯24；

G02 X♯24 Y0 I－♯24 J0；

♯2＝♯2＋0.1；

♯1＝SQRT[♯18＊♯18－♯2＊♯2]

♯24＝♯1＋8.0;

♯26＝－20.0＋♯2;

IF[♯26 LE 0]GOTO 100;

G01 X0.0 Y40.0;

M99;

实例变量计算如图 5-10 所示。

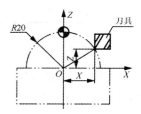

图 5-10　实例变量计算

4.运算一指令

　　B 类宏程序的运算指令与 A 类宏程序的运算指令有很大的区别,它的运算相似于数学运算,仍用各种数学符号来表示,常用运算指令见表 5-3。

表 5-3　B 类宏程序的变量运算

功能	格式	备注与示例
定义、转换	♯i＝♯j	♯100＝♯1,♯100＝30.0
加法	♯i＝♯j＋♯k	♯100＝♯1＋♯2
减法	♯i＝♯j－♯k	♯100＝♯100.O－♯2
乘法	♯i＝♯j＊♯k	♯100＝♯1＊♯2
除法	♯i＝♯j/♯k	♯100＝♯$\frac{1}{30}$
正弦	♯i＝SIN[♯j]	♯100＝SIN[♯1]
反正弦	♯i＝ASIN[♯j]	♯100＝COS[36.3＋♯2]
余弦	♯i＝COS[♯j]	♯100＝ATAN[♯1]/[♯2]
反余弦	♯i＝ACOS[♯j]	
正切	♯i＝TAN[♯j]	
反正切	♯i＝ATAM[♯j]/[♯k]	
平方根	♯i＝SQRT[♯j]	♯100＝SQRT[♯1＊♯6－1000]
绝对值	♯i＝ABS[♯j]	♯100＝EXP[♯1]
舍入	♯i＝ROUND[♯j]	
上取整	♯i＝FUP[♯j]	
下取整	♯i＝FIX[♯j]	
自然对数	♯i＝LN[♯j]	
指数函数	♯i＝EXP[♯j]	

功能	格式	备注与示例
或	#i＝#j OR #k	逻辑运算一位一位地按二进制执行
异或	#i＝#j XOR #k	
与	#i＝#j AND #k	
BCD 转 BIN	#i＝BIN[#j]	用于与 PMC 的信号交换
BIN 转 BCD	#i＝BCD[#j]	

函数 SIN、COS 等的角度单位是度,分和秒要换算成带小数点的度。如 90°30′表示 90.5°,30°18′表示 30.3°。

宏程序数学计算的次序依次为:函数运算(SIN、COS、ATAN 等),乘和除运算(* 、/、AND 等),加和减运算(＋、－、OR、XOR 等)。

【例 5－15】

#1＝#2＋#3 * SIN[#4];

运算次序为:

①函数 SIN[#4]。

②乘和除运算#3 * SIN[#4]。

③加和减运算#2＋#3 * SIN[#4]。

函数中的括号。括号用于改变运算次序,函数中的括号允许嵌套使用,但最多只允许嵌套5 层。

【例 5－16】

#1＝SIN[[#2＋#3] * 4＋#5]/#6];

宏程序中的上、下取整运算 CNC 处理数值运算时,若操作产生的整数大于原数就为上取整,反之则为下取整。

下取整(FIX):舍去小数点以下部分。

上取整(FUP):将小数点部分进位到整数部分。

【例 5－17】设#1＝1.2,#2＝－1.2。执行#3＝FUP[#1]时,2.0 赋给#3;执行#3＝FIX[#1]时,1.0 赋给#3;执行#3＝FUP[#2]时,－2.0 赋给#3;执行#3＝FIX[#2]时,－1.0 赋给#3。

5.控制指令

控制指令起到控制程序流向的作用。

(1)分支语句

格式一:

GOTO n;

【例 5－18】

GOTO 200;

该例为无条件转移。当执行该程序段时,将无条件转移到 N200 程序段执行。

格式二：

IF[条件表达式]GOTO n；

【例 5—19】

IF[♯1GT♯100]GOTO 200；

该例为有条件转移语句。如果条件成立，则转移到 N200 程序段执行；如果条件不成立，则执行下一程序段。条件表达式的种类见表 5-4。

表 5-4　条件表达式的种类

条件	意义	示例
♯I EQ♯j	等于（＝）	IF[♯5 EQ ♯6]GOTO 300；
♯i NE♯j	不等于（≠）	IF[♯5 NE 100]GOT0 300；
♯i GT♯j	大于（＞）	IF[♯6 GT ♯7]GOTO 100；
♯i GE♯j	大于或等于（≥）	IF[♯8 GE 100]GOTO 1 00；
♯i LT♯j	小于（＜）	IF[♯9 LT ♯10]GOTO 200；
♯i LE♯j	小于或等于（≤）	IF[♯11 LE 100]GOTO 200；

（2）循环指令

WHILE[条件表达]DO m（m＝1、2、3…）；

END m；

当条件满足时，就循环执行 WHILE 与 END 之间的程序段 m 次；当条件不满足时，就执行"END m"的下一个程序段。

①识别号 1～3 可随意使用且可多次使用。

```
WHILE […] DO1;
程序
END1;
…
WHILE […] DO1;
程序
END1;
```

②DO 范围不能重叠。

```
WHILE […] DO1;
程序
WHILE […] DO2;
…
END1;
程序
END2;
```

③DO 循环体最大嵌套深度为三重。

```
WHILE […] DO1;
…
WHILE […] DO2;
…
WHILE […] DO3;
程序
END3;
…
END2;
…
END1;
```

④控制不能跳转到循环体外。

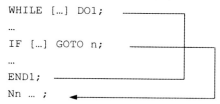

```
WHILE […] DO1;
…
IF […] GOTO n;
…
END1;
Nn … ;
```

⑤分支不能直接跳转到循环体内。

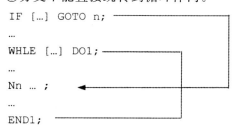

```
IF […] GOTO n;
…
WHLE […] DO1;
…
Nn … ;
…
END1;
```

说明：WHILE 语句对条件的处理与 IF 语句类似。在 DO 和 END 后的数字是用于指定处理的范围(称循环体)的识别号，数字可用 1、2、3 表示。当使用 1、2、3 之外的数时，产生 126 号报警。

⑥While 的嵌套。对单重 DO—END 循环体来说，识别号(1～3)可随意使用且可多次使用。但当程序中出现循环交叉(DO 范围重叠)时，产生 124 号报警。

5.2.3　宏程序编程实例

1.简单平面曲线轮廓加工

对简单平面曲线轮廓进行加工，通常采用小直线段逼近曲线来完成的。具体算法是采用某种规律在曲线上取点，然后用小直线段将这些点连接起来完成加工。

对于椭圆加工，假定椭圆长(X 向)、短轴(Y 向)半长分别为 A 和 B，则椭圆的极坐标方程为 $\begin{cases} x = a \cdot \cos\theta \\ y = b \cdot \sin\theta \end{cases}$，利用此方程便于完成在椭圆上的取点工作。

【例 5－20】编程零点在椭圆中心，$a=50\mathrm{mm}$，$b=30\mathrm{mm}$，椭圆轮廓为外轮廓，下刀点在椭圆右极限点，刀具直径 $\varphi18\mathrm{mm}$，加工深度 10mm。程序如下：

```
O0001；　（椭圆外轮廓）
N010 G54 G90 G0 G17 G40；　（程序初始化）
N020Z50 M30 S1000；
N030 X60 Y－15；
N040Z5 M07；
N050 G01 Z－12 F800；
N060 G42 X50 D1 F100；
N070Y0；
N080 ♯1＝0.5；　（θ变量初始值 0.5°）
N090 WHILE♯1 LE 360 D01；
```

N100 #2＝50 ＊COS[#1]；

N110 #3＝30＊SIN[#1]；

N120 G1 X#2 Y#3；

N130 #1＝#1＋0.5；

N140 END1；

N150 G1 Y15；

N160 G0 G40X60；

N170Z100；

N180 M30；（程序结束）

【例 5－21】用宏程序编写如图 5-11 所示的椭圆凸台加工程序。

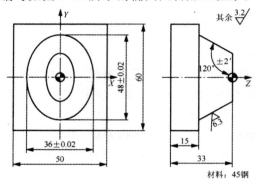

图 5-11　B 类宏程序编程实例

如图 5-12 所示，加工椭圆时，以角度 α 为自变量，则在 XY 平面内，椭圆上各点坐标分别是($18\cos\alpha$,$24\sin\alpha$)，坐标值随角度的变化而变化。对于椭圆的锥度加工，

当 Z 每抬高 δ 时，长轴及短轴的半径将减小 $\delta \times \tan30°$，因此高度方向上用 Z 值作为自变量。

加工时，为避免精加工余量过大，先加工出长半轴为 24mm、短半轴为 18mm 的椭圆柱，再加工椭圆锥。本例加工程序如下：

O0020；（主程序）

G90 G80 G40 G21 G17 G94 G54；（程序初始化）

G91 G28 Z0.0；

G90 G00 X40.0 Y0.0；

G43 Z20.0 H01；

S600 M03；

G01 Z0.0 F200；

M98 P 9200 L4；（去余量，Z 向分层切削，每次切深 4.5mm）

G90 G01 Z20.0；

M98 P2200；（调用宏程序，加工球面）

G91 G28 Z0.0，

M30；

O1200；（去余量子程序）

G91 G01 Z－4.5；

G90；

♯103＝360.0；（角度变量赋初值）

N100 ♯104＝18.0＊COS［♯103］；（X 坐标值变量）

♯105＝24.0＊SIN［＝♯103］；（Y 坐标值变量）

G41 G01 X♯104 Y♯105 D01；

♯103＝♯103－1.0；（角度每次增量为－1°）

IF［♯103 GE 0］GOTO100；（如果角度大于或等于 0°，则返回执行循环）

G40 G01 X 40.0 Y0；

M99；

O2200；（加工椭圆锥台子程序）

♯110＝0；（刀位点到底平面高度）

♯111＝－18.0；（刀位点 Z 坐标值）

♯101＝18.0；（短半轴半径）

♯102＝24.0；（长半轴半径）

N200 ♯103＝360.0；（角度变量）

G01 Z♯111 F100；

N300♯104＝♯101＊COS［♯103］；（刀尖处 X 坐标值）

♯105＝♯102＊SIN［♯103］；（刀尖处 Y 坐标值）

G41 G01 X♯104 Y＝♯105 D01；

♯103＝♯103－1.0；

IF［♯103 GE 0.0］GOTO300；（循环加工椭圆）

G40 G01 X40.0 Y0；

♯110＝♯110＋0.1；

♯111＝♯111＋0.1；（刀尖 Z 坐标值）

♯101＝18.0－♯110＊TAN［30.0］；（短半轴半径变量）

♯102＝24.0－♯110＊TAN［30.0］；（长半轴半径变量）

IF［♯111 LE 0］GOT0200；（循环加工椭圆锥台）

M99；

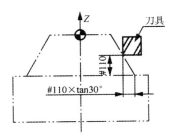

图 5-12　B 类宏程序变量运算

2. 相同轮廓的重复加工

在实际加工中,实现相同轮廓重复加工的方法还可以采用宏程序来完成加工,如图 5-5 所示,用一个宏程序完成加工。

O1000; （程序名）

G54 G90 G17 G40; （程序初始化）

G00 Z50 M03 M07 S1000; （快速抬刀至安全距离,主轴正转,冷却液开）

#1=2; （行数）

#2=3; （列数）

#3=150; （列距）

#4=100; （行距）

#5=-150; （左下角孔中心坐标(起始孔)）

#6=-50;

#10=1; （列变量）

WHILE #10 LE #2 DO1;

#11=1; （行变量）

#20=#5+[#10-1]＊#3; （待加工孔的孔心坐标 X）

WHILE #11 LE #1 D02;

#21=#6+[#11-1]＊#4; （孔心坐标 Y）

G0 X[#20+24]Y#21;

Z2;

G1 Z-22 F100;

G3 I-24;

G0 Z-10;

G1 X[#20+34];

G3 I-34;

G0 Z5;

#11=#1l+1;

END2;

#10=#10+1;

END1;

G0 Z100;

M30; （程序结束）

3. 环切

在数控加工中环切是一种典型的走刀路线。环切主要用于轮廓的半精、精加工及粗加工,用于粗加工时,其效率比行切低,但可方便地用刀补功能实现。

环切加工是利用已有精加工刀补程序,通过修改刀具半径补偿值的方式,控制刀具从内向外或从外向内,一层一层去除工件余量,直至完成零件加工。

【**例 5－22**】用环切方案加工如图 6-33 所示的零件内槽,环切路线为从内向外。环切刀具补偿值确定过程如下:

①根据内槽圆角半径 $R6$,选取 $\varphi 12mm$ 键槽铣刀,精加工余量为 0.5mm,走刀步距取 10mm。

②由刀具半径 6mm,可知精加工和半精加工的刀补半径分别为 6mm 和 6.5mm。

③如图 5-13 所示,为保证第一刀的左右两条轨迹按步距要求重叠,则两轨迹间距离等于步距,则该刀刀补值 $=30-\dfrac{10}{2}=25mm$。

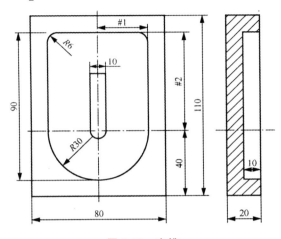

图 5-13　内槽

④根据步距确定中间各刀刀补值,第二刀刀补值 $=25-10=15mm$,第三刀刀补值 $=15-10=5mm$,该值小于半精加工刀补值,说明此刀不需要刀补。

由上述过程,可知环切总共需要 4 刀,刀补值分别为 25mm、15mm、6.5mm、6mm。

当使用刀具半径补偿来完成环切时,不管我们采用何种方式修改刀具半径补偿值,由于受刀补建、撤的限制,它们都存在走刀路线不够简洁,空刀距离较长的问题。对于如图 6-33 所示的轮廓,其刀具中心轨迹很好计算,此时若用宏程序直接计算中心轨迹路线,则可简化走刀路线,缩短空刀距离。

在下面 O1000 的程序中,用 ♯1、♯2 表示轮廓左右和上边界尺寸,编程零点在 R30 圆心,加工起始点放在轮廓右上角(可削除接刀痕)。

O1000；（程序名）

G54 G90 G17G40；（初始化）

G0 Z50 M03 S100；

♯4＝30；（左右边界）

♯5＝60；（上边界）

♯10＝25；（粗加工刀具中心相对轮廓偏移量(相当于刀补程序中的刀补值)）

♯11＝9.25；（步距）

♯12＝6；（精加工刀具中心相对轮廓偏移量(刀具真实半径)）

G0 X[♯4－♯10－2]Y[♯5－♯10－2]；

```
Z5；
G1 Z-10 F60；
#20=2；
WHILE［#20 GE 2]D01；
WHILE［#10 GE #12]D02；
#1=#4-#10；  （左右实际边界）
#2=#5-#10；  （上边实际边界）
G1 X[#1-2]Y[#2-2] F200；
G3 X#1 Y#2 R2；  （圆弧切入到切削起点）
G1 X[-#1]；
Y0；
G3 X#1 R#1；
GlY#2；
G3X[#1-2]Y[#2-2]R2；
#10=#10-#11；
END2；
#10=#12；
#20=#20-1；
END 1；
G0Z50；
M30；  （程序结束）
```

4.行切

一般来说,行切主要用于粗加工,在手工编程时多用于规则矩形平面、台阶面和矩形下陷加工,对非矩形区域的行切一般用自动编程实现。矩形平面一般采用直刀路线加工,在主切削方向,刀具中心需切削至零件轮廓边,在进刀方向,在起始和终止位置,刀具边沿需伸出工件一定距离,以避免欠切。

对矩形下陷而言,由于行切只用于去除中间部分余量,下陷的轮廓是采用环切获得的,因此其行切区域为半精加工形成的矩形区域,计算方法与矩形平面类似。

如图 5-14 所示,假定下陷尺寸为 100mm×80mm,由圆角 R6 选 φ12mm 铣刀,精加工余量为 0.5mm,步距为 10mm,则半精加工形成的矩形为(100-12×2-0.5×2)×(80-12×2-0.5×2)=75mm×55mm。如果行切上、下边界刀具各伸出 1mm,则实际切削区域尺寸=75×(55+2-12):75mm×45mm。

对于行切走刀路线而言,每来回切削一次,其切削动作形成一种重复,如果将来回切削一次做成增量子程序,则利用子程序的重复可完成行切加工。对图 6-34 所示的零件,编程零点设在工件中央,下刀点选在左下角点,加工宏程序如下(本程序未考虑分层下刀问题):

```
O1000；  （主程序）
G54 G90 G17 G40；  （程序初始化）
G00 Z50 MO3S800；
```

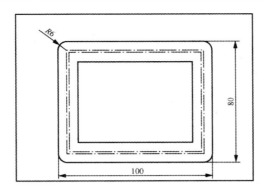

图 5-14　矩形行切

G65 P0010 A100 B80 C0 D6 Q0.5 K10×0 Y0 Z−10 F150；（宏程序调用）

G0 Z50；（快速抬刀）

M30；（程序结束）

O0010；（子程序）

#4＝#1/2−#7；（精加工矩形半长）

#5＝#2/2−#7；（精加工矩形半宽）

#8＝1；（环切次数）

IF［#3 EQ 1］GOTO 100；

#4＝#4−#17；（半精加工矩形半长）

#5＝#5−#17；（半精加工矩形半宽）

#8＝2；

N100 G90 G0 X［#24−#4］Y［#25−#5］；

Z5；

G1 Z#26 F#9；

WHILE［#8 GE 1］D01；

G1 X［#24−#4］Y［#25−#5］；

X［#24＋#4］；

Y［#25＋#5］；

X［#24−#4］；

Y［#25−#5］；

#4＝#4＋#17；

#5＝#5＋#17；

#8＝#8−1；

END 1；

IF［#3 EQ 1］GOTO 200；（只走精加工,程序结束）

#4＝#1/2−2＊［#7＋#17］；（行切左右极限 X）

#5＝#/2−3＊#17＋4；（行切上下极限 Y）

#8＝−#5；（进刀起始位置）

G1 X[♯24－♯4]Y[♯25＋♯8]；

WHILE［♯8 LT ♯5 D01]；（准备进刀的位置不到上极限时加工）

G1 Y[♯25＋♯8]；（进刀）

x[♯24＋♯4]；（切削）

♯8＝♯8＋♯6；（准备下一次进刀位置）

♯4＝－♯4；（准备下一刀终点 X）

END 1；

GI Y[♯25＋♯5]；（进刀至上极限,准备补刀）

X[♯24＋♯4]；（补刀）

GO Z5；

N200 M99；（子程序结束）

5.水平圆柱面加工

水平圆柱面加工可采用行切加工,加工方式分为圆柱面的轴向走刀加工及圆柱面的周向走刀加工两种,如图 5-15 所示。

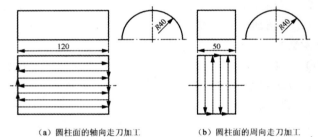

（a）圆柱面的轴向走刀加工   （b）圆柱面的周向走刀加工

图 5-15　水平圆柱面加工

（1）圆柱面的轴向走刀加工

沿圆柱面轴向走刀,沿圆周方向进刀;走刀路线短,加工效率高,加工后圆柱面直线度好;用于模具加工,脱模力较大;程序可用宏程序或自动编程实现。

为简化程序,以完整半圆柱加工为例。为对刀、编程方便,主程序、宏程序零点放在工件左侧最高点,毛坯为方料,立铣刀加工宏程序号为 O6017,球刀加工宏程序号为 O6018。

O1000；

G91 G28 Z0；

M06 T01；

G54 G90 GO G17 G40；

G43 Z50 H1M03 S3000；

G65 P9017 X－6 Y0 A126 D6 I40.5 Q3 F800；

G49 Z100 M05；

G28 Z105；

M06 T02；

G43 Z50 H2M03 S4000；

G65 P9018 X0 Y0 A120 D6 I40 Q0.5 F1000；

G49 Z100 M05；

G28 Z105；

M30；

O6017；（立铣刀加工宏程序号）

G90 G0 X[#24－2]Y[#25＋#4＋＝#7]；

Z5；

G1 Z－#4 F200；

#8＝1；（立铣刀偏置方向）

#10＝0；（角度初值）

#11＝#24＋#1/2；（圆柱面轴线中点 x 值）

#12＝#1/2；（轴线两端相对中央距离）

WHILE[#10 LE 180]DO1；

#13＝#4＊[SIN#10－1]；（Z 值）

#14＝#4＊COS#10；（Y 值）

G1 Z#l3 F#9；

Y[#25＋#14＋#7＊#8]；

G1 X[#11＋#12]；

#10＝#10＋#17；

IF#10 LE 90 GOTO 10；

#8＝－1；

N10#12＝－#12；

END 1；

G0 Z5；

M99；（子程序结束）

O6018；（球刀加工宏程序号）

#4＝#4＋#7；

G90 G0 X[#24－2]Y[#25＋#4]；

Z5；

G1 Z－#4 F200；

#10＝0；（角度初值）

#11＝#24＋＝#1/2；（圆柱面轴线中点 x 值）

#12＝#1/2；（轴线两端相对中央距离）

WHILE[#10 LE 180]DO1；

#13＝#4＊[SIN#1 0－1]；(Z)

#14＝#4＊COS#10；(Y)

G1 Z#13 F#＝9；

Y[#25＋#14]；

G1 X[＃11＋＃12]；

＃10＝＃10＋＃17；

＃12＝－＃12；

END 1；

G0 Z5；

M99；（子程序结束）

（2）圆柱面的周向走刀加工

　　沿圆柱面圆周方向走刀，沿轴向进刀；走刀路线通常比前一方式长，加工效率较低，但用于大直径短圆柱则较好，加工后圆柱面轮廓度较好；用于模具加工，脱模力较小；程序可用子程序重复或宏程序实现，用自动编程实现程序效率太低。

　　圆柱面的周向走刀加工的宏程序加工方案，立铣刀加工宏程序号为 O6020，球刀加工宏程序号为 O6021。主程序和宏程序调用参数与圆柱面的轴向走刀加工与上例 O1000 基本相同，不再给出。

O6020；（立铣刀加工宏程序）

＃10＝＃24；（进刀起始位置 x）

＃11＝＃24＋＃1；（进刀终止位置 x）

＃2＝2；（G2/G3）

＃3＝1；（切削方向）

G90 G0 X[＃10－2]Y[＃25－＃3＊[＃4＋＃7]]；

Z5；

G1 Z－＃4 F200；

WHILE [＃10 LE ＃11]DO1；

G1 X＃10 F＃9；（进刀）

G＃2 Y[＃25－＃3＊＃7]Z0 R＃4；（走 1/4 圆弧）

G1 Y[＃25＋＃3＊＃7]；（走一个刀具直径的直线）

G＃2 Y[＃25＋＃3＊[＃4＋＃7]] Z－＃4R＃4；（走 1/4 圆弧）

＃10＝＃10＋＃17；（计算下一刀位置）

＃2＝＃2＋＃3；（确定下刀 G2/G3）

＃3＝－＃3；（切削方向反向）

END 1；

G0 Z5；

M99；

O6021；（球刀加工宏程序）

＃10＝＃24；（进刀起始位置 X）

＃11＝＃24＋＃1；（进刀终止位置 X）

＃2＝2；（G2/G3）

＃3＝1；（切削方向）

＃4＝＃4＋＃7；

G90 G0 X［＃10－2］Y［＃25－＃3 ＊ ＃4］，

Z5；

G1 Z－＃4 F200；

WHILE［＃10 LE ＃11］DO1；

G1 X10 F＃9；（进刀）

G＃2 Y［＃25＋＃3 ＊ ＃4］Z0 R＃4；（走圆弧）

＃10＝＃10＋＃17；（计算下一刀位置）

＃2＝＃2＋＃3；（确定下一刀 G2/G 3）

＃3＝－＃3；（切削方向反向）

END 1；

G0 Z5；

M99；

6．球面加工

(1)球面加工使用的刀具

①粗加工可以使用键槽铣刀或立铣刀,也可以使用球头铣刀。

②精加工应使用球头铣刀。

(2)球面加工的走刀路线

①一般使用一系列水平截球面所形成的同心圆来完成走刀。

②在进刀控制上有从上向下进刀和从下向上进刀两种,一般应使用从下向上进刀来完成加工,此时主要利用铣刀侧刃切削,表面质量较好,端刃磨损较小,同时切削力将刀具向欠切方向推,有利于控制加工尺寸。

(3)进刀控制算法

如图 5-16 所示为进刀控制算法。

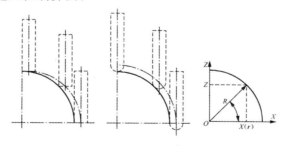

图 5-16　进刀控制算法

1)进刀点的计算

①先根据允许的加工误差和表面粗糙度确定合理的 Z 向进刀量,再根据给定加工深度 Z 计算加工圆的半径,即

$r＝SQRT[R2－Z2]$

此算法走刀次数较多。

②先根据允许的加工误差和表面粗糙度确定两相邻进刀点相对球心的角度增量,再根据

角度计算进刀点的 r 和 Z 值,即

$$Z=R * \sin\theta, r=R * \cos\theta$$

2)进刀轨迹的处理

①对立铣刀加工的曲面加工是刀尖完成的,当刀尖沿圆弧运动时,其刀具中心运动轨迹也是一个圆弧,只是位置相差一个刀具半径。

②对球头刀加工,曲面加工是球刃完成的,其刀具中心是球面的同心球面,半径相差一个刀具半径。

【例 5—23】加工如图 5-17 所示的椭圆形的半球曲面,刀具为 8mm 的球铣刀。利用椭圆的参数方程和圆的参数方程来编写宏程序。

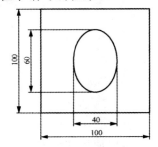

图 5-17 椭圆形的半球曲面加工

编制参考宏程序如下:

O00041; (椭圆形球面)

N10G90 G94 G80 G21 G17 G54; (程序开始)

N20M3 S1500;

N30G0 Z30;

N40 X0 Y0;

N50 #1=0; (参数定义)

N60 #2=20;

N70 #3=30;

N80 #4=1;

N90 #5=90;

N100 WHILE[#5 GE #1]DO1; (轮廓加工程序)

N110 #6=#3 * cos[#5 * 3.14/180]+4;

N120 #7=#2 * SIN[#5 * 3.14/180];

N130 G01 X[#6]F800;

N140 Z[#7];

N150 #8=360;

N160 #9=0;

N170 WH I LE #9 LE #8 D02;

N180 #10=#6 * COS[#9 * 3.14/180];

N I 9 0 #11=#6 * SIN[#9 * 3.14/180] * 2/3;

N200 G01 X[#10]Y[#11]F800；

N210 #9＝#9＋1；

N220 END1；

N230 #5＝#5－#4；

N240 END2；

N250 M30； （程序结束）

在例 5－23 中可看出，角度每次增加的大小和最后工件的加工表面质量有较大关系，即计数器的每次变化量与加工的表面质量和效率有直接关系。希望读者在实际应用中注意。

【例 5－24】加工如图 5-18 所示的 $R40\text{mm}$ 外球面，刀具为立铣刀，试编写该图加工的程序。

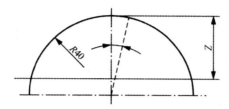

图 5-18　外球面加工

为对刀方便，宏程序编程零点在球面最高点处，采用从下向上进刀方式。立铣刀加工宏程序号为 O9013。

O1000；

G91 G28 Z0；

M06 T01；

G54 G90 G0 G17 G40；

G43Z50H1M03S3000；

G65P9013 X0Y0Z－30D6I40.5 Q3F800；

G49Z100 M05；

G28 Z105；

M06T02；

G43Z50H2 M03S4000；

G65P9014X0Y0Z－30D6I40Q0.5F1000；

G49Z100 M05；

G28Z105；

M30；

O9013；

#1＝#4＋#26； （进刀点相对球心 Z 坐标）

#2＝SQRT[#4＊＝#4－#1＊#1]； （切削圆半径）

#3＝ATAN#1/#2； （角度初值）

```
#2＝#2＋#7；
G90G0X[#24＋#2＋#7÷2]Y#25；
Z5；
G1 Z#26 F300；
WHILE [#3 LT 90]DO1；  （当进刀点相对水平方向夹角小于 90°时加工）
G1 Z#1 F#9；
X[#24＋#2]；
G2I－#2；
#3＝#3＋#17；
#1＝#4*[SIN[#3]－1]；  （z＝－(R—RSIN 15)）
#2＝#4*COS[#3]＋#7；
END 1；
G0Z5；
M99；
```

5.3　数控自动编程应用

20 世纪 90 年代以前,市场上销售的 CAD/CAM 软件基本上为国外的软件系统。90 年代以后国内在 CAD/CAM 技术研究和软件开发方面进行了卓有成效的工作,尤其是在以 PC 平台的软件系统方面,其功能已能与国外同类软件相当,并在操作性、本地化服务方面具有优势。一个好的数控编程系统,已经不仅仅用于绘图、作轨迹、出加工代码,还是一种先进的加工工艺的综合,先进加工经验的记录、继承和发展。

北航海尔软件公司经过多年来的不懈努力,推出了 CAXA 制造工程师数控编程系统。这套系统集 CAD、CAM 于一体,功能强大、易学易用、工艺性好、代码质量高,现在已经在全国上千家企业的使用,并受到好评,不但降低了投入成本,而且提高了经济效益。CAXA 制造工程师数编程系统,现正在一个更高的起点上腾飞。

5.3.1　凸轮的造型

根据图 5-19 所示的实体图形,可以看出凸轮的外轮廓边界线是一条凸轮曲线,可通过“公式曲线”功能绘制,中间是一个键槽。此造型整体是一个柱状体,所以通过拉伸功能可以造型,然后利用圆角过渡功能过渡相关边即可。

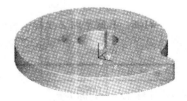

图 5-19　凸轮造型

1. 绘制草图

①选择菜单栏"文件"→"新建"命令或者单击"标准工具栏"上的"新建"按钮,新建一个文件。按"F5"键,在 XOY 平面内绘图。选择菜单栏"应用"→"曲线生成"→"公式曲线"命令,弹出如图 5-20 所示的对话框,选中"极坐标系"选项并设置相应的参数。

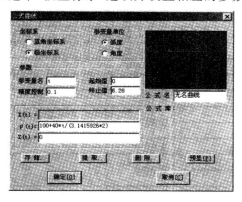

图 5-20　"极坐标系"选项

②单击"确定"按钮,此时公式曲线图形跟随鼠标,定位曲线端点到原点,如图 5-21 所示。

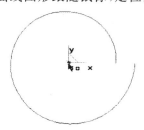

图 5-21　定位曲线端点到原点

③单击"曲线生成栏"中的"直线"按钮,在导航栏上选择"两点线"、"连续"、"非正交",将公式曲线的两个端点连接起来,如图 5-22 所示。

④选择"曲线生成栏"中的"整圆"工具,然后在原点处单击鼠标左键,按"Enter"键,弹出输入半径文本框,如图设置半径为"30",然后按"Enter"键。画圆如图 5-23 所示。

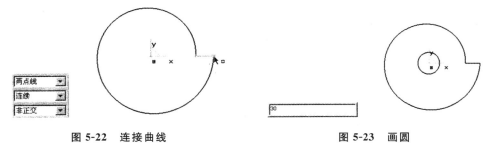

图 5-22　连接曲线 　　　　　　　　　　　**图 5-23　画圆**

⑤单击"曲线生成栏"中的"直线"按钮,在导航栏上选择"两点线"、"连续"、"正交"、"长度方式",并输入长度为 12。

⑥选择原点,并在其右侧单击鼠标,绘制长度为 12mm 的直线,如图 5-24 所示。

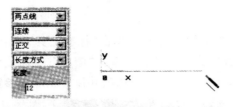

图 5-24　长度方式绘制直线

⑦选择"几何变换栏"中的"平移"工具,设置平移参数如图 5-25 所示。选中上述直线,单击鼠标右键,将选中的直线移动到指定的位置。

⑧选择"曲线生成栏"中的"直线"工具,在导航栏上选择"两点线"、"连续"、"正交"、"点方式",如图 5-26 所示。

图 5-25　设置"平移"参数　　　　图 5-26　设置"直线"参数

⑨选择被移动的直线上一端点,在圆的下方单击鼠标右键,如图 5-27(a)所示。

⑩同步骤⑨操作,在水平直线的另一端点,画垂直线,如图 5-27(b)所示。

（a）　　　　　　　（b）

图 5-27　点方式绘制直线

⑪选择"曲线裁剪"工具,参数设置与修剪草图如图 5-28 所示。

图 5-28　修剪

⑫选择"显示全部"工具,绘制的图形如图 5-29 所示。

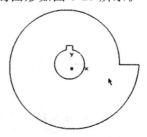

图 5-29　显示全部图形

⑬选择"曲线过渡"工具,参数设置如图 5-30(a)所示,选择图示转折处,进行曲面过渡,如图 5-30(b)所示。然后将圆弧过渡的半径值修改为 15,如图 5-30(c)所示,选择图示转折处,曲面过渡如图 5-30(d)所示。

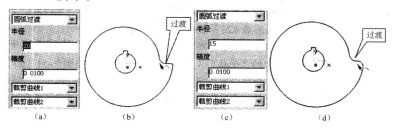

图 5-30　曲面过渡

⑭选择特征树中的"平面 XY",单击"绘制草图"工具图标,进入草图绘制状态,单击"曲线投影"按钮,选择绘制的图形,把图形投影到草图上。

⑮单击"检查草图环是否闭合"按钮,检查草图是否存闭合,如果不闭合就继续修改;如果闭合,将弹出如图 5-31 所示的提示框。

图 5-31　草图环闭合提示

2.实体造型

(1)拉伸增料

选择"拉伸增料"工具,在弹出的"拉伸"对话框中设置参数,如图 5-32 所示。

图 5-32　拉伸增料

(2)过渡

单击"特征生成栏"中的"过渡"按钮,设置参数如图 5-33(a)所示,选择造型上下两面上的 16 条边,如图 5-33(b)所示,然后单击"确定"按钮。

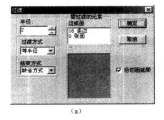
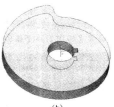

(a)　　　　　　　　　　(b)

图 5-33　过渡

5.3.2 凸轮加工

因为凸轮的整体形状就是一个轮廓,所以粗加工和精加工都采用平面轮廓方式。在加工之前应该将凸轮的公式曲线生成的样条轮廓转为圆弧,这样加工生成的代码可以走圆弧插补,从而生成的代码最短,加工的效果最好。

1.加工前的准备工作

(1)设定加工刀具

①选择菜单栏"应用"→"轨迹生成"→"刀具库管理"命令,弹出"刀具库管理"对话框,如图5-34所示。

图 5-34 "刀具库管理"对话框

②增加铣刀。单击"增加铣刀"按钮,在弹出的"增加铣刀"对话框中输入铣刀名称"D20",增加一个加工需要的平刀,如图5-35所示。

图 5-35 "增加铣刀"对话框

刀具名称一般都是以铣刀的直径和刀角半径来表示,尽量和工厂中用刀的习惯一致。刀具名称一般表示形式为"D10,r3",D代表刀具直径,r代表刀角半径。

③设定增加的铣刀的参数。如图5-36所示,在"刀具库管理"对话框中输入刀角半径r为Q,刀具半径R为10,其中的刀刃长度和刃杆长度与仿真有关而与实际加工无关,刀具定义即可完成。

④单击"预览铣刀参数"按钮,查看增加的铣刀参数,然后单击"确定"按钮。

(2)后置设置

用户可以增加当前使用的机床,输入机床名,定义适合自己机床的后置格式。系统默认的格式为FANUC系统的格式。

①选择菜单栏"应用"→"后置处理"→"后置设置"命令,弹出后置设置的对话框。

②增加机床设置。选择当前机床类型,如图5-37所示。

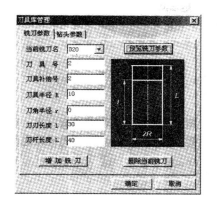

图 5-36　输入刀具参数

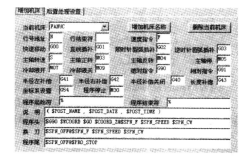

图 5-37　增加机床设置

③后置处理设置。选择"后置处理设置"选项卡,根据当前使用的机床设置各参数,如图 5-38 所示。

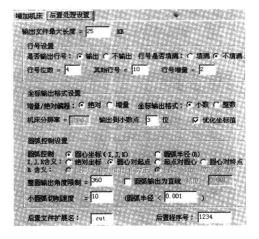

图 5-38　后置处理设置

(3)设定加工 r 范围

本例的加工范围直接选取凸轮造型上的轮廓线即可,如图 5-39 所示。

图 5-39　选择加工范围

2. 粗加工——平面轮廓加工轨迹

①在菜单栏选择"应用"→"轨迹生成"→"平面轮廓加工"命令,弹出"平面轮廓加工参数表"对话框。选择"平面轮廓加工参数"选项卡,设置参数如图 5-40 所示。

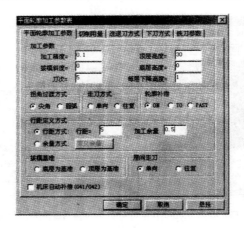

图 5-40　设置平面轮廓加工参数

②选择"切削用量"选项卡,设置参数如图 5-41 所示。

图 5-41　设置切削用量

③"进退刀方式"选项卡和"下刀方式"选项卡设置为默认方式。

④选择"铣刀参数"选项卡,如图 5-42 所示,选择在刀具库中定义好的 D20 平刀,单击"确定"按钮。

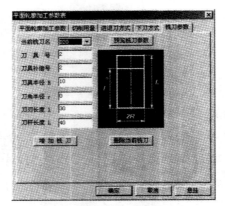

图 5-42　设置铣刀参数

⑤状态栏提示"拾取轮廓和加工方向",用鼠标选取造型的外轮廓,如图 5-43 所示。

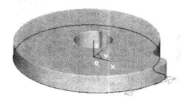

图 5-43　选取造型的外轮廓

⑥状态栏提示"确定链搜索方向",选择箭头如图 5-44 所示。

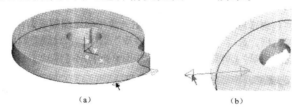

（a）　　　　　　　　　　　（b）

图 5-44　选择箭头

⑦单击鼠标右键,状态栏提示"拾取箭头方向",选择图 5-44(b)中向外的箭头。

⑧单击鼠标右键,在工作环境中即生成加工轨迹,如图 5-45 所示。

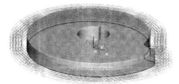

图 5-45　生成加工轨迹

3.生成精加工轨迹

①首先把粗加工的刀具轨迹隐藏掉。

②在菜单栏选择"应用"→"加工轨迹"→"平面轮廓加工"命令,弹出"平面轮廓加工参数表"对话框,选择"平面轮廓加工参数"选项卡,将刀次修改为"1",加工余量设置为"0",如图 5-46 所示,然后单击"确定"按钮。

图 5-46　修改平面轮廓加工参数

③其他参数同粗加工的设置一样,选择"放大"工具,查看精加工轨迹,如图 5-47 所示。

4.轨迹仿真

①首先把隐藏掉的粗加工轨迹设为可见。

②在菜单栏选择"应用"→"轨迹仿真"命令,选择"自动计算"方式。

③状态栏提示"拾取刀具轨迹",选取生成的粗加工和精加工轨迹,单击鼠标右键,轨迹仿真过程如图 5-48 所示。

图 5-47　精加工轨迹　　　　　　　图 5-48　加工轨迹仿真过程

5.生成 G 代码

①在菜单栏选择"应用"→"后置处理"→"生成 G 代码"命令,弹出如图 5-49 所示"选择后置文件"的对话框。选择保存代码的路径并设置代码文件的名称,单击"保存"按钮。

图 5-49　"选择后置文件"对话框

②状态栏提示"拾取刀具轨迹",选择前面生成的粗加工和精加工轨迹,单击鼠标右键,弹出记事本文件,内容为生成的 G 代码,如图 5-50 所示。

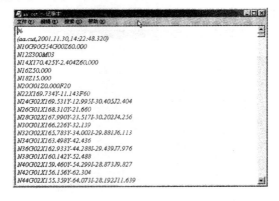

图 5-50　生成 G 代码

6.生成加工工艺单

①选择菜单栏"应用"→"后置处理"→"生成工序单"命令,弹出"选择 HTML 文件名"对话框,输入文件名,单击"保存"按钮。

②用屏幕左下角提示拾取加工轨迹,用鼠标选取或用窗口选取或按"W"键,选中全部刀具轨迹,单击鼠标右键确认,立即生成加工工艺单,如图 5-51 所示。

加工轨迹明细单						
序号	代码名称	刀具号	刀具参数	切削速度	加工方式	加工时间
1	凸轮粗加工.cut	2	刀具直径＝20.00mm 刀角半径＝0.00 刀刃长度＝30.000mm	60mm/min	平面轮廓	8min
2	凸轮精加工.cut	2	刀具直径＝20.00mm 刀角半径＝0.00 刀刃长度＝30.000mm	600mm/min	平面轮廓	8min

图 5-51　生成加工轨迹明细单

至此,凸轮的造型、生成加工轨迹、加工轨迹仿真检查、生成 G 代码程序,生成加工工艺单的工作已经全部完成,可以把加工工艺单和 G 代码程序通过工厂的局域网送到车间去。车间在加工之前还可以通过 CAXA 制造工程师中的校核 G 代码功能,再看一下加工代码的轨迹形状,做到加工之前心中有数。把工件用百分表找正,按加工工艺单的要求找好工件零点,再按工序单中的要求装好刀具,找好刀具的 Z 轴零点,就可以开始加工了。

第6章 FANUC Oi 系统数控车床编程

6.1 FANUC Oi 系统编程概述

6.1.1 数控铣床与铣削中心的编程特点及注意事项

1. 数控铣床与铣削中心的编程特点

①数控铣床的编程在孔加工中采用固定循环指令,方便了编程人员的使用,同时简化了程序。

②能自动倒直角和倒圆角,FANUC—Oi 数控系统在之前数控系统的基础上增加了自动倒直角和倒圆角功能,使编程更为简便;

③FANUC—Oi 数控系统除了具有 A 类宏程序以外,还配备了 B 类宏程序功能,令手工编程用户能更好地利用机床的功能。

④大多数系统具备坐标变换功能,使用户可以灵活地进行工件坐标的变更,使计算的量大为减少,提高了编程效率。

2. 编程中的注意事项

①尽量减少刀具的数量。在编程中,一次换刀应完其所能进行的所有加工步骤,以减少对刀、换刀的辅助时间,在加工中心编程中,应尽可能使用自动换刀功能,以提高生效率。

②编程时要合理设计进刀、退刀辅助程序,保证加工正常进行,换刀点的设置合理,以避免发生干涉和碰撞。

6.1.2 数控铣削刀具

数控铣削用刀具一般都可以应用于普通的切削,同时数控铣削用刀具更适合于高速等需要高性能的场合,因此数控铣削用刀具与普通刀具具有一定的性能差别。

1. 数控铣削用刀具种类

数控铣床和加工中心上使用的刀具主要有面铣刀、立铣刀、键槽铣刀、模具铣刀、鼓形铣刀和成形铣刀等。

(1)面铣刀

面铣刀主要用于面积较大的平面铣削和较平坦的立体轮廓的多坐标加工。硬质合金面铣刀按刀片和刀齿安装方式的不同可分为整体焊接式、机夹焊接式和可转位式三种。其中可转位式是数控加工中最广泛使用的一种面铣刀。

(2)立铣刀

按端部切削刃的不同,立铣刀可分为过中心刃和不过中心刃两种,过中心刃立铣刀可直接轴向进给,不过中心刃立铣刀因端面中心无切削刃,故不能作轴向进给。立铣刀的圆周面和端面上都有切削刃,它们可同时进行切削,也可单独进行切削。按刀柄不同,立铣刀可分为直柄和锥柄,直径较小的立铣刀一般做成直柄,直径较大的一般做成 7∶24 锥柄。按结构不同,立铣刀可分为整体式、可转位式及波形立铣刀三种。

（3）键槽铣刀

键槽铣刀一般有两个齿,圆柱面和端面都有切削刃,端面切削刃延伸至中心,也可把它看成是立铣刀的一种。用键槽铣刀铣削键槽时,一般先轴向进给达到槽深,再沿键槽方向铣出键槽全长。

（4）模具铣刀

模具铣刀是由立铣刀发展而成的,可分为圆锥形立铣刀、圆锥形球头立铣刀和圆柱形球头立铣刀三种。其中圆柱形球头立铣刀在数控机床上应用较为广泛。

（5）成形铣刀

成形铣刀是为特定的工件或加工内容专门设计制造的刀具,其加工对象为角度面、凹槽、特形孔等。

（6）鼓形铣刀

鼓形铣刀的切削刃分布在半径为尺的圆弧面上,端面无切削刃。鼓形铣刀刃磨困难,切削条件差,不适宜于加工有底的轮廓表面。它主要用于斜角平面和变斜角平面的加工。

2. 数控铣削用刀具选择

数控铣削用刀具的选择原则是:安装调整方便、刚性好、耐热度高、精度高。在满足加工要求的前提下尽量选用较短的刀柄,以提高刀具加工的刚性。

对于数控铣床和加工中心使用的刀具,应根据零件材料、形状和尺寸等来选择。一般地,粗加工时,铣削外轮廓优先选用大直径刀具以提高效率,但要考虑刀具刃长,避免刀刃上下不等量磨损;铣削内轮廓时要注意刀具的半径要小于或等于工件内轮廓的圆弧半径。进行自由曲面加工时,为保证加工精度,常用球头铣刀。平头刀具在表面加工质量和切削效率方面都优于球头刀,因此,只要在保证不过切的前提下,无论是曲面的粗加工还是精加工,都应优先选择平头刀。另外,选择刀具时还要考虑刀具的成本,刀具的耐用度、精度与刀具的价格等。

6.1.3　铣削用量

铣削用量包括铣削速度、进给量、背吃刀量(端铣)或侧吃刀量(圆周铣)等。铣削用量的确定顺序是:先选取背吃刀量或侧吃刀量,其次确定进给量,最后确定铣削速度。

1. 铣削速度

铣削速度 v_c(m/min)是指在切削过程中,铣刀的线速度。

$$v_c = \frac{\pi D n}{1000}$$

式中,D 为铣刀直径,mm;n 为铣刀转速,r/min。

铣削速度参考值见表 6-1,实际加工时可根据参考值进行试切后加以调整。

表 6-1　铣刀削速度

（单位：m/min）

工件材料	铣刀材料					
	碳素钢	高速钢	超高速钢	合金钢	碳化钛	碳化钨
铝合金	75～150	180～300		240～460		300～600
镁合金		180～270				150～600
钼合金		45～100				120～190
黄铜(软)	12～25	20～25		45～75		100～180
青铜	10～20	20～40		30～50		60～130
青铜(硬)		10～15	15～20			40～60
铸铁(软)	10～12	15～20	18～25	28～40		75～100
铸铁(硬)		10～15	10～20	18～28		45～60
(冷)铸铁			10～15	12～18		30～60
可锻铸铁	10～15	20～30	25～40	35～45		75～110
钢(低碳)	10～14	18—28	20～30		45～70	
钢(中碳)	10～15	15～25	18～28		40～60	
钢(高碳)		10～15	12～20		30～45	
合金钢					35～80	
合金钢(硬)					30～60	
高速钢			12～25		45～70	

2.进给量

(1)每齿进给量

每齿进给量 f_z(mm/z)为铣刀每转过一个齿时,铣刀在进给运动方向上相对于工件的位移量。每齿进给量参考值见表 6-2。

表 6-2　铣刀进给量的选取

工件材料	每齿进给量 f_z(mm/z)			
	粗铣		精铣	
	高速钢铣刀	硬质合金铣刀	高速钢铣刀	硬质合金铣刀
钢	0.10～0.15	0.10～0.25	0.02～0.05	0.10～0.15
铸铁	0.12～0.20	0.15～0.30		

(2)每转进给量

每转进给量 f(mm/r)为铣刀每转一周,铣刀相对于工件的位移。

(3)进给速度

进给速度 v_f(mm/min)是铣刀相对于工件的移动速度,即单位时间内的进给量。

$$v_f = nf = nf_z z$$

式中，z 为铣刀齿数。

3.铣削背吃刀量或侧吃刀量

铣削背吃刀量 a_p(mm) 为平行于铣刀轴线测量的切削层尺寸。端铣时，a_p 为切削层的深度，即铣削深度；圆周铣时，a_p 为被加工表面的宽度，即铣削宽度。

铣削侧吃刀量 a_e(mm) 为垂直于铣刀轴线测量的切削层尺寸。端铣时，a_e 为被加工表面的宽度，即铣削宽度；圆周铣时，a_e 为切削层的深度，即铣削深度。

铣削深度选取参考值见表 6-3。

表 6-3　铣削深度的选取

刀具材料	高速钢铣刀		硬质合金铣刀	
加工阶段	粗铣	精铣	粗铣	精铣
铸铁	5~7	0.3~1	10~18	0.5~2
软钢	<5	0.3~1	<12	0.5~2
中硬钢	<4	0.3~1	<7	0.5~2
硬钢	<3	0.3~1	<4	0.5~2

粗加工的铣削宽度一般取刀具直径的 0.6~0.8 倍。

6.1.4　FANUC Oi 指令

FANUC—Oi 常用的功能指令分为准备功能指令、辅助功能指令、进给功能指令、刀具功能指令和主轴功能指令五类。

1.准备功能

准备功能 G 参见表 6-4。

表 6-4　FANUC—Oi 数控铣床和加工中心准备功能 G 一览表

G 代码	组别	说明	备注
◢ G00	01	快速定位	模态
◢ G01		直线插补	模态
G02		顺时针圆弧插补	模态
G03		逆时针圆弧插补	模态
G04	00	暂停	非模态
G05.1		AI 先行控制	非模态
G08		先行控制	非模态
G09		准确停止	非模态
G10		数据设置	模态
G11		数据设置取消	模态

G 代码	组别	说明	备注
▲G15	17	极坐标指令取消	模态
G16		极坐标指令	模态
▲G17	02	XY 平面选择（缺省状态）	模态
▲G18		ZY 平面选择	模态
▲G19		YZ 平面选择	模态
G20	06	英制(in)	模态
G21		米制(mm)	模态
▲G22	04	行程检查功能打开	模态
G23		行程检查功能关闭	模态
G27	00	参考点返回检查	非模态
G28		返回参考点	非模态
G29		从参考点返回	非模态
G30		第 2、3、4 参考点返回	非模态
G31		跳步功能	非模态
G33	01	螺纹切削	模态
G37	00	自动刀具刀具测量	非模态
G39		拐角偏置圆弧插补	非模态
▲G40		刀具半径补偿取消	模态
G41		刀具半径左补偿	模态
G42		刀具半径右补偿	模态
G43		刀具长度正补偿	模态
G44		刀具长度负补偿	模态
G45		刀具偏置增加	非模态
G46		刀具偏置减小	非模态
G47		2 倍刀具偏置增加	非模态
G48		2 倍刀具偏置减小	非模态
▲G49		刀具长度补偿取消	模态
▲G50		比例缩放取消	模态
G5 1		比例缩放有效	模态
▲G50.1		可编程镜像取消	模态
G51.1		可编程镜像有效	模态
G52		局部坐标系设置	非模态

G 代码	组别	说明	备注
G53		机床坐标系设置	非模态
◢ G54		第一工件坐标系设置	模态
G54.1		选择附加工件坐标系	模态
G55		第二工件坐标系设置	模态
G56		第三工件坐标系设置	模态
G57		第四工件坐标系设置	模态
G58		第五工件坐标系设置	模态
G59		第六工件坐标系设置	模态
G60		单方向定位	非模态
G61		准确停止方式	模态
G62		自动拐角倍率	模态
G63		攻螺纹方式	模态
◢ G64		切削方式	模态
G65		宏程序调用	非模态
G66		宏程序模态调用	模态
◢ G67	00	宏程序模态调用取消	模态
G73		高速深孔排屑钻	模态
G74		左旋攻螺纹循环	模态
G76		精镗循环	模态
◢ G80		钻孔固定循环取消	模态
G81		钻孔循环	模态
G82		钻孔循环	模态
G83		深孔排屑钻	模态
G84		右旋攻螺纹循环	模态
G85		镗孔循环	模态
G86		镗孔循环	模态
G87		背镗循环	模态
G88		镗孔循环	模态
G89		镗孔循环	模态
◢ G90		绝对坐标编程	模态
◢ G91		增量坐标编程	模态
G92		工件坐标原点设置或限制 最高主轴转速	非模态

G 代码	组别	说明	备注
G92.1		工件坐标系预置	非模态
◢ G94		每分进给	模态
G95		每转进给	模态
G96	00	恒表面速度控制	模态
◢ G97		恒表面速度取消	模态
◢ G98		固定循环中,返回到初始点	模态
G99		固定循环中,返回到 R 点	模态

注:1. 如果设定参数(No. 3402 的第六位 CLR),使用电源接通或复位时 CNC 进入清除状态,此时 G 代码的状态如下:

①当机床电源打开或按复位键时,标有"◢"符号的 G 代码被激活,即缺省状态。

②由于电源打开或复位,使系统被初始化,已指定的 G20 或 G21 代码保持有效。

③用参数 No. 3402♯7(G23)设置电源接通时是 G22 或 G23。另外将 CNC 复位为清除状态时,已指定的 G22 或 G23 代码保持有效。

④设定参数 No. 3402♯0(G01)可以选择 G01 或 G00。

⑤设定参数 N0. 3402♯3(G91)可以选择 G90 或 G91。

⑥设定参数 No. 3402♯1(G18)和♯2(G19)可以选择 G17、G18 或 G19。

2. 当指令了 G 代码中未列出的 G 代码或指令了一个未选择功能的 G 代码时,输出 P/S 报警 No. 010。

3. 不同组的 G 代码可以在同一程序段中指定:如果在同一程序段中指定同组 G 代码,最后指定的 G 代码有效。

4. 如果在固定循环中指令了 01 组的 G 代码,则固定循环被取消,与 G80 相同,但 01 组的 G 代码不受固定循环的影响。

5. 根据参数 No. 5431♯0(MDL)的设定,G60 的组别可以转换(当 MDL＝0 时,G60 为 00 组 G 代码;当 MDL＝1 时为 01G 代码)。

2. 辅助功能

辅助功能 M 参见表 6-5。

表 6-5　FANUC—Oi 常用的辅助功能 M 指令表

MOO	程序暂停(当程序执行 MOO 时,机床的所有动作被切断,可以进行手动操作,重新按下启动按钮后,将继续执行 MOO 以后的程序,常用于粗加工与精加工之间精度检测时的暂停)
M01	计划停止(须与机床操作面板上的选择停止按钮配合使用,如果没有按下这一按钮则继续执行后面的程序,常用于检查工件的某些关键尺寸)
M02/M30	程序结束(M02 结束程序后不返回程序头,M30 结束程序后会自动返回程序头)
M03/M04	主轴正/反转
M05	主轴停止
M06	换刀

M07/M08	2 号/1 号切削液开
M09	关闭切削液
M98	调用子程序
M99	子程序结束

3. 进给功能

F 功能在 FANUC—Oi Mate 数控铣床和加工中心的使用有两种方式。

①以 mm/min 为单位的进给速度的设定如：G94 F100 表示机床的进给速度为 100mm/min。

②以 mm/r 为单位的进给速度的设定如：G95 F0.08 表示机床的当前的进给速度为 0.08mm/r。

4. 刀具功能

因为数控铣床不具备自动换刀功能，一般数控铣床编程中不应用 T 指令。在加工中心编程中，刀具功能用来指令所使用的刀具号。如：执行.M06 T02;后机床将原来主轴上的刀具放回刀库，并从刀库取出 2 号刀。

5. 主轴功能

主轴功能在数控铣床和加工中心中主要是指令机床主轴的转速，S 指令使用分为下面两种形式。

①恒线速控制。如：G96 S400 表示主轴线速度为 400mm/min。

②恒转速控制。如：G97 S500 表示主轴转速为 500r/min。

6.1.5　工件坐标系的设定

数控铣床和加工中心的编程都必须先建立一个工件坐标系，从而得到编程的坐标值。FANUC 数控系统工件坐标系的设定方法有以下两种，在使用中可以根据不同的要求进行选择。

1. 使用 G92 建立工件坐标系

指令格式：G90 G92 X_Y_Z_;

使用 G92 建立工件坐标系的实质是把当前位置设为指令所指定的刀位点的坐标值。

例如 G90 G92 X150 Y100 z100;通过这一段程序设定的工件坐标系如图 6-1 所示，实际上由刀具的当前位置及坐标值反推得出。

采用 G92 设定的工件坐标系，不具有记忆功能，当机床关机后，设定的坐标系即消失，因此，G92 设定坐标系的方法通常用于单件加工。在执行该指令前，必须将刀具的刀位点准确移动到新坐标系指定位置点，因此操作较为繁琐。在 FANUC—Oi Mate 中很少采用 G92 来设定工件坐标系，通常采用 G54~G59 来设定。程序在执行 G92 时，X、Y、Z 轴均不移动，但显示器上的坐标显示会发生改变。

此外，除以上两种工件坐标系的设定方法，FANUC— Oi Mate 系统还可以用 G10 指令或 G92 指令来对 G54~G59 所设定的坐标系进行偏移，从而产生新的坐标系。程序如下所示：

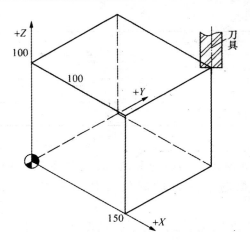

图 6-1　G92 设定工件坐标系

G90 G54；

G00 X200 Y150；

G92 X100 Y100；

通过执行以上指令，首先通过机床偏置参数的值来设定工件坐标系，然后刀具定位于 G54 坐标的点（200,150）处，再通过 G92 指令指定当前刀具位置处于新坐标系的点（100,100）处，从而指定新的工件坐标系，如图 6-2 所示。

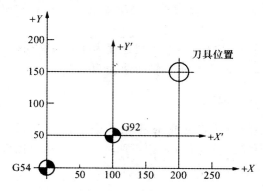

图 6-2　G92 偏移工件坐标系零点

2.使用 G54～G59 建立工件坐标系

(1)FANUC 坐标设定功能

FANUC 数控系统为用户提供了强大的坐标设定功能，可以同时建立六个工件坐标系。用户可以根据使用需要先行建立工件坐标系，加工时再进行调用。此类代码通过对刀作操作使工件坐标系的原点与机床坐标系联系起来，把机床坐标系中的一点设为工件坐标系的原点。

其中

G54：第一工件坐标系

G55：第二工件坐标系

G56：第三工件坐标系

G57：第四工件坐标系

G58:第五工件坐标系

G59:第六工件坐标系

系统接通电源后自动选择 G54 坐标系。

(2)FANUC 数控系统坐标设定方法

在 FANUC—Oi 系统的数控铣床和加工中心中加工零件,用户可以根据编程的需要,把工件坐标系的原点设在不同的位置,最常见的设在零件的 XY 面中心,而 Z 向的原点一般会设在零件的上表面。设定 XY 向的原点通常采用寻边器来分中,设定 Z 向的原点通常会借助 Z 轴设定器来完成。FANUC—Oi 数控系统设定坐标系的操作方法:(将寻边器装到主轴上,启动主轴正转,转速一般为 40～100r/rain)。

①寻边器碰 X 轴左端面(灯亮),按相对坐标 X→再按置零→Z 轴抬刀→寻边器移动到右端面→Z 轴下刀→寻边器碰 X 右端面(灯亮)→Z 轴抬刀→相对坐标 X 的值再除以 2→移到 X 轴坐标值的中间→按操作面板坐标系→G54 按 X0 测量。如图 6-3 所示。

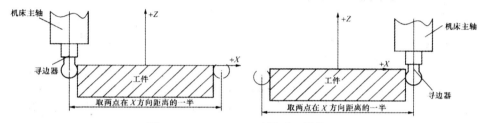

图 6-3　FANUC—Oi 系统对刀操作 1

②寻边器碰 Y 轴前侧面(灯亮),相对坐标 Y→再按置零→Z 轴抬刀→寻边器移动到后侧面→Z 轴下刀→寻边器碰 Y 后面(灯亮)→Z 轴抬刀→相对坐标 Y 的值再除以 2→再摇到 Y 轴坐标值的中间→按操作面板坐标系→G54→按 X0 测量。如图 6-4 所示。

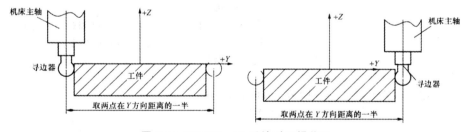

图 6-4　FANUC—Oi 系统对刀操作 2

③按坐标系选择 G54,光标移动到 Z→输入 Z0 测量。如图 6-5 所示。

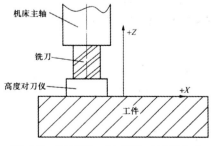

图 6-5　FANUC—Oi 系统对刀操作 3

6.1.6 基本指令介绍

1.快速点定位(G00)

指令格式:

G00 X_Y_Z_S_B_M_;

X、Y、Z:快速点定位的目标点;

S:主轴转数;

B:第二辅助功能;

M:辅助功能。

经常使用的格式:

G00 X_Y_Z_;

G00 的实际速度受机床面板上的倍率开关控制。

C00 的运动轨迹一般为折线,如 G00 X50.0 Y100.0;的运动轨迹如图 6-6 所示。

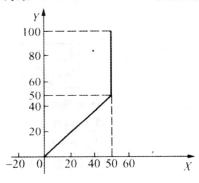

图 6-6　G00 的轨迹

2.直线插补(G01)

指令格式:

G01 X_Y_Z_C/R_F_E_S_B_M_;

X、Y、Z:直线插补线段的终点坐标;

C/R:C 为两直线段间倒棱的数据地址,R 为两直线段间倒圆角的数据地址;

F:进给量;

E:倒棱或倒圆角处的进给量,若不写则用 F 值;

S、B、M:与 G00 定义同。

经常使用的格式:

G01 X_Y_Z_F_;

有的数控系统 G00 和 G01 后可以跟 X、Y、Z、A、B、C 等的任意组合,其中旋转轴的进给速度用(°)/min 表示(见图 6-7)。

3.英/公制转换(G20/G21)

指令格式:G20/G21;

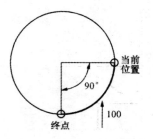

图 6-7　旋转轴的进给速度

说明：

①这是个信息指令，以单独程序段设定，为模态指令。

②G20 为英制，G2 1 为公制。

4.存储行程极限

机床有两种行程极限。第一种行程极限是由机床行程范围决定的最大行程范围，用户不得改变，该范围由参数设定，也是机床的软件超程保护范围。第二种行程极限的限制区用 G22 来设定，限制区要事先用参数(RWL)指定其禁止作用是在设定的范围外面还是在设定的范围里面。

(1)限制区用参数设定

书写格式：

G22；

:

G23；

说明：

①G22 指定后，限制区起作用。

②G23 指定后，限制区不起作用，但不清除原设定的限制区。

③机床在通电后，必须在返回参考点后限制区才起作用。

④G22 与 G23，指令在编程时均应自成一个程序段。

⑤坐标轴移动进人限制区界线停止后，可以反向运动，使之退出限制区。

(2)限制区不用参数设定

书写格式：

G22 X_Y_Z_I_J_K_；

说明：

①用 G22 可以设定亦可以改变限制区范围。

②所设定的限制区如图 6-8 所示。其中数值必须满足下述关系：

$X>I, Y>J, Z>K; (X-I)>2mm, (Y-J)>2mm, (Z-K)>2mm$。

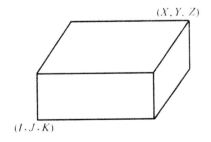

图 6-8 G22 所设定的限制区

数值均以参考点为坐标原点，以最小设定单位为计算单位。

5.圆弧插补(G02、G03)

对于加工中心来说，编制圆弧加工程序与在数控铣床上类似，也要先选择平面，如图 3-9 所示。

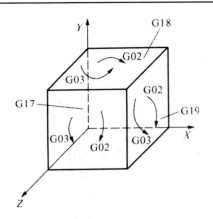

图 6-9　圆弧插补

程序的编制程序段有两种书写方式,一种是圆心法,另一种是半径法。

指令格式:

XY 平面圆弧

$$G17G02/G03\ X\_Y\_\begin{Bmatrix} R\_ \\ I\_J\_ \end{Bmatrix} F\_;$$

ZX 平面圆弧

$$G18G02/G03\ X\_Y\_\begin{Bmatrix} R\_ \\ I\_K\_ \end{Bmatrix} F\_;$$

YZ 平面圆弧

$$G19G02/G03\ X\_Y\_\begin{Bmatrix} R\_ \\ J\_K\_ \end{Bmatrix} F\_;$$

(1)圆心编程

与圆弧加工有关的指令说明见表 6-6。用圆心编程的情况如图 6-10 所示。

表 6-6　圆心编程

条件		指令	说明
平面选择		G17	圆弧在 XY 平面上
		G18	圆弧在 ZX 平面上
		G19	圆弧在 YZ 平面上
旋转方向		G02	顺时针方向
		G03	逆时针方向
重点位置	G90 时	X、Y、Z	终点数据是工件坐标系中的坐标值
	G91 时	X、Y、Z	指定从起点到终点的距离
圆心的坐标		I、J、K	起点到圆心的距离(有正负)

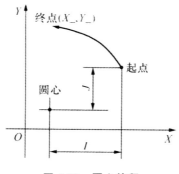

图 6-10　圆心编程

（2）半径编程

用 R 指定圆弧插补时，圆心可能有两个位置，这两个位置由 R 后面值的符号区分。圆弧所含弧度不大于 π 时，R 为正值；大于 π 时，R 为负值。

如图 6-11 所示为用半径编程时的情况。若编程对象为以 C 为圆心的圆弧时有：

G17 G02 X_Y_R+R_1；

若编程对象为以 D 为圆心的圆弧时有：

G17 G02 X_Y_R—R_2；

其中 R_1、R_2 为半径值。

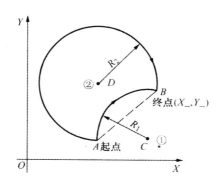

图 6-11　半径编程

6. 任意角度倒棱角 C、倒圆弧 R

可在任意的直线插补和直线插补、直线插补和圆弧插补、圆弧插补和直线插补、圆弧插补和圆弧插补间，自动插入倒棱或倒圆。

直线插补（G01）及圆弧插补（G02、G03）程序段最后附加 C 则自动插入倒棱，附加 R 则自动插入倒圆。上述指令只在平面选择（G17、G18、G19）指定的平面有效。

指令格式（以 G17 平面为例）：

G01 X_Y_,C/R_；

G02/G03 X_Y_R_,C/R_；

C 后的数值为假设未倒角时，指令由假想角交点到倒角开始点、终止点的距离，如图 6-12 所不。

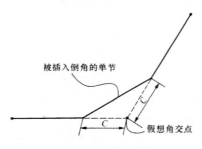

图 6-12　自动倒棱角

N0010 G91 G01 X100.0,C10.0；

N0020 X100.0 Y100.0；

　　R 后的数值指令倒圆 R 的半径值如图 6-13 所示。

N0010G91G01 X100.0,R10.0；

N0020 X100.0,Y100.0；

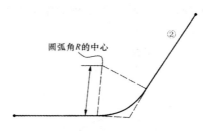

图 6-13　自动倒圆弧角

　　但上述倒棱 C 及倒圆 R 程序段之后的程序段，须是直线插补（G01）或圆弧插补（G02、G03）的移动指令。若为其他指令，则出现 P/S 报警，警示号 52。

　　倒棱 C 及倒圆 R 可在 2 个以上的程序段中连续使用。

　　说明：

　　①倒棱 C 及倒圆 R 只能在同一插补平面插入。

　　②插入倒棱 C 及倒圆 R 若超过原来的直线插补范围，则出 P/S55 报警（见图 6-14）。

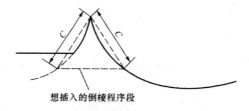

图 6-14　出现报警的情况

　　③变更坐标系的指令（G92、G52－－－G59）及回参考点（G28－G30）后，不可写入倒棱 C 及倒圆 R 指令。

　　④直线与直线、直线和交点圆弧的切线以及两交点圆弧的切线间的夹角在±1°以内时，倒棱及倒圆的程序段都当做移动量为 0。

6.2　平面及台阶面的加工

平面及台阶面的加工编程较为简单,在加工中特别注意的是要合理地选择刀具和切削参数。

6.2.1　平面铣削编程

在数控铣床上加工平面要保证加工过程中较为平稳,才能较好地保证工件的表面质量。在选择刀具及切削参数时应充分考虑切削过程的合理性。

1. 平面加工工艺的制定

加工材料为 45 号钢,现以图 6-15 所示零件加工为例进行说明。

(1)工装

考虑现有设备及工具情况,将零件装夹于平口钳上,下面用垫铁垫平。

(2)加工路线

为了提高加工效率和保证零件的加工质量,根据"基面先行,先粗后精"的原则,先加工上表面,粗铣采用往复向铣削方式,精铣采用单向铣削方式。

2. 工具及切削用量的确定

工具及切削用量的确定详见表 6-7、表 6-8。

表 6-7　工、量、刃具清单

工、量、刃具清单				图号	XK05—01—1
序号	名称	规格	精度	单位	数量
1	Z 轴设定器	50	0.01	个	1
2	游标卡尺	0~150	0.02	把	1
3	游标深度尺	0~200	0.02	把	1
4	百分表及表座	0~10	0.01	套	1
5	端铣刀	φ63		把	1
6	端铣刀	φ125		把	1
7	粗糙度样板	N0~N1	12 级	副	1
8	平行垫铁			副	若干
9	压板及弯板			套	4
10	塑胶榔头			个	1
11	T 型螺栓及螺母			套	4
12	呆板手			把	若干
13	防护眼镜			副	1

表 6-8　大平面工艺规程及切削用量

刀具号	刀具规格	工序内容	$f/(\text{mm/rain})$	a_p/mm	$n/(\text{r/min})$
T01	可转位硬质合金端铣刀,直径加 3mm,镶有 8 片八角形刀片	粗铣	60	2	100
T02	可转位硬质合金端铣刀,直径西 125 mm,镶有 9 片四角形刀片	精铣	80	0.5	150

3.参考程序

粗铣计算行切时第一个下刀点坐标是(250,−118.5),下刀后运行到对面的(−250,−118.5),依工件宽度及刀具直径值进行 Y 向进刀、X 向双向铣削;精铣计算行切时第一个下刀点坐标是(270,−105),下刀后运行到对面的(−270,−105),依工件宽度及刀具直径值进行 Y 向进刀、X 向单向铣削。

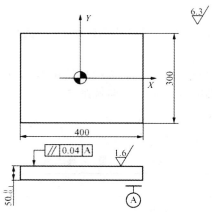

图 6-15　平面零件加工图

选择零件中心为坐标系原点,选择毛坯上平面为工件坐标系的 $Z=0$ 面,选择距离工件表面 20mm 处为安全高度平面,工件坐标系设在 G54 上,参考程序见表 6-9。

表 6-9　加工程序

03002;	主程序
G0 G54 G90 G40 G49 G80 S100 M3 Z10;	注销刀具半径补偿和固定循环功能,主轴安装 φ63 端铣刀,准备粗铣上平面主轴以 100r/min 速度正转,G54 内包含机床零点和工件零点的距离,到工件上表面 10mm
GO X250 Y−11 8.5;	快速到下刀位置
G90 G01 Z−2 F60;	下刀 2mm
G91 X−500;	增量编程—x 向铣削,第一行
Y63;	＋Y 向进刀
X500;	＋X 向铣削,第二行
Y63;	＋Y 向进刀

续表

03002；	主程序
X－500：	－X 向铣削,第三行
Y63；	＋Y 向进刀
X500；	＋X 向铣削,第四行
Y63；	＋Y 向进刀
X－500：	－X 向铣削,第五行
G0 Z100：	
M5；	
M0；	程序暂停
换刀后进行对刀操作,重新设 Z 方向的坐标原点	
S150 M3；	手动换 φ125 的端铣刀
G90 G54 G0 X270 Y－105 Z20	快速到右下角位
G01 Z－2.5 F80；	直线插补下刀 0.5mm
G91 X－540	－X 向第一行
Y－110；	－Y 向退刀
X540；	＋X 向退刀
Y215；	＋Y 向进刀
X－540：	－X 向第二行
Y－215；	－Y 向退刀
X540；	＋X 向退刀
Y320；	＋Y 向进刀
X－540：	－X 向第三行
G90 G0 Z50；	绝对编程,抬刀到 Z50
M05；	主轴停
M30；	程序停止并返回

6.2.2　台阶面铣削编程

以图 6-16 所示零件加工为例与平面加工相比较,台阶面的铣削要注意台阶干涉及台阶面的清角。此外,加工中由于铣刀强度及机床的刚性不同,每一刀的切深需要合理考虑。

1. 台阶面加工工艺的制定

(1)工装

采用平口虎钳装夹,下部用垫铁垫起。

(2)加工路线

先加工第一个台阶保证总高,然后再粗加工第二和第三个台阶,完成后再精加工第二和第三个台阶保证台阶高度尺寸。

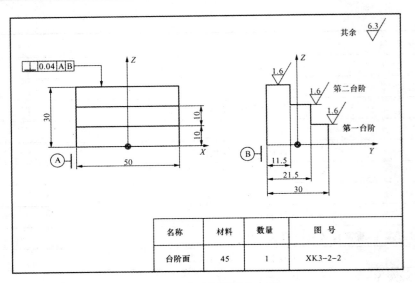

名称	材料	数量	图 号
台阶面	45	1	XK3-2-2

图 6-16   台阶面零件加工图

2. 工具及切削用量的确定

工具及切削用量的确定详见表 6-10、表 6-11。

表 6-10   工、量、刃具清单

工、量、刃具清单				图号	XK05—01—1
序号	名称	规格	精度	单位	数量
1	z 轴设定器	50	0.01	个	1
2	游标卡尺	0~150	0.02	把	1
3	游标深度尺	0~200	0.02	把	1
4	百分表及表座	0~10	0.01	套	1
5	端铣刀	φ63		把	1
6	端铣刀	φ125		把	1
7	粗糙度样板	N0~N1	12 级	副	1
8	平行垫铁			副	若干
9	压板及弯板			套	4
10	塑胶榔头			个	1
11	T 型螺栓及螺母			套	2
12	呆扳手			把	若干

表 6-11   大平面工艺规程及切削用量

刀具	刀具规格	工序内容	f/(mm/min)	a_p/mm。	n/(r/min)
T01	φ32 机夹铣刀	端铣加工工件上表面	80	1	600
T02	φ24 高速钢刀具立铣刀	粗铣第二、三个台阶面	60	3	300
T03	φ28 高速钢立铣刀	精铣二、三个台阶面	90	1	200

3.参考程序

工件零点取台阶中心,取台阶零件平面为 Z＝0 面,机床坐标系设在 G54 上(见表 6-12)。

表 6-12　参考程序

05002;	主程序
G0 G90 G40 G80 G54;	程序初始化
G0 G90 G54 X－40 Y－35 M03 S600;	主轴以 600r/min 的速度正转,快速移动到工件坐标系下绝对坐标(X－40,Y－35)的点位置
Z35 M8;	Z 轴移动到 35mm
G01 Z30 F80;	Z 轴直线插补至 30mm 处
Y0;	端铣刀定位
X40;	铣工件上平面,保证高度为 30mm
G0 Z100;	
M05;	
M09;	
M00;	程序停止,手动换 T02 刀具重对 Z 向高度,准备粗铣第一、第二台阶
G54 G90 G0 X－40 Y－40 M03 S300;	
G01 Z32 F60;	
G42G01 Y－6.5 D02;	定位至第一个台阶位置
M98 P95003;	粗铣第一个台阶,分 9 层铣削,每层铣削深度 2mm
G90 G01 Z10.5 F60;	粗铣第一个台阶至高度为 10.5mm,留精铣余量 0.5mm
X40;	
Go Z50	
X－40;	
G0l Y3.5 F120;	
Z32;	
M98 P45003;	粗铣第二个台阶,分 4 层铣削,每层铣削深度 2mm
G90 Gol Z20.5 F60;	粗铣第二个台阶至高度 20.5mm,留精铣余量 0.5mm
X40;	
G0 Z100;	
M05;	
M00;	程序停止,手动换 T03 刀具重对 z 向高度,准备粗铣第一、第二台阶
G40 G80;	
G90 G54 G00 X－40 Y－40;	
M03 S200;	

05002;	主程序
Z35 M08;	
G01 Z10 F90;	
G42 Y－6.5 D02 F90;	定位于第一个台阶
X40;	精铣第一个台阶
Z20;	退刀,刀具定位于工件高度 20mm 处
Y3.5;	定位至第二个台阶
X－40;	
G90 Go Z100;	
M09;	
G40 Go X0 Y0;	
M05;	
M30;	
05003	铣台阶的子程序
G91 G01 Z－4 F60;	
X80;	
GO Z4 G01 Z－2 F60;	
M99;	

注:此程序应用了子程序,使程序得到了简化。

6.3 固定循环功能

6.3.1 固定循环概述

FANUC—Oi 系统加工中心配备的固定循环功能,主要用于孔加工,包括钻孔、镗孔、攻螺纹等。使用一个程序段可以完成一个孔加工的全部动作(钻孔进给、退刀、孔底暂停等),如果孔动作无需变更,则程序中所有模态数据可以省略,从而达到简化程序、减少编程工作量的目的。各种固定循环指令见表 6-13。

表 6-13 固定循环指令

G 代码	加工动作(－Z 方向)	孔底部动作	退刀动作(＋Z 方向)	用途
G73	间歇进给		快速进给	高速深孔加工
G74	切削进给	暂停主轴正转	切削进给	攻左旋螺纹
G76	切削进给	主轴准停	快速进给	精镗
G80				取消固定循环

续表

G 代码	加工动作(−Z 方向)	孔底部动作	退刀动作(＋Z 方向)	用途
G81	切削进给		快速进给	钻孔
G82	切削进给	暂停	快速进给	钻/镗阶梯孔
G 代码	加工动作(−Z 方向)	孔底部动作	退刀动作(＋Z 方向)	用途
G83	间歇进给		快速进给	深孔加工
G84	切削进给	暂停主轴反转	切削进给	攻右旋螺纹
G85	切削进给		切削进给	镗孔
G86	切削进给	主轴停	快速进给	镗孔
G87	切削进给	主轴正转	快速进给	反镗孔
G88	切削进给	暂停主轴停止	手动	镗孔
G89	切削进给	暂停	快速进给	镗孔

6.3.2　孔加工固定循环的动作和指令格式

1.孔加工动作

如图 6-17 所示,在数控铣床上利用固定循环进行孔的加工,通常由以下 6 个动作组成:

动作 1:平面的快速定位;

动作 2:Z 向快速进给到 R 点平面;

动作 3:Z 轴切削进给,进行孔加工;

动作 4:孔底部的动作;

动作 5:Z 轴退刀;

动作 6:Z 轴快速回到起始位置。

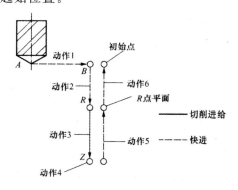

图 6-17　固定循环动作

2.固定循环的编程

(1)指令格式

FANUC−Oi 系统的孔加工固定循环指令的一般编程格式是:

G73～G89 X_Y_Z_R_Q_P_F_K_;

X Y:指定孔在 XY 平面内的定位;

Z:孔底平面的位置(钻孔的深度);

R:R 点平面所在的位置(安全高度,由快进变为切削进给);

Q:当有间歇进给时,刀具每次加工的深度,精镗或反镗孔循环中的退刀量;

P:指定刀具在孔底的暂停时间,数字不加小数点,以 ms 作为时间单位;

F:孔加工切削进给时的进给速度;

K:指定孔加工循环的次数。

说明:

①以上是孔加工循环的一般格式,并不是每一个循环指令的编程都要用以上的格式才能实现循环。

②以上格式中,除 K 以外,其他代码都是模态代码,只有在循环取消时才被清除,因此这些指令一经指定,在后面的重复加工中不必重新指定。

③取消孔加工循环指令用 G80,如果在孔加工循环中出现 01 组的 G 代码,则孔加工方式也会自动取消。

(2)固定循环的平面

①初始平面。初始平面是为了安全下刀规定的一个平面。初始平面可以设定在任意一个安全的高度上。保证使用同一把刀具或多把刀具加工一个或多个孔时,刀具在初始平面内的任意移动不会与夹具、工件等发生干涉或碰撞。

②R 点平面。R 点平面又叫参考平面或安全平面。该平面是刀具下刀时,快进转为切削进给的高度平面,距工件的距离主要考虑工件表面的尺寸变化,一般情况下取工件表面以上 2 ～5mm。

③孔底平面。加工盲孔时,孔底平面就是孔的深度,而加工通孔时,除了考虑孔底平面的位置外,还要考虑刀具的超过量,以保证所有孔深都加工到要求的尺寸。

(3)G98 或 G99 方式

当刀具加工到孔底平面后,刀具从孔底平面返回的方式有两种,即返回到 R 点平面或返回到初始平面,分别用 G98 与 G99 来指定(见图 6-18)。

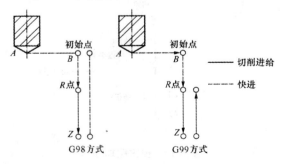

图 6-18　G98 与 G99 方式

①G98 方式。G98 表示返回到初始平面。一般采用固定循环加工孔系时不用返回到初始平面,只有在全部孔加工完成后或孔之间存在凸台或夹具等干涉件时,才回到初始平面。

G98 的编程格式如下:

G98 G81 X_Y_Z_R_F_K_；

②G99 方式。G99 表示返回到 R 点平面。在孔加工的平面内如果没有凸台等干涉的情况下,加工孔系时,为了节省孔系的加工时间,刀具一般返回到 R 点平面。

G99 的编程格式如下：

G99 G82 X_Y_Z_R_F_K_；

(4)G90 与 G91 方式

固定循环中 R 值与 Z 值数据的指定与 G90、G91 方式的选择有关,而 Q 值与 G90、G91 方式无关(见图 6-19)。

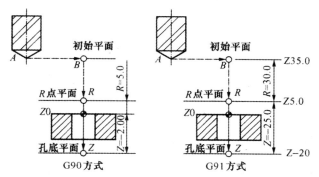

图 6-19　G90 与 G91 方式

①G90 方式。G90 方式中,R 值与 Z 值是指相对于工件坐标系的 Z 向坐标值。此时 R 一般为正值,而 Z 一般为负值。

②G91 方式。G91 方式中,R 值是指从初始点到 R 点的增量值,而 Z 值是指从 R 点到孔底平面的增量值。

6.3.3　各固定循环指令的应用

1.高速深孔钻循环与深孔钻循环

高速深孔钻循环(G73)与深孔钻循环(G83)(见图 6-20)。

(1)指令格式

G73 X_Y_Z_R_Q_F_；

G83 X_Y_Z_R_Q_F_；

(2)孔加工动作说明

G73 指令通过 Z 轴方向的间歇进给可以较容易地实现断屑与排屑。指令中的 Q 值是每次的加工深度(均为正值)。

G83 指令同样通过 Z 方向的间歇进给来实现断屑与排屑的目的。但与 G73 指令不同的是,刀具间歇进给后快速回退到 R 点,再快速进给到 Z 向距上次切削孔底平面 d 处,从该点处快进变成切削进给,切削进给距离为 Q+d。d 值由机床系统指定,无须用户指定。这种方式多用于加工深孔。

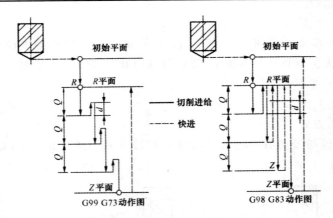

图 6-20　G73 与 G83 动作图

（3）编程举例

以图 6-21 所示零件为例，应用 G73、G83 指令编程如下：

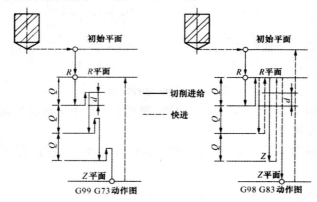

图 6-21　G73、G83 的应用

00001；

G00 G54 G90 G40 G80 G69 Z20 M03 S800；

G99 G73 X40 Y－20 Z－35 R3 Q5 F60；

Y20；

X－40；

G98 Y－2 0；

G80；

G00 G91 G28 Z0；

M0b；

M30：

2.点钻（中心孔加工）循环（G81）与锪孔循环（G82）

（1）指令格式

G81 X_Y_Z_R_F_；

G82 X_Y_Z_R_P_F_；

（2）孔加工动作说明

G81 指令用于正常的钻孔,切削进给执行到孔底,然后刀具从孔底快速移动退回。

G82 动作类似于 G81,只是在孔底增加了进给后的暂停动作,在盲孔加工中可以减小孔底表面粗糙度值。该指令常用于锪孔或台阶孔的加工。

（3）编程举例

以图 6-22 所示零件为例,应用 G81、G82 指令编程如下:

00002;

G00 G54 G90 G80 G40 Z20 M3 S800;

G99 G81 X40 Y0 Z－15 R3 F60;

（G82 X40 Y0 Z－15 R3 P3000 F60）;

G98 X－40;

G80;

G00 G28 G91 Z0;

M05;

M30;

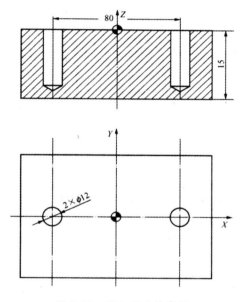

图 6-22　G81、G82 的应用

3.粗镗孔循环

常用的粗镗孔循环有 G85、G86、G88、G89 四种,其指令格式与钻孔循环指令格式基本相同。

（1）指令格式

G85 X_Y_Z_R_F_;

G86 X_Y_Z_R_P_F_;

G88 X_Y_Z_R_P_F_;

G89 X_Y_Z_R_P_F_;

(2)孔加工动作说明

①执行 G85 循环,刀具以切削进给方式加工到孔底,然后以切削进给方式返回到 R 平面,因此该指令除可以用于较精密的镗孔外,还可用于铰孔、扩孔的加工。

②执行 G86 循环,刀具以切削进给方式加工到孔底,然后主轴停止,刀具快速退到 R 点平面后,主轴正转。由于刀具在退回过程中容易在工件表面留下划痕,所以该指令常用于精度或粗糙度要求不高的镗孔加工。

③执行 G88 循环,刀具以切削进给方式加工到孔底,刀具在孔底暂停后主轴停止,这时可以通过手动方式从孔中安全退出刀具,再开始自动加工,Z 轴快速返回 R 点或初始平面,主轴恢复正转。此种方式虽能相应提高孔的加工精度,但加工效率较低。

④G89 动作与 G85 动作基本类似,不同的是 G89 动作在孔底增加了暂停动作,因此常用于阶梯孔的加工。

G85、G86、G89、G88 粗镗孔动作如图 6-23 所示。

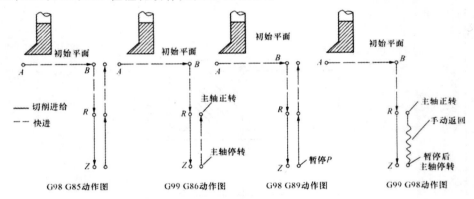

图 6-23　粗镗孔动作图

(3)编程举例

以图 6-24 所示零件为例,利用 G85、G86(孔底停转,快速退回)、G88(孔底暂停,手动退刀)、G89 指令编程如下:

00004;

G54 G90 G40 G80 G0 Z20 M3 S300;

G98 G85 X－50 Y0 Z－80 R－27 F60;

G98 G89 X50 Z－50 P1000;

G80;

G91 G28 Z0;

M05;

M30;

4.精镗孔循环与反镗孔循环

精镗孔循环(G76)与反镗孔循环(G87),见图 6-25。

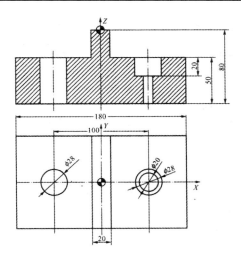

图 6-24　G85、G86、G88、G89 的应用

（1）指令格式

G76 X_Y_Z_R_Q_P_F_；

G87 X_Y_Z_R_Q_F_；

（2）孔加工动作说明

G76 指令主要用于精密镗孔加工。执行 G76 循环，刀具经切削进给方式加工到孔底，实现主轴准停，刀具向刀尖相反方向移动 Q，使刀具脱离工件表面，保证刀具不擦伤工件表面，然后快速退刀至 R 平面，主轴正转。

执行 G87 循环，刀具在 XY 平面内定位后，主轴准停，刀具向刀尖相反方向偏移 Q，然后快速移动到孔底（R 点），在这个位置刀具按原偏移量反向移动相同的 Q 值，主轴正转并以切削进给方式加工到 Z 平面，主轴再次准停，并沿刀尖相反方向偏移 Q，快速提刀至初始平面并按原偏移量返回到 XY 平面的定位点，主轴开始正转，循环结束。由于 G87 循环中，刀尖无须在孔中经工件表面退出，故加工质量较好，所以 G87 常用于精密孔的镗削加工中。该指令不能用 G99 方式进行编程。

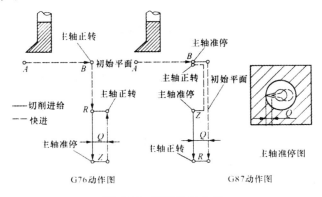

图 6-25　精镗孔动作图

6.3.4 螺纹加工

1.攻左旋螺纹与攻右旋螺纹

攻左旋螺纹(G74)与攻右旋螺纹(G84),见图 6-26。

(1)指令格式

G74 X_Y_Z_R_P_F_;

G84 X_Y_Z_R_P_F_;

(2)孔加工动作说明

G74 循环用于加工左旋螺纹。执行该循环时主轴反转,在 XY 平面快速定位后快速移动到 R 点,执行攻螺纹到达孔底后,主轴正转退回到 R 点,主轴恢复反转,完成攻螺纹动作。

G84 动作与 G74 基本类似,只是 G84 用于加工右旋螺纹。执行该循环时主轴正转,在 G17 平面快速定位后快速移动到 R 点,执行攻螺纹到达孔底后,主轴反转退回到 R 点,主轴恢复正转,完成攻螺纹动作。

攻螺纹时进给量。厂根据不同的进给模式指定。当采用 G94 模式时,进给量 f＝导程×转速。当采用 G95 模式时,进给量 f＝导程。

在指定 G74 前,应先进行换刀并使主轴反转。另外,在 G74 与 G84 攻螺纹期间,进给倍率、进给保持均被忽略。

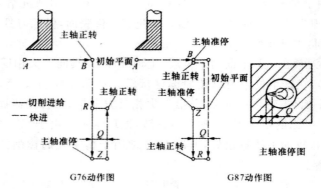

图 6-26 G74 与 G84 动作图

2.编程举例

以图 6-27 所示零件为例,利用 G74、G84 螺纹切削循环指令编程如下:

00003;

G00 G54 G90 G80 G40 Z20 M3 S100;

G95 G99 G84 X—40 Y0 Z—20 R3 F1.75;(攻右旋螺纹)

M00; (换左旋螺纹丝锥)

M05; (主轴停止)

M04 S100; (主轴反转)

G98 G74 X40; (攻左旋螺纹)

G80 G94 G91 G28 Z0; (取消固定循环)

M05；

M03；

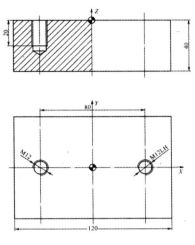

图 6-27　G74、G84 的应用

6.4　FANUC 系统加工中心的编程

6.4.1　加工中心刀具功能

当前常见的加工中心普遍有 8～32 位的刀库，即机床可以同时放人 8～32 把刀具供用户选取。不同的加工中心，其换刀程序各不相同，但换刀的动作却基本相同，通常有刀具选择和刀具交换两个基本动作。现以 FANUC—Oi 数控系统加工中心为例介绍换刀的过程和动作。

1. 刀具选择

刀具选择是将刀库上指令了刀号的刀具转到换刀位置，为换刀做好准备。其指令格式为：T；如 T01；T05；等。

刀具选择指令可在任意程序段内执行，有时，为了节省换刀时间，通常在加工过程中就同时执行 T 指令。如下程序所示，在执行 G01 的同时，刀库中的刀具就转到换刀位置，当刀具返回 Z 轴参考点时，可立即执行换刀动作。

G01 X100 Y100F100T12；

G91 G28 Z0；

M06；

2. 刀具交换

刀具交换是指刀库中正位于换刀位置的刀具与主轴上的刀具进行自动换刀。其指令格式为：

M06；

6.4.2 加工中心常用换刀程序

由于加工中心机械结构的配置不尽相同,加工中心的换刀形式也不同。

1. 带机械手的换刀程序

(1)T 指令与 M06 指令在同一程序段内

G91 G28 Z0 T03 M06;

在执行该程序时,先执行 C28 指令,再执行 M06 换刀指令,当换刀执行完成后再执行 T 指令。也就是说,程序中的 T03 指令选择的 3 号刀具是用于下一次换刀的刀具,而当前程序中 M06 所换的刀具是由前面的程序来进行选择的。此种换刀指令的优点是可以节省换刀时间,但要注意每一道工序所选择的刀具号码不能有误。

(2)T 指令与 M06 指令在不同程序段内

G91 G28 Z0 T10;

M06;

在执行该程序时,先执行 G28 指令,再执行刀具选择指令,将 10 号刀转到当前换刀位置,只有当刀库换位完成后,才执行刀具交换指令 M06,将 10 号刀具与主轴上的刀具进行交换。此种换刀指令占用了较多的换刀时间,但刀具号码清楚直观,不易出错。

2. 没有机械手的换刀程序

以上的两种换刀程序是有机械手的换刀程序,而对于一些带有转盘式刀库没有机械手换刀的加工中心,其换刀程序如下:

M06 T02;

执行该指令,首先执行 M06 指令,主轴上的刀具与当前刀库中处于换刀位置的空刀位进行交换;然后刀库转位寻刀,将 2 号刀具转到换刀位置,再次执行 M06 指令,将 2 号刀具装入主轴。因此,此种方式的换刀指令,每次换刀过程要执行两次 M06 指令。

在 FANUC—Oi 等系统中,为了方便编写换刀程序,系统自带了换刀程序,子程序号通常为 08999,其程序内容见. 表 6-14。

表 6-14　加工中心换刀程序

08999;	立式加工中心换刀程序
M05 M09;	主轴停转,切削液关
G80;	取消固定循环
G91 G28 Z0;	Z 轴返回机床原点
G49 M06;	取消刀长补偿,刀具交换
M99;	返回主程序
以上程序也可以编成如下形式	
08999;	卧式加工中心换刀子程序
M05M09;	主轴停转,切削液关
G80;	取消固定循环

续表

08999；	立式加工中心换刀程序
G91 G28 Z0；	Z 轴返回机床原点
G91 G30 X0 Y0；	回到换刀位置，即第二参考点
G49 M06；	取消刀长补偿，刀具交换
M99；	返回主程序

3.换刀点

加工过程中需要换刀,应规定换刀点。对于加工中心来说,由于换刀点的位置是固定不变的,所以,换刀点的位置是一个固定点,通常情况下,加工中心换刀点取靠近机床 Z 向参考点的位置。

换刀点应设在工件与夹具的外面,以刀架转位过程中不碰工件和其他部位为原则。

6.4.3　刀具的长度补偿在加工中心的应用

1.刀具长度补偿功能指令格式

刀具长度补偿是用来补偿假定的刀具长度与实际刀具长度之间的差值的指令。系统规定所有轴都可采用刀具长度补偿,但同时规定刀具长度补偿只能加在一根轴上,要对补偿轴进行切换,必须先取消前面轴的刀具长度补偿。刀具长度补偿常用格式如下：

G43 H；　（刀具长度正补偿）

G44 H；　（刀具长度负补偿）

G49；或 H00；　（取消刀具长度补偿）

以上指令中 G43 与 G44 指令补偿方向相反,G43 表示刀具长度加补偿,G44 表示刀具长度减补偿。

指令中的 H 值用于指定补偿存储器的补偿号。在地址 H 所对应的补偿存储器中存入相应的补偿值,其值为实际刀具长度与编程时设置的刀具长度(通常将这一长度定为 0)的差值,其中 G43 中的补偿值＝实际刀长—编程刀长,G44 的补偿值＝编程刀长—实际刀长。因此补偿值 1;2 是正值,也可以是负值。刀具号与刀具补偿号可以相同,也可以不同,一般情况下,为防止出错,最好采用相同的刀具号与刀具补偿号。

在执行该指令时,系统首先根据补偿方向指令将指令要求的移动量与补偿存储器中的补偿值作相应的运算,计算出刀具的实际移动值,然后指令刀具做相应的运动。以 Z 向移动的 G43 指令为例,如图 6-28 所示。

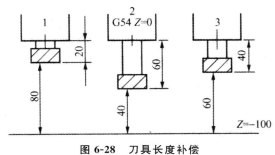

图 6-28　刀具长度补偿

采用 G43 编程,输入刀具 1 的补偿值 H01＝实际刀长—编程刀长＝20.0,输入刀具 2 的补偿值 H02＝60.0,输入刀具 3 的补偿值 H03＝40.0,其指令及对应的刀具实际移动量如下所示。

G43 C01 Z—1 00.0 H01 F100;

刀具 1:

刀具的实际移动量＝—100＋20＝—80,刀具向下移动 80mm。

刀具 2:

刀具的实际移动量＝—1 00＋60＝—40,刀具向下移动 40mm。

刀具 3:

刀具的实际移动量＝—100＋40＝—60,刀具向下移动 60mm。

刀具 3 如果采用 G44 编程,则输入刀具 3 的补偿值 H02＝编程刀长—实际刀长＝—40.0,其指令及对应的刀具实际移动量如下所示。

G44 G01 Z—1 00.0 H03 F100;

刀具的实际移动量＝—100—(—40)＝—60,刀具向下移动 60mm。

在实际编程中,为避免发生差错,常采用 G43 的格式,其刀长补偿值通常采用正值来表示,表示实际的刀长比编程刀长。

G43、G44 为模态指令,可以在程序中保持连续有效。G43、G44 的撤销可以使用 G49 指令或选择 H00(刀具补偿值 H00 规定为 0)进行。

2. **刀具长度补偿的应用**

对于立式加工中心,刀具长度补偿常被辅助用于工件坐标系零点补偿的设定。即用 G54 设定工件坐标系时,仅在 X、Y 方向设置坐标原点的位置,而 Z 方向不补偿,Z 方向刀位点与工件坐标系 Z0 平面之间的差值全部通过刀具长度补偿值来解决。这样就将刀具长度补偿工作与工件坐标系 Z 向的零点补偿工作合二为一,方便了操作,如图 6-29 所示。

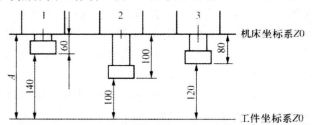

图 6-29 刀具长度补偿的应用

G54 设定工件坐标系时,Z 的设置值为 0。安装好刀具,将刀具的刀位点移动到工件坐标系的 Z0 处,将刀位点在工件坐标系 Z0 处显示的机床坐标系的坐标值直接输入到刀具长度补偿值中去。这样,1 号刀具的补偿值为—140,2 号刀具的补偿值为—100,3 号刀具的补偿值为—120。采用此种方法的编程格式为:

G90 G54 G49 G94;

G43 G01 Z_H_—F100 M03 S;

G49 G28 Z0 T;

M06;

…

上面程序中的刀具长度补偿指令若为"G43 COO Z30.0 F100 H03;",则其执行过程中刀具的移动量＝30＋(－120)＝－90,即刀具向下移动 90mm。

当然,对于以上问题,在某些具体情况下仍采用工件零点设置与刀具长度补偿单独测量与输入的方法较为合适。例如,在采用机外对刀情况下,通常是直接将图中测得的 A 值输入到 G54 的 Z 设置值中,而将不同的刀长度值输入到对应的刀具长度补偿值中。

6.5　坐标变换

6.5.1　坐标旋转

对于一些围绕中心旋转得到的特殊的轮廓零件,如果根据旋转后的实际加工轨迹进行编程,就可能使坐标计算的工作量大大增加,而通过图形旋转功能,可以简化编程的工作量。

1. 指令格式

G17 G68 X_Y_R_;

G69;

其中 G68 表示坐标系旋转生效,而 G69 表示坐标系旋转取消。格式中的 XY 用于指定坐标系旋转的中心,R 用于表示坐标系旋转的角度,该角度一般取 0～360°的正值。旋转角度的零度方向为第一坐标轴的正方向,逆时针方向为正向,顺时针方向为负向。不足 1°的角度以小数点表示,如 10°54′用 10.9°表示。

2. 编程实例

如图 6-30 所示零件,其参考程序见表 6-15。

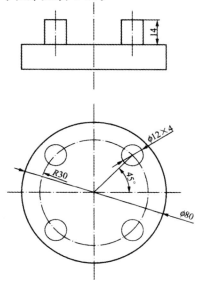

图 6-30　零件加工图

表 6-15   图 6-30 参考程序

00001	主程序
G0 G54 G90 G40 G80 G69 Z20 M3 S800;	选择第一工件坐标并取消刀具半径补偿、固定循环和坐标旋转
G68 X0 Y0 R45;	使坐标转过 45°加工第一个圆台
M98 P20002;	调用加工圆台的子程序
G68 X0 Y0 R135;	使坐标转过 135°加工第二个圆台
M98 P20002;	
G68 X0 Y0 R225;	使坐标转过 225°加工第三个圆台
M98 P20002;	
G68 X0 Y0 R−45;	使坐标转过—45°加工第四个圆台
M98 P20002;	
G0 G90 Z20;	抬刀
G69;	取消坐标旋转
M5;	停止主轴
M30;	结束程序
00002;	子程序
G0 X50 Y0;	
G01 Z0 F120;	相对坐标下刀
G90 G42 X36 Y0 D1;	建立刀具半径补偿
G3 X36 Y0 I−6 J0;	
G1 Y10;	
G0 Z5;	
G40 X0 Y0;	取消刀具半径补偿
M99;	

3. 坐标系旋转编程说明

①在坐标系旋转指令(G69)以后的第一个移动指令必须用绝对值指定。如果采用增量值指定,则不执行正确的移动。

②CNC 数据处理的顺序是程序镜像→比例缩放→坐标系旋转→刀具半径补偿 C 方式。所以在指定这些时,应按顺序指定,取消时,按相反顺序。如果坐标系旋转指令前;有比例缩放指令,则在比例缩放过程中不缩放旋转角度。

③在坐标系旋转方式中,返回参考点指令(G27、G28、G29、G30)和改变坐标系指令(G54~G59,G92)不能指定。如果要指定其中的一个,则必须在取消坐标旋转指令后进行。

6.5.2　局部坐标系

1. 坐标偏移功能的应用

当在工件坐标系中编制程序时,为了方便编程,FANUC—Oi 数控系统可以设定工件坐标系的子坐标系(如图 6-31 所示,可以减少刀位点的计算,其程序见表 6-16)。

指令格式:

G52 X_Y_Z_;(设定局部坐标系)

G52 X_Y_Z_;(取消局部坐标系)

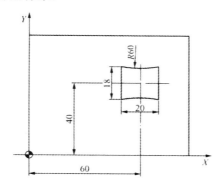

图 6-31　局部坐标系加工平面中凸件

表 6-16　图 6-31 参考程序

00003;	
G0 G54 G90 G40 G80 Z20 M3 S800;	选择第一工件坐标并取消刀具半径补偿、固定循环和;坐标旋转
X60 Y40;	
G52 X0 Y0;	设定当前位置为子坐标系的原点
G0 X20 Y20;	定位到子坐标系 X20、Y20 的点
G1 Z−5 F100;	下刀至铣削深度
G41 X10 Y20 D1;	建立刀具半径补偿
Y−9;	
G3 X−10 Y−9 R60;	
G1 Y9;	
G3 X10 Y9 R60;	
G1 Y0;	
G0 G54 Z20;	取消局部坐标,选择第一工件坐标,抬刀回到安全高度
G40 X0 Y0;	取消刀具半径补偿
M05;	
M30;	

2.关于局部坐标系指令 G52 的说明

①用指令 G52 X_Y_Z_；可以在工件坐标系（G54～G59）中设定局部坐标系。

②局部坐标的原点设定在工件坐标系中 X、Y、Z 指定位置。

③当局部坐标系设定时后面的以绝对值方式（G90）指令的移动是局部坐标系中的坐标值。

6.5.3　坐标镜像与坐标缩放

1.坐标镜像

使用编程的镜像指令可实现沿某一坐标轴或某一坐标点的对称加工。在一些老的数控系统中通常采用 M 指令来实现镜像加工，在 FANUC—Oi 系统中则采用 G51 或 GS1.1 来实现镜像加工。

（1）指令格式

格式一 G17G51 X_Y_；

G50.1 X_Y_；

格式中的 X、Y 值用于指定对称轴或对称点。当 G51.1 指令后仅有一个坐标字时，表示该镜像以某一坐标轴为镜像轴。如下指令所示：

G51.1 X10.0；

该指令表示以某一轴线为对称轴，该轴线与 Y 轴相平行，且与 X 轴在 X＝10.0 处相交。

当 G51.1 指令后有两个坐标字时，表示该镜像是以某一点作为对称点进行镜像。如下指令表示其对称点为（10,10）。

G51.1 X10.0 Y10.0；

G50 X_Y_；表示取消镜像。

格式二 G17 G51 X_Y_I_J_；

G50；

使用此种格式时，指令中的 I、J 值一定是负值，如果其值为正值，则该指令变成了缩放指令。另外，如果 I、J 值虽是负值但不等于—1，则执行该指令时，既进行镜像又进行缩放。如下指令所示：

G17 G51 X10.0 Y10.0 I—2.0 J—1.5；

执行该指令时，程序在以坐标点（10.0,10.0）进行镜像的同时，还要进行比例缩放，其中 X 轴方向的缩放比例为 2.0，Y 轴方向的缩放比例为 1.5。

G17 G51 X10.0 Y10.0 I—1.0 J—1.0；

执行该指令时，程序以坐标点（10.0,10.0）进行镜像，不进行缩放。

同样，G50；表示取消镜像。

（2）编程示例

以图 6-32 所示零件为例，编程见表 6-17。

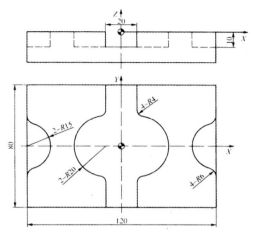

图 6-32　镜像功能的应用

表 6-17　图 6-32 参考程序

00001	主程序
G90 G40 G17 G21 G54 G00 Z20 M03 S600；	选择第一工件坐标并取消刀具半径补偿、固定循环、主轴正转
X0 Y－50；	
Z2；	
G1 Z－8 F200；	下刀
M98 P0002；	调用子程序加工第一个
G51.1 X0；	以 Y 轴镜像
M98 P0002；	调用子程序加工第二个
G50.1 X0；	取消镜像
G90 G0 Z20；	抬刀
M05；	
M30；	
O0002	子程序
G01 G42 X－10 D01；	执行刀具半径补偿功能
Y－20 R4；	
G02 X－10 Y20 R20 R4；	利用自动倒角功能
G01 Y40；	
X－60 R6；	
Y15 R6；	
G02 X－60 Y－15 R15 R6；	利用自动倒角功能
G01 Y－40 R6；	

00001	主程序
X0；	
G40 X0 Y−50；	取消刀具半径补偿功能
M99；	

2. 比例缩放

(1)指令格式

格式一 G51 I_J_K_P_；

例 G51 I0 J10.0 P2000；

格式中的 I、J、K 值作用有两个：第一，选择要进行比例缩放的轴，其中 I 表示 X 轴，J 表示 Y 轴，K 表示 Z 轴，以上例子表示在 X、Y 轴上进行比例缩放，而在 Z 轴上不进行比例缩放；第二，指定比例缩放的中心，"I0J10.0"表示缩放中心在坐标(0,10.0)处，如果省略了 I、J、K，则刀具的当前位置作为缩放中心。P 为进行缩放的比例系数，不能用小数点来指定该值，"P2000"表示缩放比例为 2 倍。

格式二 G51 X_Y_Z_P_；

例 G51 X10.0 Y20.0 P1500；

格式中的 X、Y、Z 值与格式一中的 I、J、K 值作用相同，不过是由于系统不同，书写格式不同罢了。

格式三 G51 X_Y_Z_I_J_K_；

例 G51 X0 Y0 Z0 I1.5 J2.0 K1.0；

该格式用于较为先进的数控系统(如 FANUC—Oi 系统)，表示各坐标轴允许以不同比例进行缩放。上例表示在以坐标点(0,0,0)为中心进行比例缩放，在 X 轴方向的缩放比例为 1.5 倍，在 Y 轴方向上的缩放比例为 2 倍，在 Z 轴方向则保持原比例不变。I、J、K 数值的取值直接以小数点的形式来指定缩放比例，如"J2.0"表示在 Y 轴方向上的缩放比例为 2.0 倍。

G50；表示取消缩放。

(2)比例缩放编程说明

①比例缩放中的刀补问题。在编写比例缩放程序过程中，刀补程序段定在缩放程序段内。

②在比例缩放中进行圆弧插补。如果进行等比例缩放，则圆弧半径也相应缩放相同的比例；如果指定不同的缩放比例，有的系统加工出相应的椭圆轨迹，而有的系统仍将进行圆弧的插补，圆弧的半径根据 I、J 中的较大值进行缩放。

(3)编程实例

以图 6-33 所示零件为例，编程见表 6-18。

表 6-18 图 6-33 参考程序

00001	主程序
G00 G54 G90 Z10 M3 S800；	程序初始化
X−30 Y−20；	

00001	主程序
G01 Z0 F120；	
M98 P20002；	调用子程序加工 40×30
G5 1 X0 Y0 Z0 12.0 J2.0 K0；	比例缩放功能开始
G01 Z－10 F120；	
M98 P50002；	调用子程序加工 80×60
G00 G90 Z10；	
G50 X0 Y0 Z0 I0 J0 K0；	
M05；	
M30；	
00002	子程序
G01 G91 Z－5 F120；	
G41 D01 X－20 Y－16；	建立刀补
Y15 R5；	
X20 R5；	
Y－15 R5	
X－20 RS；	
Y0；	
G40 X－30 Y－20；	取消刀补
M99；	

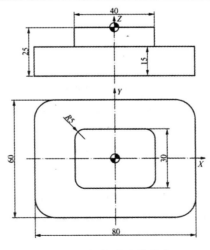

图 6-33　比例缩放功能的应用

6.5.4 极坐标指令功能

1. 指令格式

G16 表示极坐标系生效（不同的工作平面，指令格式不同）。

G15 表示极坐标系取消。

当使用极坐标指令后，坐标值以极坐标方式指定，即以极坐标半径和极坐标角度来确定点的位置。

极坐标半径。当使用 G17、G18、G19 选择好加工平面后，用所选平面的第一坐标轴地址来指定。

极坐标角度。用所选平面的第二坐标地址来指定极坐标的角度，极坐标的零度方向为第一坐标的正方向，逆时针方向为角度的正向。

2. 极坐标的原点

原点指定方式有两种：一是以工件坐标系的零点作为极坐标原点；另一种是以刀具当前位置作为极坐标原点。

当以工件坐标系零点作为极坐标原点时，应使用绝对值编程方式（见图 6-34）。

当以刀具当前位置作为极坐标原点时，应使用增量编程方式（见图 6-35）。

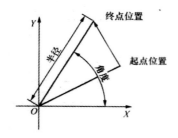

图 6-34　绝对值编程方式下的极坐标定义

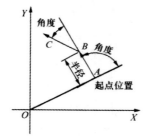

图 6-35　增量编程方式下的极坐标定义

3. 编程举例

以图 6-36 所示零件为例，编程见表 6-19。

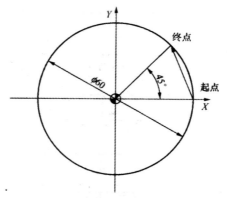

图 6-36　极坐标指令的编程

表 6-19　图 6-36 参考程序

000 X30 Y0；	
G90 G17 G16；	绝对值编程,选择 XY 平面,极坐标开始生效
G01 X30 Y45；	终点极坐标半径为 50,终点极坐标角度为 45°
G15；	取消极坐标
……	

4. 极坐标的应用

采用极坐标编程,可以大大减少编程时的计算工作量,因此在编程中得到广泛应用。通常情况下,圆周分布的孔类零件(如法兰类零件)以及图样尺寸以半径与角度形式标注的零件(如正多边形外形铣),采用极坐标编程较为合适。

第7章　FANUC Oi 系统数控车床操作

7.1　FANUC Oi 系统数控车床操作面板

FANUC Oi 数控系统的操作面板由 CRT/MDI 键盘和机床控制面板两部分组成,图 7-1 所示为 CRT/MDI 键盘。

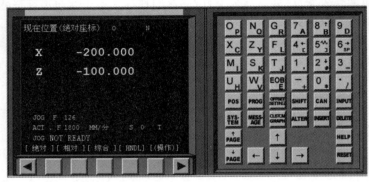

图 7-1　FANUC Oi 数控系统 CRT/MDI 键盘

7.1.1　数控系统 CRT/MDI 键盘

图 7-1 所示的 CRT/MDI 键盘由 CRT 显示屏和 MDI 键盘两部分组成,其中显示屏主要用来显示相关坐标位置、程序、图形、参数、诊断、报警等信息,而 MDI 键盘包括字母键、数值键、功能按键等,可以进行程序、参数、机床指令的输入及系统功能的选择。MDI 键盘说明如表 7-1 所示。

表 7-1　典型 FANUC Oi 系统 MDI 键盘说明

键	名称	功能说明
A、B、C… 1、2、3… +、一、*、/	地址 数字键 运算键	按下这些键,输入字母、数字和其他字符
SHIPT	上挡键	用于上挡功能键
ALTER	替代键	编辑程序时替代光标块内容
INPUT	输入键	除程序编辑方式以外的情况,当面板上按下一个字母或数字键以后,必须按下此键才能到 CNC 内。另外,与外部设备通信时,按下此键,才能启动输入设备,开始输入数据到 CNC 内
CAN	取消键	按下此键,删除上一个输入的字符

续表

键	名称	功能说明
INSERT	插入键	程序编辑方式下,光标前插入程序字
DELETE	删除键	用于删除程序字、程序段、程序
CURSOR ↑、↓、←、→	光标移动键	共 4 个,用于使光标上下或前后移动
PAGE ↑、↓	页面变换键	用于 CRT 屏幕选择不同的页面 ↑:向前变换页面,↓:向后变换页面
RESET	复位键	按下此键,复位 CNC 系统。包括取消报警、主轴故障复位、中途退出自动操作循环和输入、输出过程等
HELP	帮助键	提供帮助信息
POS	位置显示键	在 CRT 上显示机床现在的位置
键	名称	功能说明
PRGRM (PROG)	程序键	在编辑方式,编辑和显示在内存中的程序在 MDI 方式,输入和显示 MDI 数据
OFFSET SETTING	补偿设定	用于设定并显示刀具补偿值、坐标系零点偏置和宏程序变量
MESSAGE	报警信息键	用于显示 NC 报警信息、报警记录等
CUSTOM GRAPH	图形显示	用于显示刀具轨迹等图形

7.1.2　机床控制面板

机床控制面板主要由急停、方式选择开关、主轴转速调修开关、进给速度调修开关、快速倍率开关以及主轴负载荷表、各种指示灯、各种辅助功能选项开关和手轮等组成。通过对各种功能键简单操作,直接控制机床的动作及加工过程。不同机床的操作面板,各开关的位置结构各不相同,但功能及操作方法大同小异。典型的 FANUC Oi 数控机床控制面板如图 7-2 所示,面板详细说明如表 7-2 所示。

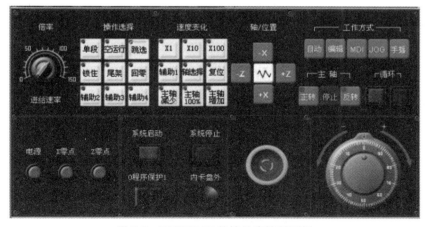

图 7-2　FANUC Oi 数控机床控制面板

表 7-2　机床控制面板使用说明

按钮名字	功能说明
电源开	接通电源
电源关	断开电源
循环启动	程序运行开始。系统处于"自动运行"或"MDI"位置时按下有效,其余模式下使用无效
进给保持	程序运行暂停。在程序运行过程中,按下此按钮运行暂停。按"循环启动"按钮恢复运行
跳步	此按钮被按下后,数控程序中的注释符号"/"有效
单步	此按钮被按下后,运行程序时每次执行一条数控指令
按钮名字	功能说明
空运行	系统进入空运行状态
机床锁定	锁定机床
选择停	按下该按钮,"M01"代码有效
急停	按下急停按钮,使机床移动立即停止,并且所有的输出如主轴的转动等都会关闭
机床复位	复位机床
X 正方向按钮	手动状态下,按下该按钮将向 X 轴正方向进给
X 负方向按钮	手动状态下,按下该按钮将向 X 轴负方向进给
Y 正方向按钮	手动状态下,按下该按钮将向 Y 轴正方向进给
Y 负方向按钮	手动状态下,按下该按钮将向 Y 轴负方向进给
Z 正方向按钮	手动状态下,按下该按钮将向 Z 轴正方向进给
Z 负方向按钮	手动状态下,按下该按钮将向 Z 轴负方向进给
停止	主轴停止
正转	主轴正转
反转	主轴反转
编辑	进入编辑模式,用于直接通过操作面板输入数控程序和编辑程序
自动	进入自动加工模式
MDI	进入 MDI 模式,手动输入并执行指令
手动	手动方式,连续移动
快速	手动快速模式
回零	回零模式
DNC	进入 DNC 模式,输入、输出资料
示教	手脉示教方式
主轴速率修调	修调主轴转速倍率
进给速率修调	调节运行时的进给速度倍率

7.2　FANUC Oi 系统数控车床操作方法

7.2.1　主运动控制要求

数控机床的主运动系统包括主轴电动机、传动系统、主轴支撑等组件。与普通机床的主运动系统相比在结构上比较简单,这是因为 CNC 机床的变速功能全部或大部分由主轴电动机的无级调速来承担,省去了繁杂的齿轮变速机构,有些只有二级或三级齿轮变速系统用以扩大电动机无级调速的恒功率变速范围。数控机床对主运动系统的要求如下。

①提供足够的调速范围、切削功率、切削力矩。为了保证数控机床加工时能选用合理的切削用量,充分发挥刀具的切削性能,从而获得最高的生产率、加工精度和表面质量,数控机床主运动系统要提供足够宽的调速范围,提供适合于加工工艺所需的切削功率、力矩,并能在调速范围内实现无级调速。

②数控机床主轴系统要有高的旋转精度、良好的抗震性、热稳定性和耐磨性。主运动系统具有一定的旋转精度、抗震性、热稳定性有利于提高加工精度。主轴组件具有足够的耐磨性,能够长期保持主轴运动精度。

③数控加工中心的主运动系统,除了对主轴的启动、停止、正转、反转和调速控制外,还应有其他的自动化控制功能,如自动换刀动作中实现定角度停止(即准停),攻丝加工时主轴与进给联动控制,以及恒线速度加工等功能。

1.主轴支撑与主轴的回转精度

数控机床主轴是装夹工件的位置基准,它的误差也将直接影响工件的加工质量。由于滚动轴承有许多优点,加之制造精度的提高,数控机床一般采用滚动轴承。根据数控机床适应的加工要求或加工情况的不同,轴承的承载、转速与回转精度的特点也不相同。主轴轴承的选用和布置形式根据精度、刚度和转速要求来选择。

机床主轴的回转精度是机床主要精度指标之一,在很大程度上决定着工件加工面的形位精度。

主轴的回转误差主要包括主轴的径向圆跳动、窜动和摆动。

造成主轴径向圆跳动的主要原因有轴径与轴孔圆度不高,轴承滚道的形状误差,轴与孔安装后不同心,滚动体误差等。

造成主轴轴向窜动的主要原因有推力轴承端面滚道的跳动、轴承间隙等。

造成主轴在转动过程中出现摆动的原因是前后轴承、前后轴承孔或前后轴径的不同心。

提高主轴旋转精度的方法主要有通过提高主轴组件的设计、制造和安装精度,采用高精度的轴承等。

2.主轴驱动与调速

(1)主轴闭环速度控制

主轴伺服驱动系统由主轴驱动单元、主轴电动机和检测主轴速度与位置的旋转编码器三部分组成,主要完成闭环速度控制。主轴驱动单元的闭环速度控制原理框图如图 7-3 所示。

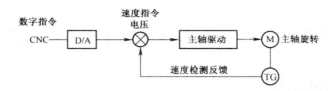

图 7-3　主轴闭环速度控制

在图 7-3 中，CNC 系统向主轴驱动单元发出速度指令，经过 D/A 变换，将 CNC 输出的数字指令值转变成速度指令电压和电流信号，将该指令与旋转编码器测出的实际速度相比较，比较值经主轴驱动模块处理，控制主轴电动机的旋转，完成主轴的速度闭环控制。旋转编码器 TG 可以在主轴外安装，也可以与主轴电动机做成一个整体。

（2）主轴驱动电动机

主轴驱动的调速电动机主要有直流电动机和交流电动机两大类。

主轴电动机要能输出大的功率，所以一般是他励式。直流电动机可采用改变电枢电压或改变励磁电流的方法实现无级调速。

现代交流电动机，采用矢量变换控制的方法，把交流电动机等效成直流电动机进行控制，可得到同样优良的调速性能。主轴交流电动机多采用鼠笼式异步电动机，鼠笼式异步电动机具有结构简单、价格便宜、运行可靠、维护方便等优点。

（3）主轴电动机驱动特性曲线

典型的主轴电动机驱动的工作特性曲线如图 7-4 所示。由于矢量变换控制的交流驱动具有与直流驱动相似的数学模型，可以用直流驱动的数学模型进行分析。

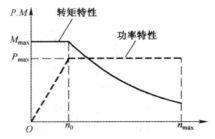

图 7-4　主轴电动机工作特征曲线

由曲线可见，主轴转速在基本速度 n_0 以左属于恒转矩调速。恒转矩调速区保持恒定的最大励磁电流，因此输出恒定的最大转矩。改变电枢电压调速，则输出功率随转速升高而增加，因此基速 n_0 以左称为恒转矩调速。

主轴转速在基本速度 n_0 以右属于恒功率调速。在恒功率调速区，所能输出的最大功率不变，因此称为恒功率调速。

（4）大中型数控机床分段无极调速

对于大中型数控机床主运动的控制系统，仅采用直流或交流电动机进行无级调速，主轴箱虽然得到大大简化，但其低速段输出转矩常常无法满足机床强力切削的要求。为扩大调速范围，适应低速大转矩的要求，也经常采用齿轮有级调速和电动机无级调速相结合的分段调速方式，以及其他的方法扩大调速范围。数控机床常采用 1～4 挡齿轮变速与无级调速相结合的方式，即分段无级变速方式。

如图 7-5 所示,带有变速齿轮的主传动,通过少数几对齿轮传动,扩大变速范围。数控系统自动控制不同齿轮对的啮合换挡。

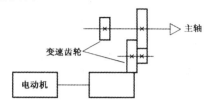

图 7-5　变速齿轮分段调速控制

图 7-6 所示为采用齿轮变速与不采用齿轮变速时主轴的输出特性。采用齿轮变速虽然低速的输出转矩增大,但降低了最高主轴转速。

FANUC Oi 数控系统使用 M41～M44 代码指令齿轮自动换挡的功能。例如,M41 对应的主轴最高转速为 1000r/min,M42 对应的主轴转速为 3500r/min,主轴电动机最高转速为 3500r/min。当 S 指令在 0～1000r/min 范围时,M41 对应的齿轮应啮合;当 S 指令在 1000～3500r/min 范围时,M42 对应的齿轮应啮合。

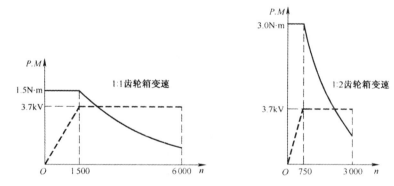

图 7-6　采用齿轮变速与不采用齿轮变速时主轴的输出特性

(5)不需要分段无级变速的传动

①带传动的主传动。对转速较高、变速范围不大的机床,电动机本身的调速就能够满足要求,电动机主轴和机床主轴间常用同步齿形带传动。它适用于高速、低转矩特性有要求的主轴,如图 7-7 所示。

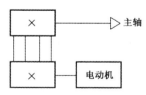

图 7-7　带传动的主传动

②内装电动机主轴传动结构。新式的内装电动机主轴,将主轴与电动机转子合为一体,电动机直接带动主轴旋转,如图 7-8 所示。主轴传动结构省去了电动机和主轴的传动件,主轴组件结构紧凑,有效地提高了主轴组件的刚度,但主轴输出扭矩小,用于变速范围不大的高速主轴。内装电动机最高转速可达 20000r/min,在主轴组件中配有主轴冷却装置。

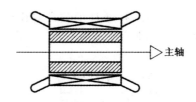

图 7-8   内装电动机主轴传动

（6）数控机床主轴的同步运行功能

数控机床主轴的转动与进给运动之间，没有机械方面的直接联系，在数控机床上加工螺纹时，要求主轴的转速与刀具的轴向进给保持一定的协调关系。

数控机床能加工各种螺纹，这是因为安装了与主轴同步运转的脉冲编码器，检查主轴转速，产生脉冲信号，反馈到 CNC，CNC 根据它控制主轴电动机的旋转与切削进给同步，从而实现螺纹的切削。主轴脉冲编码器与主轴的联系用来测量主轴旋向、角位移和角速度。

主轴脉冲编码器可通过一对齿轮或同步齿形带与主轴联系起来，主轴与编码器同步旋转。在图 7-9 中，通过同步带和同步带轮把主轴的旋转与脉冲编码器联系起来。

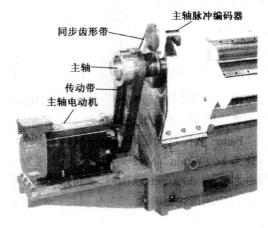

图 7-9   主轴脉冲编码器及传动

在主轴旋转过程中，与其相连的脉冲编码器不断发出脉冲送给数控装置，控制插补速度。根据插补计算结果，控制进给坐标轴伺服系统，使进给量与主轴转速保持所需的比例关系，实现主轴转动与进给运动相联系的同步运行，从而加工出所需的螺纹。通过改变主轴的旋转方向可以加工出左螺纹或右螺纹。

（7）主轴准停

主轴准停控制功能应用于自动换刀的数控铣镗类机床上，由于刀具装在主轴锥孔内，在切削时的切削转矩不能完全靠锥孔的摩擦力来传递，切削的转矩通常是通过刀柄上的键槽和主轴的端面键来传递（主轴前端设置一个凸键，称为端面键）。当刀具处于待换刀位置时，刀具刀柄的键槽总在某一固定位置，若要把刀具装入主轴，主轴在换刀时端面上的凸键必须与刀柄的键槽对准相配，即主轴也必须停止在某一固定角度的位置上，这就要求主轴具有准确定位于圆周上特定角度的功能。

另外，当在加工中心加工阶梯孔或精镗孔后退刀时，为防止刀具与小阶梯孔碰撞或拉毛已精加工的孔表面,必须先让刀、再退刀,而要让刀,此时装有刀具的主轴也必须具有准停功能。

(8)主轴刀具自动夹紧机构

如图 7-10 所示,在带有刀库的自动换刀数控机床中,为实现刀具在主轴上的自动装卸,其主轴必须设计有刀具的自动夹紧机构。

当数控系统发出装刀信号后,刀具则由机械手或其他方法装插入主轴孔后,刀柄在主轴孔内定位,数控系统随即发出刀具夹紧信号,拉杆前端的拉钩拉住刀柄拉钉,拉杆向后运动紧紧拉住刀柄,完成刀具在主轴孔定位夹紧。反之,如需要松开刀具时,数控系统发出松刀信号后,主轴拉杆向前运动,松开对刀柄的夹紧,拉钩放开刀柄后的拉钉,即可卸下用过的刀具。

另外,自动清除主轴孔中的切屑和灰尘是换刀时一个不容忽视的问题。通常采用在换刀的同时,从主轴内孔喷射压缩空气的方法来解决,以保证刀具准确地定位。

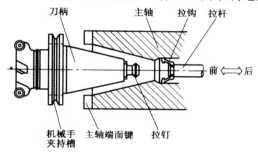

图 7-10　主轴刀具自动夹紧机构

7.2.2　数控机床进给运动控制

1. 进给控制概述

如果说 CNC 装置是数控机床的"大脑",是发布运动"命令"的指挥机构,那么,伺服驱动系统便是数控机床的"四肢",是执行机构。CNC 装置对进给运动的加工程序指令插补运算处理后,发来进给运动的命令,伺服驱动系统准确地执行进给运动的命令驱动机床的进给运动。

数控机床的进给伺服系统由伺服电路、伺服驱动装置、机械传动机构及执行部件组成。

进给伺服系统接收数控装置发出的进给速度和位移指令信号,由伺服驱动电路作一定的转换和放大后,驱动电动机旋转,随即使滚珠丝杠旋转,滚珠丝杠副将旋转运动转换成直线轴(滑台)运动。

机床有几个坐标,就应有几套进给系统,几个进给运动的执行部件按一定规律协调运动,合成加工程序指令的进给运动轨迹。

伺服控制系统性能是影响数控机床的进给运动精度、稳定性、可靠性和加工效率的重要因素。高性能的数控进给伺服系统,在很大程度上决定了机床的加工精度、表面质量和生产效率。数控进给伺服系统的性能取决于组成它的伺服驱动系统与机械传动机构中各环节的特性,也取决于进给系统中各环节性能、参数的合理匹配。

2. 进给伺服控制

(1)开环进给伺服控制

开环系统是最简单的进给系统,如图 7-11 所示,这种系统的伺服驱动装置主要是步进电动机等。由数控系统送出的进给指令脉冲,经驱动电路控制和功率放大后,使步进电动机转动,经传动装置驱动执行部件。

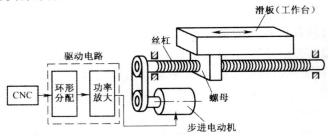

图 7-11　开环进给系统

由于步进电动机的角位移量和角速度分别与指令脉冲的数量和频率成正比,而且旋转方向决定于脉冲电流的通电顺序。指令脉冲的数量、频率以及通电顺序,与执行部件运动的位移量、速度和运动方向一一对应。因此,这种系统不需要对实际位移和速度进行测量,更无须将所测得的实际位置和速度反馈到系统的输入端与输入的指令位置和速度进行比较,故称之为开环系统。

开环系统的位移精度主要决定于步进电动机的角位移精度、齿轮丝杠等传动元件的节距精度,以及系统的摩擦阻尼特性,所以系统的位移精度较低。

开环进给系统的结构较简单,调试、维修、使用都很方便,工作可靠,成本低廉,在一般要求精度不太高的机床上得到广泛应用。现代数控机床大多改用了直流或交流伺服电动机的半闭环和闭环进给系统,图 7-12 所示为半闭环进给伺服系统,图 7-13 所示为全闭环进给伺服系统。

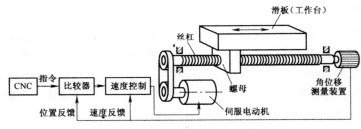

图 7-12　半闭环进给伺服系统

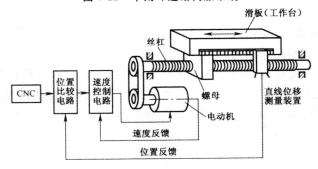

图 7-13　全闭环进给伺服系统

（2）闭环进给伺服控制

这类进给伺服驱动是按闭环反馈控制方式工作的,其驱动电动机可采用直流或交流同步电动机,并需要配置位置反馈和速度反馈,在加工中随时检测移动部件的实际位移量,并及时反馈给数控系统中的比较器,它与插补运算所得到的指令信号进行比较,其差值又作为伺服驱动的控制信号,进而带动位移部件以消除位移误差。

按位置反馈检测元件的安装部位和所使用的反馈装置的不同,闭环进给伺服控制又分为半闭环和全闭环两种控制方式。

①半闭环进给伺服系统。半闭环进给伺服系统具有检测和反馈系统。测量元件,如将脉冲编码器装在丝杠或伺服电动机的轴端部,通过测量元件检测丝杠或电动机的回转角。间接测出机床运动部件的位移,经反馈回路送回控制系统和伺服系统,并与控制指令值相比较。由于只对中间环节进行反馈控制,丝杠和螺母副部分还在控制环节之外,故称半闭环。对丝杠螺母副的机械误差,需要在数控装置中用间隙补偿和螺距误差补偿来减小。

②全闭环进给伺服系统。其位置反馈装置采用直线位移检测元件（目前一般采用光栅尺）,安装在工作台上,可直接测出工作台的实际位置。该系统将所有部分都包含在控制环之内,通过反馈可以消除从电动机到机床床鞍的整个机械传动链中的传动误差,从而得到很高的机床定位精度。但该系统结构较复杂,控制稳定性较难保证,成本高,调试维修困难。

3. 数控机床进给系统机械部分

图 7-14 所示为与数控机床进给系统有关的机械部分,一般由机械传动装置、导轨、工作台等组成。下面对主要的机械结构进行概述。

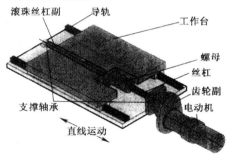

图 7-14　数控机床进给系统机械部分

（1）滚珠丝杠螺母副

数控机床的进给传动链中,滚珠丝杠螺母副将进给电动机的旋转运动转换为工作台或刀架的直线运动。如图 7-15 所示,滚珠丝杠螺母副是在丝杠和螺母之间以滚珠为滚动体的螺旋传动元件,当丝杠旋转时,滚珠在滚道内既自转又沿滚道循环转动。滚珠丝杠螺母副具有传动效率高、摩擦损失小、运动平稳、传动精度高等特点。滚珠丝杠螺母副通过适当预紧,可消除丝杠和螺母的螺纹间隙,提高刚度和定位精度。

（2）传动齿轮

齿轮传动在伺服进给系统中的作用是改变运动方向、降速、增大扭矩,适应不同丝杠螺距和不同脉冲当量的配比等。当在伺服电动机和丝杠之间安装齿轮时,啮合齿轮必然产生齿侧间隙,造成进给反向时丢失指令脉冲（即进给反向时的实际进给运动滞后于指令运动）,并产生反向死区,从而影响加工精度,因此,必须采取措施,设法消除齿轮传动中的间隙。

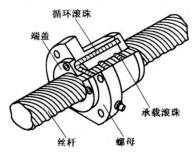

图 7-15 滚珠丝杠螺母副结构

(3)导轨

在机床中,导轨是用来支撑和引导运动部件沿着直线或圆周方向作准确运动。起支撑和导向作用。导轨是确定机床移动部件相对位置及其运动的基准,作为机床进给运动的导向件其形位精度和形位精度的保持能力与进给运动的精度有重要的关系,它的各项误差直接影响工件的加工精度。导轨应具有较高的形位精度,良好的耐磨性,足够的刚度,较小的摩擦系数,运动部件在导轨上低速移动时,不应发生"爬行"的现象。按导轨接合面的摩擦性质,导轨可分为滑动导轨、滚动导轨和静压导轨。图 7-16 所示为导轨接合面贴有塑料软带的滑动塑料导轨。

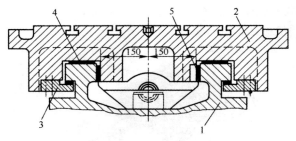

图 7-16 塑料导轨

1—床身;2—工作台;3—下压板;4—导轨软带;5—贴有导轨软带的镶条

(4)数控机床的工作台

工作台是数控机床伺服进给系统中的执行部件,由导轨支撑,并由伺服系统驱动沿导轨进给运动。立式数控机床和卧式数控机床工作台的结构形式各不相同。

立式机床工作台不需要作分度运动,其形状为长方形。工作台上一般有便于装夹用的 T 型槽,用于安放装夹装置,如台虎钳、夹具通过螺栓和螺母安装在工作台上。图 1-33 所示为带 T 型槽矩形工作台。

卧式机床工作台的台面形状通常为正方形。由于这种工作台经常要作分度运动或回转运动,而且它的回转、分度运动驱动机构一般装在工作台里,所以也称为分度工作台或回转工作台。有的工作台还能实现数控圆周进给运动。数控回转工作台不仅可以实现任意角度的分度,还可以在切削过程中作回转进给运动。

7.2.3　数控铣床/加工中心操作

1. 机床开、关电源与返回参考点操作

(1)机床开电源

机床开电源操作流程如下：

①检查 CNC 和机床外观是否正常。

②接通机床电器柜电源,按下"NC ON"按钮。

③检查 CRT 画面显示资料。

④如果 CRT 画面显示"EMG"报警画面,松开"急停"按钮,再按下 MDI 面板上的复位键数秒后机床将复位。

⑤检查风扇电动机是否旋转。

(2)机床电源关

①检查操作面板上的循环启动灯是否关闭。

②检查 CNC 机床的移动部件是否都已经停止。

③如有外部输入/输出设备接到机床上,先关闭外部设备的电源。

④按下"急停"按钮,再按下"NC OFF"按钮,然后再关机床电源,与打开电源流程相反。

(3)手动返回参考点操作

机床手动返回参考点操作流程如下。

①模式按钮选择"REF"。

②分别选择回参考点的轴("Z"、"X"、"Y"、"A"),选择快速移动倍率("F0"、"F25"、"F50"、"F100")。

③按下"返回参考点"按钮,相应轴返回参考点后,对应轴的返回参考点指示灯点亮。虽然数控铣床可三个轴同时回参考点,但为了确保在回参考点过程中刀具与机床的安全,数控铣床的回参考点一般先进行 Z 轴的回参考点,再进行 X 及 Y 轴的回参考点。FANUC 系统的回参考点一般为按"+"方向键回参考点,如按"—"方向键,则机床不会动作。但是大连机床厂家生产的 VDL—600E 数控加工中心却是按"—X"方向键回参考点,Y、Z 两轴是相应的按"+"方向键回参考点轴。

机床回参考点时,刀具离参考点不能太近,否则回参考点过程中会出现超程报警。

2. 手摇进给操作和手动进给操作

(1)在 MDI 方式下开动转速

①模式按钮选择"MDI",按下 MDI,按下功能按钮 FROG 键。

②在 MDI 面板上输入 M03 S1000,按下 EOB 键(含义后叙),再按下 INSERT 键。

③按下循环启动按钮"CYCLE START"。要使主轴停转,可按下 RESET 键。

进行上述操作后,在手摇"HANDLE"和手动"JOG"模式下,即可按下按钮"CW"使主轴正转。

(2)手摇进给操作

手摇操作的流程和手摇操作的坐标显示画面如图 7-17 所示,该显示画面中有 3 个坐标系,分别是机械坐标系、绝对坐标系(显示刀具在工件坐标系中的绝对值)和相对坐标系。

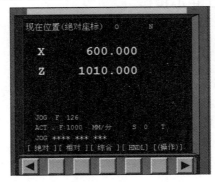

图 7-17　手摇操作的坐标显示画面

①模式按钮选择"HANDLE"。

②选择增量步长。

③选择刀具要移动的轴。

④旋转手摇脉冲发生器向相应的方向移动刀具。

(3)手动慢速进给

模式按钮选择"JOG",其余动作类似于手摇进给操作,操作步骤略。

(4)增量进给

模式按钮选择"JOG",其余动作类似于手摇进给操作,操作步骤略。

(5)手动快速进给

在手动快速进给过程中,若在按下方向键("＋"或"—")后同时按下方向键中间的快速移动键,即可使刀具沿指定方向快快速移动。

(6)超程解除

在手摇或手动进给过程中,由于进给方向错误,常会发生超行程报警现象,解除过程如下。

①模式按钮选择"HANDLE"。

②向超程的反方向进给刀具,退出超行程位置,再按下 MDI 面板上的复位键数秒后机床即可恢复正常。

手动进给操作时,进给方向一定不能搞错,这是数控机床操作的基本功。

3.手动或手摇对刀操作及设定工件坐标系操作

(1)XY 平面的对刀操作

①模式按钮选择"HANDLE",主轴上安装好刀具。

②按下主轴正转按钮"CW",主轴将之前设定的转速正转。

③按下 POS 键,再按下软键[综合],此时,机床屏幕出现 XY 平面内的对刀操作画面。

④选择相应的轴选择旋钮,摇动手摇脉冲发生器,使其接近 X 轴方向的一条侧边,降低手动进给倍率,使刀具慢慢接近工件侧边,正确找正左侧边处。记录屏幕显示画面中的机械坐标系的 X 值,设为 X_1(假设 $X_1 = -234.567$)。

⑤用同样的方法找正右侧边 B 点处,记录下尺寸 X_2 值(假设 $X_2 = -154.789$)。

⑥计算出工件坐标系的 X 值，$X = \dfrac{(X_1 + X_2)}{2}$。

⑦重复步骤④～⑥，用同样方法测量并计算出工件坐标系的 Y 值。

（2）Z 轴方向的对刀

①将主轴停转，手动换上切削用刀具。

②在"HANDLE"模式下选择相应的轴选择旋钮，摇动手摇脉冲发生器，使其在 Z 轴方向接近工件，降低手动进给倍率，使刀具与工件微微接触。记录下屏幕显示画面中机床坐标系的 Z 值，（假设 $Z = -161.123$）。

③如果是加工中心，同时使用多把刀具进行加工，则可重复上述步骤，分别测出各自不同的 Z 值。

4. 工件坐标系的设定

将工件坐标系设定在 G54 参数中，其设定过程如下：

①按下 MDI 功能键 OFFSET SETTING。

②按下屏幕下的软键［坐标系］。

③向下移动光标，到 G54 坐标系 X 处，输入前面计算出的 X 值，注意不要输入地址 X，按下 INPUT 键。

④将光标移到 G54 坐标系 Y 处，输入前面计算出的 Y 值，按下 INPUT 键。

⑤用同样的方法，将记录下的 Z 值输入 G54 坐标系。

记录坐标值时，请务必记录屏幕显示中的机械坐标值。工件坐标系设定完成后，再次手动返回参考点，进入坐标系［综合］显示画面，看一看各坐标系的坐标值与设定前有何区别。

在手摇切削进给过程中，要注意尽可能保持切削进给速度，即手摇速度的一致性。

以上切削操作也可采用手动切削进给（"JOG"）方式进行，为精确定位到某一点，在靠近该点处时，可选择增量进给方式进行进给。

5. 程序、程序段和程序字的输入与编辑

（1）程序编辑操作

1）建立一个新程序

①模式按钮选择"EDIT"

②按下 MDI 功能键 PROG。

③输入地址 O，输入程序号（如"O123"），按下 EOB 键。

④按下 INSERT 键即可完成新程序"O123"的插入。

2）调用内存中储存的程序

①模式按钮选择"EDIT"。

②按下 MDI 功能键 PROG，输入地址 O，输入要调用的程序号，如"O123"。

③按下光标向下移动键即可完成程序"O123"的调用。

3）删除程序

①模式按钮选择"EDIT"。

②按下 MDI 功能键 PROG，输入地址。，输入要删除的程序号，如"O123"。

③按下 DELETE 键即可完成单个程序"0123"的删除。

如果要删除内存储器中的所有程序,只要在输入"O—9999"后按下 DELETE 即可删除内存储器中所有程序。如果要删除指定范围内的程序,只要在输入"OAAAA,OBBBB"后按下 DELETE 键即可将内存储器中"OAAAA～OBBBB"范围内的所有程序删除。

(2)程序段操作

1)删除程序段

①模式按钮选择"EDIT"。

②用光标移动键检索或扫描到将要删除的程序段地址 N,按下 EOB 键。

③按下 DELETE 键,将当前光标所在的程序段删除。

如果要删除多个程序段,则用光标移动键检索或扫描到将要删除的程序段开始地址 N(如 N0010),输入地址 N 和最后一个程序段号(如 N1000),按下 DELETE 键,即可将 N0010～N1000 的所有程序段删除。

2)程序段的检索

程序段的检索功能主要使用在自动运行过程中。检索过程如下:

①模式按钮选择"AUTO"。

②按下 MDI 功能键 PROG,显示程序屏幕,输入地址 N 及要检索的程序段号,按下屏幕软键[N 检索]即可检索到需要的程序段。

(3)程序字操作

1)扫描程序字

模式按钮选择"EDIT",按下光标向左或向右移键,光标将在屏幕上向左或向右移动一个地址字。按下光标向上或向下移动键,光标将移动到上一个或下一个程序段的开头。按下 PAGE UP 键或 PAGE DOWN 键,光标将向前或向后翻页显示。

2)跳到程序开头

在"EDIT"模式下,按下 RESET 键即可使光标跳到程序开头。

3)插入一个程序字

在"EDIT"模式下,扫描要插入位置前的字,输入要插入的地址字和数据,按下 INSERT 键。

4)字的替换

在"EDIT"模式下,扫描到将要替换的字,输入要替换的地址字和数据,按下 ALTER 键。

5)字的删除

在"EDIT"模式下,扫描到将要删除的字,按下 DELETE 键。

6)输入过程中字的取消

在程序字符的输入过程中,如发现当前字符输入错误,则按下 CAN 键,即可删除当前输入的字符。程序、程序段和程序字的输入与编辑过程中出现的报警,可通过按 MDI 功能键 RESET 来消除。

6.数控程序的校验

(1)机床锁住校验

机床锁住校验操作步骤如下:

①按下 PROG 键,调用刚才输入的程序 O0010。

②模式按钮选择"AUTO",按下机床锁住按钮"MACHINE LOCK";

③按下软键[检视],使屏幕显示正在执行的程序及坐标。

④按下单步运行按钮"SINGLE BLOCK",进行机床锁住检查。

注意:在机床校验过程中,采用单步运行模式而非自动运行较为合适。

(2)机床空运行校验

机床空运行校验的操作流程与机床锁住校验流程相似,不同之处在于将流程中按下"MACHINE LOCK"按钮换成"DRY RUN"按钮。

注意:机床空运行校验轨迹与自动运行轨迹完全相同,而且刀具均以快速运行速度运行。因此,空运行前应将 G54 中设定的 Z 坐标抬高一定距离再进行空运行校验。

(3)采用图形显示功能校验

图形功能可以显示自动运行期间的刀具移动轨迹,操作者可通过观察屏幕显示出的轨迹来检查加工过程,显示的图形可以进行放大及复原。图形显示功能可以自动运行、机床锁住和空运行等模式下使用,其操作过程如下:

①模式按钮选择"AUTO"。

②在 MDI 面板上按下 CUSTOM GRAPH 键,按下屏幕显示软键[参数]。

③通过光标移动键将光标移动至所需设定参数处,输入数据后按下 INPUT 键,依次完成各项参数的设定。

④再次按 F 屏幕显不软键[图形]。

⑤按下循环启动"CYCLE START"按钮,机床开始移动,并在屏幕上绘出刀具的运动轨迹。

⑥在图形显示过程中,可进行放大/恢复图形的操作。

机床锁住校验过程中,如果出现程序格式错误,则机床将显示程序报警画面,并停止运行。因此,机床锁住主要校验程序格式的正确性。

机床空运行校验和图形显示校验主要用于校验程序轨迹的正确性。如果机床具有图形显示功能,则采用图形显示校验更加方便直观。

第 8 章　FANUC Oi 系统仿真操作

8.1　FANUC Oi 系统仿真界面

数控仿真系统是结合机床厂家实际加工制造经验与高校教学训练一体化所开发的一种机床控制虚拟仿真系统软件。所谓数控仿真,就是采用计算机图形学的手段对加工走刀和零件切削过程进行模拟,具有快速、仿真度高及成本低等优点。它在描绘加工路线的同时,还能提供错误信息的反馈,从而大大降低了废品的产生和误操作,同时又保护了人身与设备安全,因此,数控加工仿真软件目前在许多院校和企业得到了广泛应用。

在这里以上海宇龙软件工程有限公司的数控加工仿真软件为例,具体讲解 FANUC Oi 系统的数控车床操作方法。在后续内容里也会以该软件的操作界面为依据对机床操作的各部分功能进行详解。

8.1.1　仿真软件的启动方法

①选择"开始"→"程序"→"数控加工仿真系统"→"加密锁管理程序"命令。

②加密锁程序启动后,屏幕右下方工具栏中出现"加密锁管理程序"启动图标,此时重复上步操作,在最后弹出的菜单中选择"数控加工仿真系统"命令(此时也可以双击桌面上相应的快捷图标),系统弹出"用户登录"界面,如图 8-1 所示。

图 8-1　"用户登录"界面

③在"用户登录"界面中单击"快速登录"按钮,进入数控加工仿真系统。图 8-2 所示为大连机床厂数控车床 FANUC 系统界面,其它机床厂家类似。系统默认显示上次退出软件时候使用的机床界面。

注意:网络版软件的加密锁程序需在服务器上运行,而(客户端)学生机只需直接进入第二步操作即可进入。

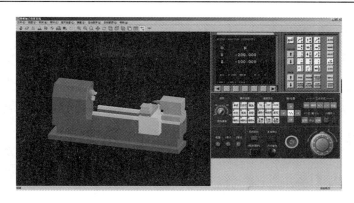

图 8-2　FANUC 系统默认界面

8.1.2　系统操作界面

系统操作界面分为标题栏、菜单栏、工具栏、工作区、操作面板 5 个区域。

1. 标题栏

栏题栏用于显示系统名称"宇龙数控加工仿真系统",如图 8-3 所示。

宇龙数控加工仿真软件

图 8-3　标题栏

2. 菜单栏

菜单栏由文件、视图、机床、零件、塞尺检查、测量、互动教学、系统管理和帮助等菜单组成,如图 8-4 所示。

文件(F)　视图(V)　机床(M)　零件(P)　塞尺检查(L)　测量(T)　互动教学(R)　系统管理(S)　帮助(H)

图 8-4　菜单栏

3. 工具栏

工具栏由一些常用的指令图标组成,如图 8-5 所示。只要将鼠标指针在其中某一图标上稍作停留,系统将自动显示该图标功能,此处不作详细介绍,用户在以后的使用中会逐渐熟悉和掌握其功能。

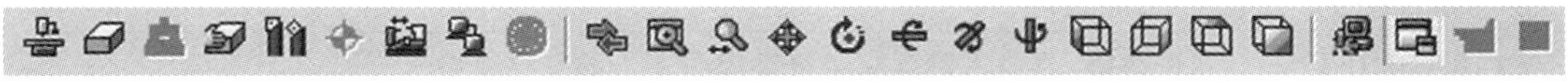

图 8-5　工具栏

4. 工作区

工作区中主要显示机床加工状态和加工模拟图形。

5. 操作面板

主要由显示器、输入区和控制面板组成,或者说由数控系统面板和机床操作面板组成。8.1.3FANUC Oi 系统操作面板简介 FANUC Oi 系统操作面板由 CRT/MDI 操作面板及用户操作面板两大部分组成,而 CRT/MDI 操作面板又由 CRT 显示器和 MDI 键盘构成,如图 8-6 所示。

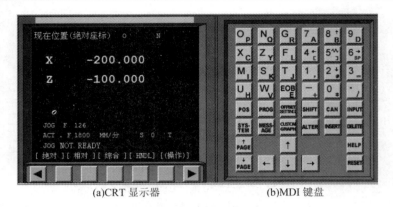

(a)CRT 显示器 　　　　　　　　　(b)MDI 键盘

图 8-6　CRT/MDI 操作面板

（1）CRT 显示器及软键区

CRT 显示器是人机对话的窗口，如图 8-6（a）所示，它可以显示机床的各种参数和状态，如机床参考点坐标、刀具起始点坐标、输入系统指令数据、刀具补偿量的数值、报警信息以及白诊断结果等。在 CRT 显示器的下方有软键操作区，共有 7 个软键，用于各种 CRT 画面的选择。

（2）MDI 键盘

MDI 键盘如图 8-6（b）所示。与表 7-1 相似，该键盘各功能键的作用如表 8-1 所示。

表 8-1　MDI 键盘各功能键作用

名　称	功　能
位置显示键（POS）	显示加工位置（坐标）画面
程序键（PROG）	数控程序字显示与编辑画面
参数输入页面（OFFSET SETTING）	按下该键进入坐标系设置页面，再按下该键进入刀具补偿参数页面。进入不同页面后，使用翻页键按钮切换
信息键（MESSAGE）	显示信息画面
图像显示键（CUSTOMGRAPH）	显示图形模拟画面
帮助键（HELP）	显示帮助信息画面
翻页键（PAGE）	上、下翻页键
上档键（SHIFT）	先按此键，再输入键盘双字符键中右下角的字符或符号
消除/退格键（CAN）	删除输入的最后一个字符或符号
输入键（INPUT）	将输入的内容输入到系统的存储单元中（INPUT）
插入键（INSERT）	用于程序编辑时输入字符
替换键（ALTER）	用于程序编辑时将当前输入的字与原程序中的光标所在字符替换
删除键（DELETE）	用于程序或程序编辑时删除光标所在位置的地址字
换行键（EOB）	插入回车符"；"，用于程序段结束并换行
光标移动键	向上/向下/向左/向右移动光标

（3）机床操作面板

机床操作面板主要由控制灯和操作键组成，如图 8-7 所示。其功能是对机床和操作系统的运行模式进行设置和监控，主要包括急停按钮、进给倍率旋钮、主轴倍率旋钮、启停按钮和手摇脉冲发生器等。

图 8-7　机床操作面板

8.2　FANUC Oi 系统操作方法

在熟悉了操作界面后，本节具体讲解仿真软件的操作方法，其中包括选择机床、定义毛坯、安装夹具、放置零件、刀具的选择以及对刀等。

1. 选择机床类型

选择“机床”→“选择机床”命令，系统弹出“选择机床”对话框，如图 8-8 所示，通过单击工具条上的图标也可打开该对话框。在“选择机床”对话框中，先在“控制系统”栏中选中“FANUC”单选按钮，再选择“FANUC Oi Mate”选项；然后在“机床类型”栏中选中“车床”单选按钮；厂家及型号选择“大连机床厂”选项；接着在“选择规格”下拉列表框中选择“前置刀架标准车床”选项；全部选择完成后单击“确定”按钮，此时的界面如图 8-9 所示。

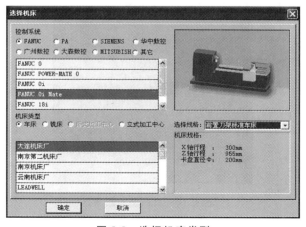

图 8-8　选择机床类型

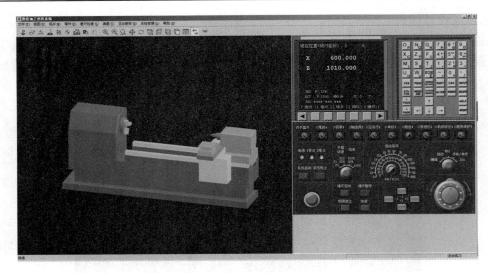

图 8-9   FANUC Oi Mate 系统界面

2. 激活机床

单击工具条上的"视图/控制面板切换"命令,即可显示整个机床操作面板。此时检查急停按钮是否松开状态,若未松开,则单击"急停"按钮将其松开。然后再单击操作面板上的"启动"按钮,则机床电源指示灯变亮,此时机床完成加工前的准备。

3. 机床回零

①单击"启动"按钮,机床电源指示灯变亮。

②检查"急停"按钮是否松开状态,若未松开,则单击"急停"按钮将其松开。

③检查操作面板上回原点指示灯是否亮,若指示灯亮,则已进入回原点模式;若指示灯不亮,则需单击"回零"按钮,转入回原点模式。

④在回原点模式下选择手动方式,先将 X 轴回原点,单击控制面板上的 X 轴负方向按钮,此时 X 轴将回原点,X 轴回原点灯变亮,CRT 上的 X 坐标变为"600.000"。同样,再单击 Z 轴方向移动按钮,此时 Z 轴将回原点,Z 轴回原点灯变亮。此时的 CRT 界面如图 8-10 所示。

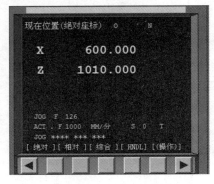

图 8-10   机床回零结束

4.定义毛坯

选择"零件"→"定义毛坯"命令或在工具条上单击"定义毛坯"图标,系统弹出"定义毛坯"对话框,如图 8-11 所示。

(1)名字输入

可以在"名字"文本框中输入毛坯名,也可以使用默认值。

(2)选择毛坯形状

可以在"形状"栏中选择毛坯形状(注:圆柱形为实心料;U 形为空心料)。

(3)选择毛坯材料

"材料"下拉列表框中提供了多种供加工的毛坯材料,用户可根据需要选择相应的毛坯材料(目前的版本暂不考虑不同材料对仿真的影响)。

图 8-11 "定义毛坯"对话框

(4)参数输入

尺寸输入框用于输入尺寸。圆柱形毛坯直径的范围为 10 ~ 130mm,长度为 10~900mm。

(5)保存退出

单击"确定"按钮,保存定义的毛坯并且退出本操作。

(6)取消退出

单击"取消"按钮,退出本操作,毛坯数据将不被保存。

5.放置零件

①选择"零件"→"放置零件"命令或在工具条上单击"选择零件"图标,系统弹出"选择零件"对话框,如图 8-12 所示。

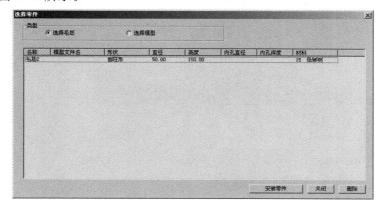

图 8-12 "选择零件"对话框

②在对话框的列表中单击选中所需的零件,单击"安装零件"按钮,系统将自动关闭对话框,同时零件也将被放置到机床上,如图 8-13 所示。

图 8-13 安装后的工作

③放置好零件之后,可以直接使用"位置调整工具箱"调整它的位置,此时也可以使用"零件"→"移动零件"命令打开"位置调整工具箱"来调整零件的位置。"位置调整工具箱"如图 8-14 所示。

图 8-14 "位置调整工具箱"

6. 刀具安装

选择"机床"→"选择刀具"命令或在工具条中单击"刀具选择"按钮,系统弹出"刀具选择"对话框,如图 8-15 所示。系统中平床身前置刀架数控车床的刀架上允许同时安装 4 把刀具,斜床身后置刀架数控车床允许同时安装 8 把刀具,尾座上可以安装一把钻头。

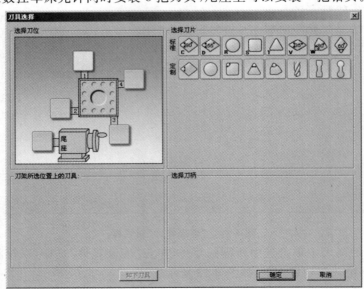

图 8-15 "刀具选择"对话框

（1）选择车刀

①在"刀具选择"对话框左上角"选择刀位"栏的编号 1～4 中（斜床身后置刀架数控车仅允许 1～8）选择所需的刀位号，这里所说的刀位号即为刀具在车床刀架上的位置编号。注意：被选中的刀位编号的背景颜色变为黄色。

②在"选择刀片"栏中选择所需的刀片（选择刀片形状及刀尖角）后，系统会自动弹出"刀具列表"对话框。

③在"刀具列表"对话框中根据加工需要并结合刀刃长度和刀尖半径选择刀具名称。

④选择刀柄。指定加工方式，可选择外圆加工或内圆加工，同时在弹出的列表中选择刀具主偏角的大小。

⑤当刀片和刀柄都选择完毕，刀具被确定且输入到所选的刀位中后，在对话框左下角"刀架所选位置上的刀具"栏中会显示刀具形状、刀具长度和刀尖半径参数，如图 8-16 所示。

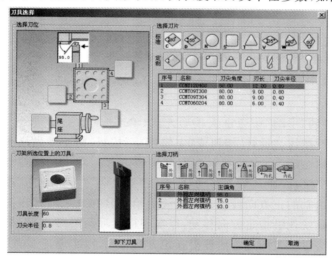

图 8-16　刀具选择及修改结束

（2）刀尖半径修改

允许操作者修改刀尖半径，刀尖半径范围为 0～10mm。

（3）刀具长度修改

允许操作者修改刀具长度。刀具长度是指从刀尖开始到刀架的距离，其范围为 60～300mm。

（4）输入钻头直径

当在刀片中单击"钻头标志"时，系统会弹出钻头参数列表，这时可以从列表中选择钻头的长度和直径。一般来说，钻头直径的范围为 0～100mm，如图 8-17 所示。

（5）删除当前刀具

当前选中的刀位号中的刀具可通过"卸下刀具"键删除。

（6）确认选刀

选择完刀具后，完成刀尖半径（钻头直径）；刀具长度修改后，完成选刀，刀具按所选刀位安装在刀架上，单击"确定"按钮退出选刀操作。

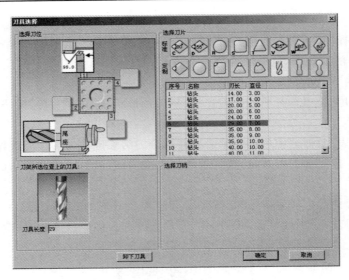

图 8-17　钻头参数列表

7.手动及点动操作

（1）手动操作

单击操作面板中的"手动"按钮进入手动方式；单击"主轴手动"按钮，使主轴手动按钮灯亮，再单击"主轴正转"按钮、"反转"按钮或"主轴停止"按钮，则主轴做出相应的反映。在手动方式下，确定回零按钮已经弹起"回零"（即回零按钮灯灭），单击图圈按钮，选择 X 轴为移动轴；单击"Z 轴方向"按钮，选择 Z 轴为移动轴；单击"Z 方向""X 轴方向"按钮其中任意一个不松，则机床在当前进给轴的正方向或负方向连续进给。若在此之前单击操控板上的"移动"按钮，则机床会使选定轴快速沿指定方向移动，以实现机床远距离移动；若未单击"快速"按钮，重复以上操作，则机床会以正常的进给速度沿指定方向移动，以实现正常的手动切削。

（2）点动操作

单击操作面板中的"手摇"按钮，使手轮激活，如图 8-18 所示。"步距选择"按钮共有 3 档，分别为×1、×10、×100 档，依次表示最小移动步距为 0.001mm、0.01mm 和 0.1mm；使用"轴选择"键可在 X 与 Z 轴之间进行切换，在选择了相应的移动轴和移动步距后，此时如果用鼠标点击手轮操作板中的手轮，即用鼠标左键单击或按住左键不松，则刀具会以所选的步距向所选定的轴的负方向移动一个步距或连续移动直至鼠标松开，至此才停止移动。需要注意的是，如果用鼠标右键进行上述操作，则刀具向正方向移动。

图 8-18　手轮操作板

（3）更换刀具

在 FANUC Oi 仿真系统中没有提供手动换刀功能，如果由于加工需要将另一把刀具调至当前位置，可以采用 MDI 方式进行调用，具体操作如下：

按"MDI方式"键使其灯亮，按"PROG"键显示程序画面，进入 MDI 程序编辑界面，如图 8-19 所示。输入相应的刀具号和刀补号后按回车键"EOBE"（如 T0202;），再按插入键"IN-

SERT",然后按光标移动键,使光标移至程序头 O0000 处,最后按循环启动键,完成刀具更换操作。

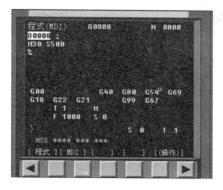

图 8-19　MDI 方式程序编辑界面

8. 对刀

(1)X 轴对刀

单击操作面板上的手动按钮,确定回零按钮已经弹起"回零"按钮,机床进入手动操作模式,然后单击控制面板上的"X 轴方向"按钮,使机床在 X 轴方向移动;同样,若单击"Z 轴方向"按钮,则使机床在 Z 轴方向移动。通过手动方式将刀具移到大致接近工件位置,单击操作面板上的"正转"或"反转"按钮,使其指示灯变亮,控制主轴转动,再单击 Z 轴方向移动按钮,用所选刀具试切一段工件外圆,车削完毕后,单击"Z 轴正方向"按钮,沿 Z 轴方向将刀具退出(注意:X 轴方向不可移动),然后单击"停止"按钮停车,测量出车削后外圆直径并作记录(如60.12)。

(2)车削外圆

①按下 MDI 键盘中的"OFFSET SETTING"键,进入刀偏设置界面,如图 8-20 所示。按下该界面下方的"形状"软键,进入形状补偿参数设定界面,如图 8-21 所示。

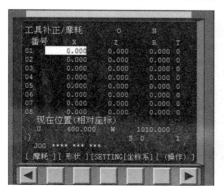

图 8-20　刀偏设置界面

图 8-21　形状补偿参数设定界面

②移动光标至指定的刀补号。

③输入 X60.12(测量的工件外圆直径)。

④按下图 8-21 下方的"操作"软键,进入操作菜单,如图 8-22 所示。按下"测量"软键,系

统将自动计算出 X 方向的刀补值。至此即完成了 X 轴的对刀。

图 8-22　软键操作菜单

（3）Z 轴对刀

用手动方式车工件端面，并将刀具沿 X 方向将刀具退出（注意：Z 轴方向不可移动），在形状参数设定界面中输入 $Z0$，然后按下图 8-22 中的"测量"软键，系统将自动计算出 Z 方向的刀补值。至此即完成了 Z 轴的对刀。

同理，设定其他的刀具补偿参数，完成其他刀具的对刀操作。

9. MDA 方式检验刀具

（1）试切零件外圆

①定义毛坯并装夹工件（工件 $\varphi50\times200$）。

②在 1 号刀位安装 93°偏刀并将刀尖圆弧半径设为 0。

③试切削对刀。

（2）MDA 方式检验

①将加工方式转为 MDA 方式，按 MDI 方式键，然后按程序键（PROG）显示程序画面，进入如图 8-21 所示的 MDI 方式程序编辑界面。

②输入"T0101（调用 1 号刀具 1 号刀补）按回车键"EOB"（；），再按插入键"INSERT"；继续输入"M03S500（机床正转 500r/min）按回车键"EOB"（；），再按插入键"INSERT"；再输入"G00X0Z0（刀尖移动到零件端面中心点）按回车键"EOBE"（；），如图 8-23 所示。按光标移动键，使光标移至程序头 O0000 处，再按循环启动键，观察机床运行情况，执行完成后，刀具应停留在工件端面中心，即工件坐标系原点。

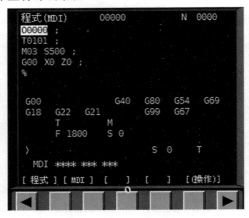

图 8-23　MDA 方式检验

③试切削验证对刀的准确性。重新设置工件为 $\varphi50\times200$ 并装夹，采用试切法对刀，然后在 MDA 模式下输入、执行下列数控指令。

　T0101；

M03 S600；

G00 X52. Z10. ；

Z2. ；

X45. ；

G01 Z－50. F0.3；

X52. ；

G00 Z100. ；

M05；

全部执行完成后，使用菜单栏的"测量"工具测量被切削处的直径是否为 $\varphi 45$，如有误差，则需重新对刀。

（3）多把刀对刀及 MDA 方式检验

下面以两把刀对刀为例进行讲解（两把以上的刀的对刀方法类似）。

①当第一把刀对刀完成后，MDI 方式换第二把刀具。

②X 向对刀。

· 在加工余量允许的情况下，可以继续使用试切法进行 X 轴的对刀操作，当加工余量较小时，也可进行如下操作：先将该把刀的刀尖移动到刚刚车削过的外圆附近但不能接触到工件外圆，打开切屑显示，使用点动方式移动 X 轴，通过调整点动步距的大小（步距越小，对刀精度越高），并密切注视切屑的飞出情况，当第一块切屑飞出时，表明刀尖已经接触到工件外圆，此时，将刀具沿 Z 方向退刀。

· 在形状参数设定界面中（如图 8-21 所示）移动光标至指定的刀补号。

· 在形状参数设定界面输入 XX1（X1 为试车后测量的外圆直径或第一把刀对刀时输入的 X 值），然后按下图 8-22 中的"测量"软键，系统将自动计算出 X 方向的刀补值。至此即完成了 X 向的对刀操作。

③Z 向对刀。

· 将刀具移到工件端面附近，但不能接触到工件端面，打开切屑显示，使用点动方式移动 Z 轴，通过调整点动步距的大小（步距越小，对刀精度越高），并密切注视切屑的飞出情况，当第一块切屑飞出时，表明刀尖已经接触到工件端面，将刀具沿 X 方向退出。

· 在形状参数设定界面输入 Z0，按下图 8-22 中的"测量"软键，系统将自动计算出 Z 方向的刀补值。至此即完成了 Z 轴的对刀。

依次用相同的方法完成其余各刀具的对刀操作。螺纹车刀在 Z 向对刀时，由于一般螺纹的长度方向要求不高，加之很难将螺纹车刀的刀尖和工件的端面对齐，所以一般都采用目测法进行螺纹车刀的 Z 向对刀。

对刀完毕后，最后只需按上述步骤用 MDA 方式检验即可。

8.3　仿真程序的处理

8.3.1　新建一个程序

单击操作面板上的"编辑"按钮,此时已进入编辑状态。按 MDI 键盘上的"PROG"键,CRT 界面转入编辑页面。利用 MDI 键盘输入"O×"(×为程序编号,但不可以与已有程序编号的重复)按"INSERT"键,CRT 界面上显示一个空程序,可以通过 MDI 键盘开始程序输入。输入一段代码后,按"INSERT"键输入域中的内容显示在 CRT 界面上,然后使用回车键"EOBE"结束一行的输入后换行。

8.3.2　数控程序的管理

1.导入数控程序

单击操作面板上的"编辑"按钮,此时已进入编辑状态。按 MDI 键盘上的"PROG"键,CRT 界面转入编辑页面。再按"操作"软键,在出现的下级子菜单中按"开始"键,出现"F 检索"软键,按此软键,在弹出的对话框中选择所需的 NC 程序(如 O301)。单击"打开"按钮确认。在同一菜单级中,按"READ"软键"读入",再按 MDI 键盘上的数字/字母键,输入 O×××××(×为任意数字),按"EXEC"软键"执行",则所选择的程序(如 O301)将显示在 CRT 界面上。

2.选择一个数控程序

按 MDI 键盘上的"PROG"键,CRT 界面转入编辑页面。利用 MDI 键盘输入"0×"(×为数控程序目录中显示的程序号),开始搜索,若搜索到,则"O×××××"将显示在屏幕首行程序编号位置,NC 程序显示在屏幕上。

3.删除一个程序

单击操作面板上的"编辑"按钮,此时已进入编辑状态。利用 MDI 键盘输入"O×"(×为要删除的数控程序在目录中显示的程序号),按"DELETE"键,程序即可被删除。

4.删除全部数控程序

单击操作面板上的"编辑"按钮,此时已进入编辑状态。按 MDI 键盘上的"PROG"键,CRT 界面转入编辑页面。利用 MDI 键盘输入"0-9999",按"DELETE"键,全部数控程序即可被删除。

5.编辑程序

单击操作面板上的"编辑"按钮,此时已进入编辑状态。按 MDI 键盘上的"PROG"键,CRT 界面转入编辑页面。当选定了一个数控程序后,此程序即被显示在 CRT 界面上,可对数控程序进行编辑操作。

6.插入字符

将光标移到需要插入字符的位置,按 MDI 键盘上的数字/字母键,将代码输入到输入域中,按"INSERT"键,把输入域的内容插入到光标所在代码的后面。

7.删除输入域中的数据

按"CAN"键用于删除输入域中的数据。

8.删除字符

将光标移到需要删除字符的位置,按"DELETE"键,即可删除光标所在的代码。

9.查找

输入需要搜索的字母或代码,然后开始在当前数控程序中光标所在位置后搜索(此时的代码可以是一个字母或一个完整的代码,如"N0010"、"M"等)。如果此数控程序中有所搜索的代码,则光标将会停留在找到的代码处;如果此数控程序中光标所在位置后没有所搜索的代码,则光标将会停留在原处。

10.替换

首先将光标移到所需替换字符的位置,然后将替换的字符通过 MDI 键盘输入到输入域中,按"ALTER"键,即可将输入域的内容替代光标所在的代码。

11.自动加工方式

(1)自动加工步骤

①检查机床是否机床回零。若未回零,则先将机床回零。

②定义并安装毛坯。

③定义所用刀具并对刀。

④选择加工程序。

⑤检查"自动运行"按钮是否被按下,此时必须选择"自动运行"方式。

⑥单击操作面板上的"循环启动"按钮,程序开始执行。

(2)中断运行

数控程序在运行过程中可根据需要进行暂停、停止、急停和重新运行等操作,即按"循环保持"键,程序暂停执行,再按"循环启动"键,程序从暂停位置开始执行;按"复位"键,程序停止执行,再按"循环启动"键,程序从开头重新执行。

数控程序在运行时,单击"急停"按钮,数控程序中断运行,若想使该程序继续运行,则需松开"急停"按钮,然后再单击"循环启动"按钮,余下的数控程序即可从中断行开始作为一个独立的程序重新运行。

(3)自动/单段方式

在选择了自动加工模式的同时,无论是在执行程序之前还是在程序运行过程中,只需单击操作面板上的"单段执行"按钮,即可进入单段执行状态,此时系统每执行完一个程序段,程序即停止运行,直到再次单击"循环启动"按钮时再运行下一段程序,每单击一次"循环启动"按钮,程序即执行一段。

需要注意的是,单击"单节跳过"按钮使其灯亮,则程序运行时跳过符号(/)有效,该行成为注释行,不执行。可以通过"主轴倍率"按钮和"进给倍率"旋钮来调节主轴旋转的速度和进给的速度。

（4）检查运行轨迹

在工具栏上单击"切换轨迹显示"，切换到加工轨迹显示界面。单击操作面板上的"自动运行"按钮，使其指示灯变亮，转入自动加工模式。按 MDI 键盘上的"PROG"键，再按数字/字母键，输入"O×"（×为所需要检查运行轨迹的数控程序号），开始搜索，找到后，程序显示在 CRT 界面上。进入检查运行轨迹模式，单击操作面板上的"循环启动"按钮，即可观察所选程序的运行轨迹。此时也可通过"视图"菜单中的动态旋转、动态放缩和动态平移等功能菜单对三维运行轨迹进行全方位的动态观察。

12. 工件测量

当加工完成后，先退回刀具，使刀具离开工件，然后单击"系统停止"按钮或者"复位"（RESET）按钮停车。在菜单栏选择"测量"—"剖面图测量……"命令，系统会弹出选择提示对话框，如图 8-24 所示。用鼠标直接点击需要测量的部位，则相应的尺寸会在图形中直接显示，同时在数据栏中会以蓝色加重显示其相应的测量数据信息。测量完成后，单击"退出"按钮，退出测量。

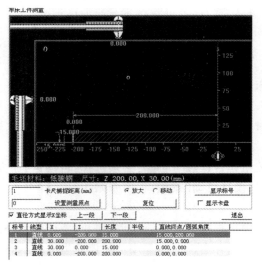

图 8-24　测量界面

第9章　Mastercam X2 数控车削实训

9.1　Mastercam X2 车削加工模块简介

Mastercam X2 软件是当今著名的 CAD/CAM 软件,其强大的 CAM 功能为业内众多的专业工程师所公认,目前该软件广泛应用于机械、电子、模具、汽车和航空航天等行业中。Mastercam X2 是 Mastercam 的较新版本,其界面友好易用,对操作者的要求不高,更容易被推广,使用 Mastercam X2 编制数控程序效率非常高,可适用于各种 CNC 机床。

Mastercam X2 是美国 CNC 软件公司开发的基于 PC 平台的 CAD/CAM 系统,包括美国在内的各工业大国大多采用该系统作为设计、加工制造的标准。该软件对硬件要求不高,操作灵活,易学易用并具有良好的性能价格比,因而深受广大企业用户和工程技术人员的欢迎,广泛应用于机械加工、模具制造、汽车工业和航天工业等领域。

Mastercam 软件包括设计(CAD)与制造(CAM)两大部分,其中 CAM 又包括铣削(Mill)模块、车削(Lathe)模块,雕刻(Art)模块和线切割(Wire)模块。每种加工模块都有其加工特点,所加工出来的形状都不尽相同。

1. Mastercam Design(设计)

Mastercam Design 包括二维绘图功能、曲面功能、实体功能和编辑功能,通过这些功能可以设计出复杂的二维和三维产品模型,而且还可以进行模具设计。Mastercam X 对实体功能进行全面修改,功能更加强大,更易于操作和直观。如读取实体时,可选择是否修复有瑕疵的实体,还可以将曲面转成开放的薄片实体或封闭的实体主体。

2. Mastercam Mill(铣削)

Mill 是专为数控铣床和加工中心(CNC)而开发的铣床加工模块。其强大的铣床加工处理引擎,能够让数控编程员针对各种复杂曲面和实体模型顺畅产生加工的刀具路径,并能直接产生驱动 CNC 机床的通用 G 代码程序,用以控制 CNC 机床的自动加工。

Mastercam Mill 拥有多重曲面的粗、精加工,自动清根及去除残料,2~5 轴的联轴加工等多种加工方式,可以将 CNC 机床的功能淋漓尽致地发挥出来。Mastercam Mill 还内置了 HSM(High−Speed Machining)高速机械加工模块,紧跟现代机械加工技术发展潮流。

3. Mastercam Lathe(车削)

Mastercam Lathe 专门针对 CNC 车床和 CNC 车削中心而开发,具有强大的车削制造能力。在使用了 Mastercam Lathe 后会发现,以前感到棘手的复杂零件的加工,现在处理起来是如此简单。Mastercam Lathe 能够将 CNC 车床和 CNC 车削中心的加工效率提升至最高,使 CNC 车床和 CNC 车削中心产生最大的经济效益。

Mastercam Lathe 拥有粗车、精车、钻孔、螺纹、圆弧各种功能,以及各式切削循环指令,使

CNC 车床始终在最佳状态下工作。实体切削仿真模拟功能能迅速排除加工中出现的失误。刀具管理器可以快速选择适合的加工刀具。还有强劲的 C 轴加工功能,从而使复杂的编程工作变得非常简单。

4. Mastercam Art(雕刻)

Art 是 Artistic Relief Technology 的缩写,它能根据简单的二维艺术图形,快速生成复杂雕刻曲面。这项工作如果使用曲面造型来做,需要数周的时间才能完成,而现在用 Mastercam Art 只需几分钟。

另外,使用传统的曲面造型技术构造三维艺术模型时非常繁琐。而使用 Mastercam Art 就非常方便了,可以在屏幕上快速地"雕刻"出三维艺术模型,并随心所欲地修改它,直至满意为止。Art 还提供了很多可视化工具和实时的图形编辑手段,如通过设定尺寸修改模型形状,或通过非尺寸的参数输入来修改形状等。

5. Mastercam Wire(线切割)

Mastercam Wire 为编程员提供了一个强大的线切割编程方案,无论多么复杂的零件都非常容易完成其加工程序的编制。内置的齿轮生成功能只需输入几个必要的数据,就能生成各种标准齿轮,大大减轻了标准零件编程计算的负担。Mastercam Wire 还拥有支持镭射(Laser)加工机床功能,及针对 4 轴上、下面异形零件的线切割加工功能,可以说是数控线切割加工机床的最佳编程伙伴。

9.2　Mastercam X2 加工流程

Mastercam X2 是一个集 CAD/CAM 功能于一体的软件,其软件可针对加工图形进行数控加工刀位的自动计算,解决了手工编程中人工计算刀位点不够精确的困难。采用 Mastercam 车床可以进行多种车削加工,包括端面车削、轮廓车削、切槽、钻孔、镗孔、车螺纹、攻丝、倒角、切断和滚花等,在车削中心还执行部分铣削加工。Mastercam 车床加工与铣床加工流程相同,在采用车床加工系统的各种方法生成刀具路径之前,需要先进行工件、刀具和材料的设置;在生成刀具路径之后,还可以采用加工操作管理器进行刀具路径编辑、刀具路径模拟、加工模拟和后置处理等。加工流程如图 9-1 所示。

1. CAD 零件设计

三维零件设计是数控编程的前提,即只有预先绘制好被加工的三维模型,Mastercam X2 才能根据三维模型及加工要求对零件进行相关的刀具参数和加工参数进行设置。一般获得 CAD 零件模型的方法有以下两种方法:

①利用 Mastercam 软件的实体和曲面功能进行 CAD 造型设计或直接打开以前已经设计好的 Mastercam 文件。

②若模型文件是利用其他 CAD 软件设计的,如 Pro/E、UG、CATIA、CAXA、AutoCAD 和 SolidWorks 等,则需首先通过 Mastercam 的图形转换功能,然后才能读取其他 CAD 文档。例如,转换格式有 DXF、DWG、IGES、VDA 和 SolidWorks 等,可将文件转换为 Mastercam 专用的 *.mcx 格式。

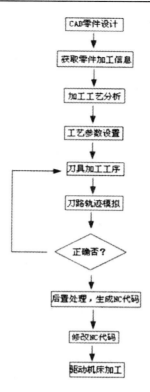

图 9-1　加工流程

2. 加工工艺分析

加工工艺分析是数控加工程序编制工作中较为复杂而又非常重要的环节,是数控加工前期的准备工作。数控机床的运动过程、零件的工艺过程、刀具的形状、切削用量和走刀路线的合理设置决定着数控加工的效率和质量。

(1)数控加工对象与加工区域分析

数控加工前应分析哪些部位适合用数控加工,以及适合在哪种数控机床上加工,除按常规分析如零件的材料、形状、尺寸、精度、表面粗糙度及工件形状、热处理等要求外,还应根据数控编程的加工特点来考虑,总之,最终目标应有利于保证零件加工的质量,提高生产效率,降低成本等。

(2)加工工艺路线分析与确定

工艺路线的确定是工艺分析中极为重要的工作,它是编制程序的依据,是刀具相对于工件的运动轨迹及方向,因此,要合理确定进给路线,以便于编制程序。

在确定进给路线时要充分考虑零件被加工表面的精度、表面质量、表面形状,零件材料的钢度、切削余量,机床的类型、精度以及刀具的精度等,同时也要考虑被加工表面与夹具的空间关系,以防碰撞。合理的进给路线应能保证零件的加工精度、表面质量、数值计算要简单、程序段少,进给路线短、空行程少等。

3. 工艺参数设置

工艺参数主要包括加工对象、切削方式、刀具参数和工程序参数。它是 CAM 软件进.行数控编程的主要设置内容,决定着数控程序的生成质量。

①加工对象是编程人员选择的加工几何体、加工区域和毛坯几何体等。

②切削方式是编程人员根据加工几何体或加工区域指定的刀轨类型。

③刀具参数是编程人员根据加工几何体或加工区域的加工工序选择的加工刀具,包括刀具类型、刀具号、刀具材料和切削速度等。

④加工程序参数是 CAM 软件中最重要的参数,包括切削用量、加工余量、安全高度和进退刀等。

4. 刀具轨迹模拟及实体验证

为了验证编制的刀具轨迹是否正确,可对零件进行模拟加工,模拟加工又包括刀具轨迹模拟和实体切削验证两种。通过刀具轨迹模拟和实体切削验证可以找出错误的刀具轨迹,然后进行修改,从而及早发现错误,减少损失。

①刀具轨迹模拟主要通过手动控制或自动控制刀具轨迹的运动,观察坐标点的变化来验证刀具路径是否正确。

②实体切削验证是为了进一步验证刀具路径是否正确。通过实体模拟来检查刀具路。径是否有过切、欠切或干涉等现象,并加以改善。'

5. NC 后置处理

后置处理就是将编制的刀位数据文件转换成适合特定数控机床的数控加工程序,其主要针对数控程序的格式,如程序段号、程序大小、数据格式和编程方式等进行设置。转换后的后置处理文件可以通过传输软件传输到数控机床的控制器上,然后由控制器按程序语句来驱动机床自动加工。

9.3 Mastercam X2 的用户界面及基本操作

9.3.1 Mastercam X2 基本界面

在桌面上双击 Mastercam X2 图标或依次选择"开始"→"程序"→"Mastercam X2"文件夹→"Mastercam X2"命令,进入 Mastercam X2 欢迎界面如图 9-2 所示。

图 9-2 Mastercam X 欢迎界面

系统进入欢迎界面后,等待软件初始化,然后进入 Mastercam X2 软件界面,如图 9-3 所示。其显示界面形式和 Windows 其他应用软件相似,充分体现了 Mastercam X2 系统用户界面友好、易学易用的特点。

图 9-3　Mastercam X2 软件界面

1. 标题栏

Mastercam X2 系统显示界面的顶部是"标题栏",它显示了软件的名称、当前使用的模块、当前打开文件的路径及文件名称。

2. 菜单栏

标题栏下面是"菜单栏",它包含了 Mastercam X2 系统的所有菜单命令,通过选择菜单栏的功能可以完成图形设计、程序设计等各项操作。内容包括文件、编辑、视图、分析、绘图、实体、转换、机床类型、刀具路径、屏幕、浮雕、设置、帮助菜单等,如图 9-4 所示。

图 9-4　菜单栏

3. 常用工具栏

常用工具栏是将菜单栏中的使用命令以图标的形式来表达,方便用户快捷选取所需要的命令。如图 9-5 所示。

文件(F)　编辑(E)　视图(V)　分析(A)　C 绘图　实体(S)　X 转换　机床类型(M)　T 刀具路径　E 屏幕　A 浮雕　I 设置　H 帮助

图 9-5　常用工具栏

Mastercam X2 系统除了采用新的模块调用方式外,在操作命令的调用流程上也进行了大的改进,其中最主要的是将以前的多个子命令集中到一个命令来执行,而子命令的调用通过操作栏中的按钮来执行。如将以前的水平线、垂直线、连续线、极坐标线及切线命令都集中到绘任意线命令下面,水平线、垂直线、连续线、极坐标线及切线命令可通过操作栏中的按钮来执行。

4. 坐标输入及捕捉栏

工具栏下面就是坐标输入及捕捉栏,它主要起坐标输入及绘图捕捉的功能,如图 9-6 所示。

图 9-6　坐标输入及捕捉栏

5.操作栏

操作栏是子命令选择、选项设置及人机对话的主要区域,在未选择任何命令时操作栏处于屏蔽状态,而选择命令后将显示该命令的所有选项,并给出相应的提示。操作栏的显示内容根据所选命令的不同而不同,如图 9-7 所示。

图 9-7　操作栏

6.最近使用过命令栏(操作命令记录栏)

在显示界面的右侧是最近使用过命令栏,用户在操作过程中最近使用过的 10 个命令会逐一记录在此操作栏中,用户可以直接从最近使用过命令栏中选择要重复使用的命令,提高了选择命令的效率。

7.绘图区

在 Mastercam X2 系统显示界面上,最大的空白区域是绘图区。绘图区的左下角显示了Mastercam X2 系统当前的坐标系、当前所设置的视图"Gview"、坐标系类型"WCS"和构图面"Cplane",在绘图区内单击鼠标右键,系统将弹出菜单,利用弹出菜单,用户可以快速进行视图显示缩放的操作,而选择"自动抓点"命令可以设置绘图时系统自动捕捉点的类型。

8.状态栏

状态栏显示了当前所设置的颜色、点类型、线型、线宽、图层、2D3D 及 Z 深度等的状态,选择状态栏中的选项可以进行相应的状态设置。

9.刀具路径管理器/实体管理器/浮雕造型管理器

Mastercam X2 系统将刀具路径管理器、实体管理器和浮雕造型管理器集中在一起,并显示在主界面上,充分体现了新版本对加工操作和实体设计的高度重视,事实上两者也是整个系统的核心所在。刀具路径管理器能对已经产生的刀具参数进行修改,如重新选择刀具大小及形式、修改主轴转速及进给率等,而实体管理器则能修改实体尺寸、属性及重排实体建构顺序等,这在实体设计广泛应用的今天显得尤为重要。图 9-8 所示为刀具路径管理器。

图 9-8　刀具路径管理器

9.3.2　文件操作

1.新建文件

每次启动 Mastercam X2 软件后,系统默认进入设计模块,想新建文件,单击工具栏中的"新建文件"按钮或点选菜单栏中的"文件"→"新建文件",系统弹出提示对话框,根据需求选择"是"或"否",系统进入新的文件界面,文件名的默认后缀名为.mcx。

2.打开文件

点选工具栏的"打开文件"按钮或点选菜单栏中的"文件"→"打开文件",系统弹出对话框如图 9-9 所示,单击对话框中的"预览"按钮,可在文件列表窗中预览模型。在"文件类型"列表中选择相应的文件类型,如图 9-9 所示,即可打开相应的模型文件,新版软件可以直接打开的文件有很多种。

图 9-9　"打开"窗口

3.合并文件

与 3DS MAX 一样,如果设计的模型文件需要使用另一文件的相同图素时,可以进行文件合并的操作,将该文件的图素合并到当前的模型文件中。具体方法为:

点选菜单栏的"文件"→"合并文件"命令,系统弹出打开文件对话框,选择合并的文档,然后在出现的工具栏上设置合并图素的比例、平移或镜像参数。

9.3.3　Mastercam X2 数据交换

Mastercam 软件系统内置下列数据转换器:IGES、Parasolid、SAT(ACISsolids)、DXF、CADL、STL、VDL、VDA 和 ASCII,还可以直接与其他 CAD/CAM 系统(如 AutoCAD(DWG)、STEP、Catia 和 Pro－E)进行数据转换。

它支持多种数据交换标准:

①输入 parasolid、SAT 和 inventor 文件时,可转为实体、曲面或线架。

②输入 STEP、Pro－E 文件后,可转为实体、曲面或线架。

③可输出 parasolid 和 SAT 文件。

④可直接读取 solidworks 和 solidedge 文件和文件管理。

⑤SolidsManager 可维护实体的构造树。还能调整构造顺序或编辑设计参数。

⑥实体特征数据包括体积、面积和重心位置。

⑦自动生成实体的多视图。

⑧可标注尺寸。

9.3.4 Mastercam X2 系统及各种环境的设置

1. 层别设置

层别是一个非常重要的概念,通过对层别的设置,可以把构图区内的多个图素放在不同的层别里,从而改变模型的显示方式。在状态栏中单击"层别"选项或按下 Alt＋Z 组合键,都可调出"层别管理"对话框,如图 9-10 所示。

图 9-10 "层别管理"对话框

2. 快捷键的设定

虽然 Mastercam X2 提供了全按钮化的操作方式,但要熟练高效使用一个绘图软件,快捷键的使用还是非常关键的。使用 Mastercam X2 软件进行产品设计和编程时,如能熟练运用快捷键,则可以提高工作效率。

用户亦可以根据自己的操作习惯重新设置快捷键。在菜单栏中点选"设置"→"定义快捷键",弹出"设置快捷键"对话框,如图 9-11 所示。在对话框中的"种类"下拉列表框内选择功能种类,接着在"命令与说明"栏中单击需要设置快捷键的命令按钮,然后在"新建快捷键"文本框中用键盘按键输入组合按键,最后分别单击"指令"和"确定"按钮,完成快捷键的设定。

3. 工具栏设置

常用工具栏是将菜单栏中的使用命令以图标的方式来表达,以方便用户快捷使用。用户可以根据自己的喜好来设置工具栏。点选菜单栏中的"设置"→"工具栏设置",弹出"工具栏状态"对话框,如图 9-12 所示。

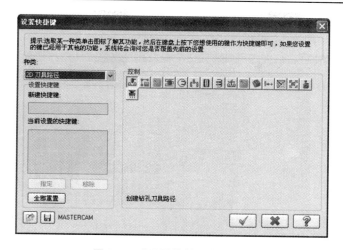

图 9-11　"设置快捷键"对话框

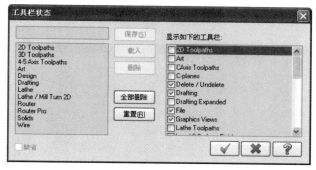

图 9-12　"工具栏状态"对话框

4. 系统环境设定

Mastercam X2 系统安装完毕后,其软件自身有一个内定的系统配置参数,用户可以根据
自身的需要和实际情况来更改某些参数,以满足实际的使用需要。要设置系统参数,可点选菜
单栏的"设置"→"系统规划"命令,系统弹出"系统配置"对话框,如图 9-13 所示。下面就各个
方面设置作一简单说明。

图 9-13　"系统设置"对话框

（1）颜色设定

颜色设定对话框如图 9-14 所示。

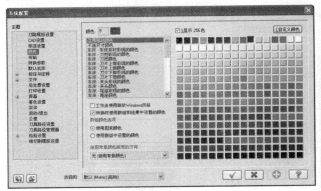

图 9-14　"颜色设定"对话框

（2）传输设定

传输设定对话框如图 9-15 所示。

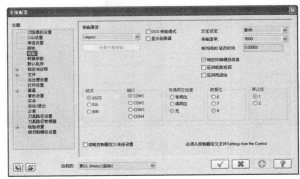

图 9-15　"传输设定"对话框

9.4　Mastercam X2 数控车床加工实训

本案例要求加工如图 9-16 所示的零件图，针对零件形状、特点及加工要求分别进行了外圆粗加工、外圆精加工、切槽加工和螺纹加工等。设置毛坯尺寸为 $\phi58mm \times 143mm$ 圆形棒料。本案例是针对 Mastercam X2 车削加工的综合运用，在学习过程中主要培养读者对零件图形的加工工艺分析能力、合理安排加工工序的能力、刀具的合理选择刀具和正确设置切削用量的能力以及不断提高编程的综合能力。

图 9-16　加工零件图

9.4.1　加工分析

本案例通过对零件图形进行综合加工,介绍了 Mastercam X2 中对零件图形车削加工的整个流程及参数设置方法。在本案例加工中,根据图形的特点及尺寸选择了多种刀具及多种车削方式进行加工。对于零件的加工工艺分析、加工工序分析、刀具的合理选择、NC 后置处理及外圆加工以及螺纹加工的应用等是该项目的重点和难点。

加工流程流程如下:

①设置工件素材。

②外圆粗车加工。

③外圆精车加工。

④螺纹车削加工。

⑤刀具路径切削模拟。

⑥生成后处理程序。

9.4.2　实训操作过程

1. 设置工件素材

(1)选择加工系统

选择"机床类型"→"车削系统"→"默认"命令,系统进入车削加工模块。

(2)设置工件毛坯

①双击如图 9-17 所示的刀具路径管理器中的"属性－Lathe Default MM"标识。

②展开属性后的刀具路径管理器如图 9-18 所示。

图 9-17　设置属性－Lathe Default MM　　　　图 9-18　展开属性

③单击"材料设置"标识,系统弹出如图 9-19 所示的"机器群组属性"对话框。

④单击"素材设置"选项卡的"素材"栏中的"参数"按钮,系统弹出"长条状毛坯的设定换刀点"对话框,设置如图 9-20 所示的工件毛坯参数。

⑤设置完成后单击"确认"按钮,以俯视图显示。

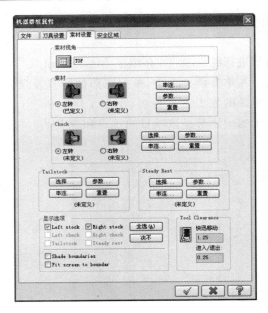

图 9-19 "机器群组属性"对话框

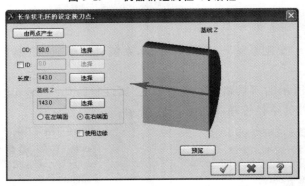

图 9-20 设置工件毛坯参数

2.外圆粗车加工

(1)设置外圆粗车方式

①选择"刀具路径"→"粗车"命令,系统弹出如图 9-21 所示的"输入新 NC 名称"对话框。在该对话框中可以输入新名称或直接确认系统默认的名称。

图 9-21 "输入新 NC 名称"对话框

②单击"确定"按钮后,系统弹出如图 9-22 所示的"转换参数"对话框,部分串连选取如图

9-23 所示的曲线。

图 9-22　"转换参数"对话框

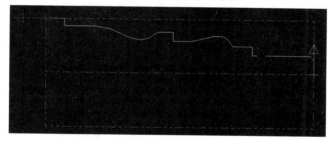

图 9-23　串连选取曲线

③完成串连选取后,在"转换参数"对话框中单击"确定"按钮。

(2)设置刀具参数

在"车床粗加工属性"对话框中选择"刀具路径参数"选项卡,设置如图 9-24 所示的刀具参数。

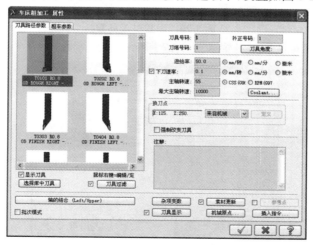

图 9-24　设置外圆粗车刀具参数

（3）设置粗车加工参数

①在"车床粗加工属性"对话框中选择"粗车参数"选项卡，设置如图 9-25 所示的外圆粗车加工参数。

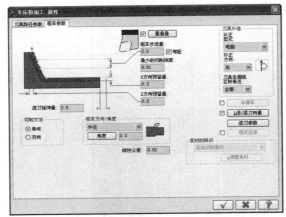

图 9-25　设置外圆粗车加工参数

②单击如图 9-25 所示对话框中的"进/退刀向量"按钮，系统弹出"输入/输出"对话框，设置如图 9-26 所示的引入参数。

图 9-26　设置引入参数

③在"输入/输出"对话框中设置如图 9-27 所示的引出参数。

图 9-27　设置引出参数

④单击图 9-27 所示对话框中的"进刀参数"按钮,系统弹出"进刀的切削参数"对话框,在该对话框中设置如图 9-28 所示的进刀切削参数。

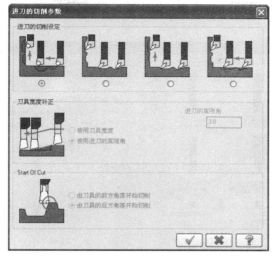

图 9-28　设置进刀切削参数

(4)生成刀具路径

设置完成后单击。"确定"钮,生成外圆粗车加工刀具路径,如图 9-29 所示。

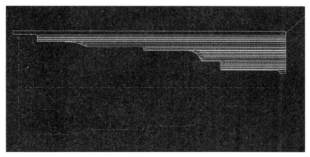

图 9-29　外圆粗车刀具路径

3.外圆精车加工

(1)设置外圆精车加工方式

①选择"刀具路径"→"精车"命令,系统弹出"转换参数"对话框,部分串连选取如图 9-30 所示的曲线。

图 9-30　串连选取曲线

②完成串连选取后,在"转换参数"对话框中单击"确定"按钮。

(2)设置刀具参数

在"车床－精车属性"对话框中选择"刀具路径参数"选项卡,设置如图 9-31 所示的刀具参数。

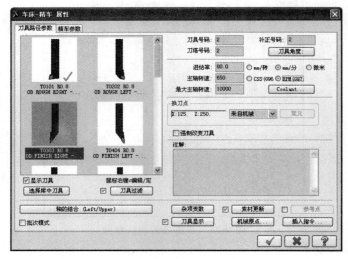

图 9-31　设置外圆精车刀具参数

(3)设置精车加工参数

①在"车床－精车属性"对话框中选择"精车参数"选项卡,设置如图 9-32 所示的外圆精车加工参数。

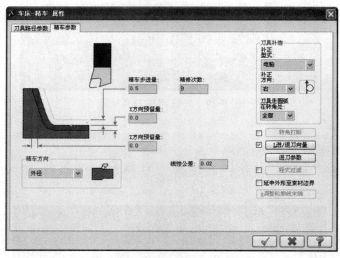

图 9-32　设置外圆精车加工参数

②单击如图 9-32 所示对话框中的"进/退刀向量"按钮,系统弹出"输入/输出"对话框,设置如图 9-33 所示的引入参数。

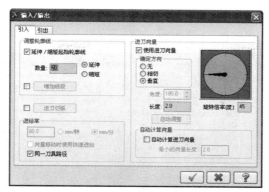

图 9-33 设置引入参数

③在"输入/输出"对话框中设置如图 9-34 所示的引出参数。

图 9-34 设置引出参数

④单击如图 9-34 所示对话框中的"进刀参数"按钮,系统弹出"进刀的切削参数"对话框,设置如图 9-35 所示的进刀切削参数。

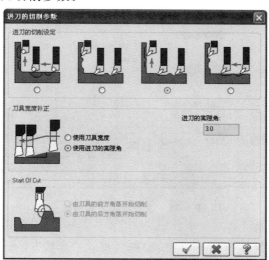

图 9-35 设置进刀切削参数

（4）生成刀具路径

设置完成后单击"确定"按钮,生成外圆精车加工刀具路径,如图 9-36 所示。

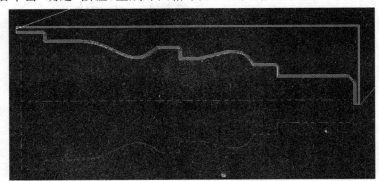

图 9-36　外圆精车刀具路径

4.螺纹车削加工

（1）设置螺纹车削加工方式

选择"刀具路径"→"车螺纹刀具路径"命令,系统自动进入"车床－车螺纹属性"对话框。

（2）设置刀具参数

在"车床－车螺纹属性"对话框中选择"刀具路径参数"选项卡,设置如图 9-37 所示的螺纹刀具参数。

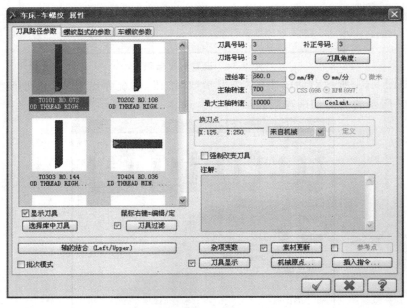

图 9-37　设置螺纹刀具参数

（3）设置螺纹加工参数

①在"车床－车螺纹属性"对话框中选择"螺纹型式的参数"选项卡,设置如图 9-38 所示螺纹型式的参数。

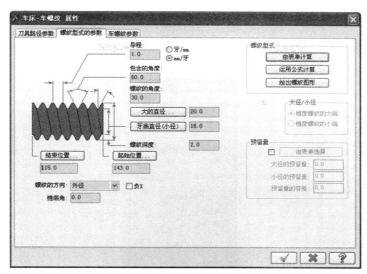

图 9-38　设置螺纹型式的参数

②在"车床-车螺纹属性"对话框中选择"车螺纹参数"选项卡,设置如图 9-39 所示的车螺纹参数。

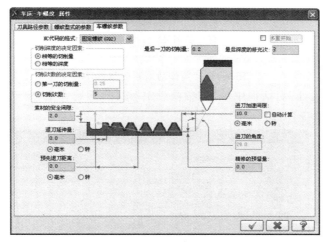

图 9-39　设置车螺纹参数

(4)生成刀具路径

设置完成后单击"确认"按钮,生成螺纹加工刀具路径,如图 9-40 所示。

图 9-40　螺纹加工刀具路径

5.实体切削模拟验证

①单击刀具管理器中的"验证已选择的操作"按钮,系统弹出"实体切削验证"对话框,如图9-41 所示。

图 9-41 "实体切削验证"对话框

②在"实体切削验证"对话框中单击"参数设定"按钮,系统弹出"验证选项"对话框,设置如图 9-42 所示的实体验证参数。

图 9-42 设置实体验证参数

③设置实体验证参数后单击"开始"按钮,对刀具路径进行模拟仿真操作。模拟结果如图 9-43 所示。

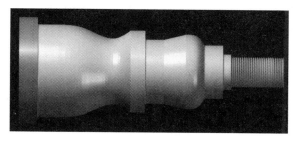

图 9-43　实体切削模拟结果

6. 生成后置处理程序

①单击图 9-44 中的"后处理已选择的操作"按钮,系统弹出如图 9-45 所示的"后处理程序"对话框。

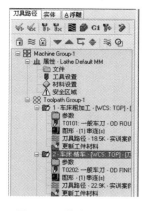

图 9-44　单击 G1 按钮

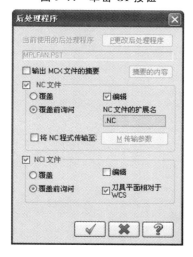

图 9-45　"后处理程序"对话框

②在对话框中选择 NCI 文档和 NC 文档,单击"确定"按钮。

③系统弹出如图 9-46 所示的 NC 程序,改程序即 NC 加工程序。

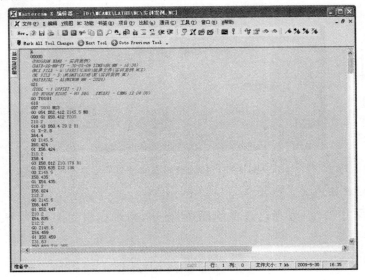

图 9-46　NC 加工程序

第 10 章　Pro/E 4.0 数控车削实训

10.1　Pro/E 4.0 车削加工模块特点

Pro/E 4.0 集二维绘图、机械设计、工业造型设计、参数化设计、零件装配、创建工程图、有限元分析计算、动态模拟与仿真、模具设计和 CNC 数控加工等多项功能模块于一体,其在数控加工部分又包括铣削模块、车削模块、电火花模块和线切割模块等。

Pro/E 4.0 相对以前版本在车削加工方面功能更加强大,大大提高了数控编程的效率及自动化程度。

Pro/E 4.0 车削加工方面具有以下特点。

1. 全新的可视化刀具管理器

刀具的定制和选择是加工最重要的工作之一。在 Pro/E 4.0 中的加工模块刀具管理器是一个完全可视化的界面,它不仅可以定义每个刀具的外形,还可以定义到刀柄和刀架,而且在选择基本的刀具形状后,该管理器还可以通过图形准确显示要定义的参数,而无须再通过从总列表中选择正确的参数组合来定义刀具的形状,从而实现了刀具可视化操作。

2. 强大的加工处理功能

Pro/E 4.0 具有强大的加工处理功能,能够让数控编程人员针对各种复杂曲面和实体模型方便地产生刀具路径,并直接产生驱动数控机床的程序代码,用以控制数控机床的自动加工,这样就大大降低了数控加工的复杂程度,提高了加工的精度和效率,简化了数控程序的编写过程。

3. 全面的工艺模板抽取功能

在 Pro/E 4.0 加工模块中,可以把整个工艺制造过程抽取成一个 XML 模板文件。在该 XML 工艺模板中包括了整个制造工艺过程、刀具和参数等完整的制造工艺信息,用户可以方便地将其使用到其他的模型上。

10.2　Pro/E 4.0 车削加工流程

Pro/E 4.0 数控车削模块进行数控加工程序的设计流程是模拟实际加工的逻辑思维而设计的,因此编程的基本原理、编程步骤及切削参数的设置与实际加工非常类似,解决了手工编程中人工计算刀位点不够精确的困难,其优点是可根据几何信息自动编程、速度快、精度高、直观性好、使用简单、检测方便以及修改快捷等。

10.2.1　Pro/E 4.0 数控加工基本流程

使用 Pro/NC 模块进行数控加工时,软件为用户提供了一个智能化的流程,在其指导下可以高效地产生刀具轨迹,并最终生成 NC 代码。Pro/E 4.0 数控加工基本流程如图 10-1 所示。

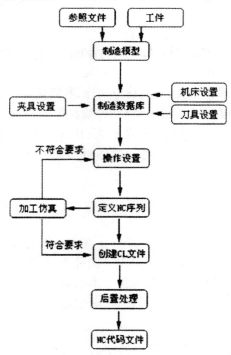

图 10-1　Pro/E 4.0 数控加工基本流程

10.2.2　Pro/E 4.0 数控加工详细流程

1. 创建制造模型

制造模型也可称为加工模型,在进行 Pro/NC 加工时,必须先设定制造模型,然后才可在此基础上定义加工操作、设置加工刀具和加工参数。随着加工过程的进展,可对工件执行材料去除模拟,以产生正确的刀具轨迹。在加工过程结束时,工件几何应与设计模型的几何一致。

制造模型包含设计模型和工件模型两部分,设计模型是 Pro/NC 加工的依据,在 Pro/NC 加工路径时,常选取设计模型的特征、曲面或边作为加工路径参照。通过设计模型的几何元素,在设计模型和工件间建立一个关联,当设计模型发生变化时,所有的加工操作也会发生相应的变化,从而提高工作效率。

工件模型表示加工的材料,是操作加工的对象,对刀具的运动空间范围起限制作用。一般来说,常选取零件实体、组件等作为工件。

在制造模型中设计模型是必需的,而工件模型是可选择的,即制造模型中可包含工件模型也可不包含工件模型,当包含工件模型时可以方便地计算加工范围、模拟材料的加工切削效果以及查询材料切削量等。

2．设置制造参数

Pro/NC 制造参数主要包括机床设置、夹具设置、刀具设置等项目，其中，机床信息设置是数控加工时必须要设定的。机床信息设置包括机床名称、加工类型、主轴数量、主轴转速、进给量、刀具设置和后处理器等。

3．设置加工环境操作

加工操作一般包括操作名称、加工机床、加工坐标系、退刀平面、输出设置、起始点和返回点等。坐标系用于定义工件在机床上的位置，它在 Pro/NC 中既是加工原点和刀位原点，又是后处理时生成的程序原点。

4．定义 NC 序列

NC 序列主要用于对 NC 序列类型、切削参数和制造参数设置，以便由系统自动生成刀具轨迹。

5．校验及模拟刀具路径

刀具路径也称为刀具轨迹，它由多个刀位点连接而成。通过对零件进行模拟仿真加工操作可以对生成的刀具轨迹进行校验，以防止刀具轨迹产生过切或欠切现象，及时对 NC 序列进行修改，减少损失，从而降低生产成本。

①屏幕演示。主要用于在屏幕上显示刀具运动的轨迹，并可以进行查看刀位数据文件的内容。

②NC 检测。主要通过实体模拟来检查刀具切割工件的情况。

③过切检测。主要用于查看刀具切出工件边界的情况，以便能够及时纠正所创建的刀具轨迹。

6．后置处理

在 Pro/NC 加工中，当建立加工模型并设置完加工参数后，系统即可生成刀具轨迹文件。但这种数据文件是 ASCII 格式的，不能直接驱动机床进行加工，若想驱动机床进行加工，则必须将其转化为数控机床可以识别的数控程序，这一过程被称为后置处理。转换后的后置处理文件可以通过传输软件传输到数控机床的控制器上，由控制器按程序语句来驱动机床自动加工。

10.3　Pro/E 4.0 数控模块操作界面

Pro/E 4.0 的各个模块的工作界面比较相似，均采用开始是一个单一的操作窗口，当用户进行相关操作后，将显示不同的菜单和对话框内容。

在常用工具栏中单击"创建新对象"按钮，打开"新建"对话框。在该对话框的"类型"分组框中选中"制造"单选按钮，再在"子类型"分组框中选中"NC 组件"单选按钮，然后输入文件名，单击"确定"按钮，即可启动数控制造模块，如图 10-2 所示。

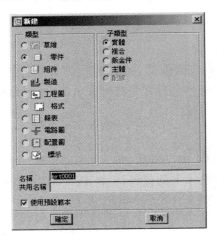

图 10-2　"新建"对话框

启动数控制造模块后，系统将打开 Pro/E 数控加工操作界面。该操作界面相对于建模操作界面，除了在上工具栏和右工具栏增加了两组工具外，还在界面上增加了浮动"菜单管理器"，如图 10-3 所示。

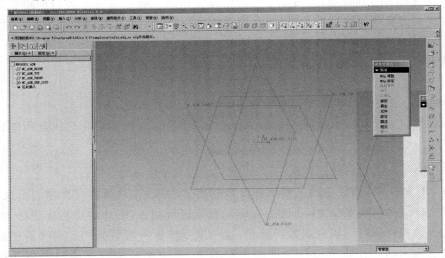

图 10-3　数控制造模块操作界面

1. 制造栏

Pro/NC 4.0 在上工具栏中增加了制造栏，其用于查看或修改加工参数信息，如工作机床参数、机床坐标系、加工工艺参数、刀具和刀具参数以及工艺表等，如图 10-4 所示。

图 10-4　制造栏

(1)"制造信息"按钮

在如图 10-4 所示的制造栏中单击"制造信息"按钮，将打开如图 10-5 所示"制造信息"对话框。该对话框包含了"状态"和"刀具路径信息"选项卡。

图 10-5　"制造信息"对话框

①"状态"选项卡。该选项卡包含了操作、工作机床、机床坐标系、序列和刀具等信息。

②"刀具路径信息"选项卡。该选项卡列出了所有关于刀具路径设定的信息。

（2）"编辑序列参数"按钮

在如图 10-4 所示的制造栏中单击"编辑序列参数"按钮，将打开如图 10-6 所示的"编辑序列参数"对话框。利用该对话框可以对加工工艺参数进行修改。

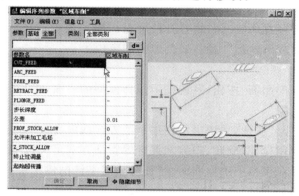

图 10-6　"编辑序列参数"对话框

（3）"刀具设定"按钮

在如图 10-4 所示的制造栏中单击"刀具设定"按钮，将打开如图 10-7 所示的"刀具设定"对话框。利用该对话框可以对加工刀具及刀具参数进行设置。

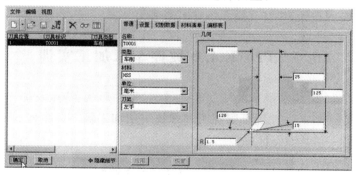

图 10-7　"刀具设定"对话框

（4）翻按钮

在如图 10-4 所示的制造栏中单击"制造工艺"按钮，将打开"制造工艺表"对话框。利用该对话框可以生成加工所需的工艺表。

2. 制造元件和制造几何形状栏

Pro/NC 模块在右工具栏中增加了制造元件和制造几何形状栏,制造几何形状栏主要用于指定刀具的加工范围。在指定的加工范围内,Pro/NC 模块会根据所设置的 NC 序列和加工参数自动计算刀位数据,从而切除制造几何形状中的工件材料,以完成加工目标,如图 10-10 所示。

(1)"参照模型"按钮

该系列按钮用于装配参照模型,在装配参照模型时可以选择按同一模型、继承属性和合并属性装配设计模型。

(2)"制造工具"按钮

该系列按钮用于装配或创建工件模型,在装配参照模型时可以选择按同一模型、继承属性和合并属性装配工件。

(3)"铣削操作"按钮

在工具栏中单击"铣削操作"按钮,将打开铣削窗口操作面板。在该面板中可通过侧面投影、草绘封闭轮廓和选取封闭轮廓 3 种方式创建铣削窗口。

(4)"铣削曲面"按钮

在工具栏中单击"铣削曲面"按钮,系统提示选择模型的表面作为铣削曲面。

(5)"草绘"按钮

在工具栏中单击"草绘"按钮,系统提示使用草绘方式或聚合方式定义铣削体积块。

①"草绘方式":可使用拉伸、旋转、扫描和混合等特征方式定义铣削体积块。

②"聚合方式":在参照模型上选取曲面、特征等来定义铣削体积块。

(6)"轮廓操作"按钮

在工具栏中单击"轮廓操作"按钮,将打开车削轮廓操作面板。在该面板中可通过使用包络定义车削轮廓、使用草绘定义车削轮廓、使用曲线链定义车削轮廓、使用曲面定义车削轮廓等多种方式创建车削轮廓。

(7)"钻孔组"按钮

在工具栏中单击固按钮,将打开钻孔组弹出菜单。

10.4　Pro/E 4.0 数控车床加工实训

本案例要求加工如图 10-8 所示的模型零件,针对零件形状、特点及加工要求分别进行了端面车削加工、区域车削加工、轮廓车削加工和螺纹车削加工等 NC 序列加工。其中,毛坯尺寸大小为 φ58mm×143mm 的棒材。

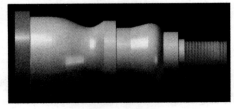

图 10-8　加工案例

10.4.1　实训目的

本案例是针对 Pro/E 4.0 车削加工的综合运用,在学习过程中培养读者对模型零件的加工工艺分析能力、合理安排加工工序的能力、刀具的合理选择的能力以及正确设置切削用量的能力,为正确合理地编写程序打下坚实的基础。

10.4.2　加工分析

本案例通过对模型零件进行综合加工,介绍了 Pro/E 4.0 中对零件加工的整个流程及参数设置方法。在本案例加工中,根据模型零件上加工部件的特点及尺寸,选择了多种刀具及多种加工方式进行加工。对于零件的加工工艺分析、加工工序分析、刀具的合理选择、NC 后置处理及区域车削加工、轮廓车削加工以及螺纹车削加工的应用是该项目的重点和难点。加工流程如下:

①创建加工文件。

②端面加工及外圆表面粗车加工。

③外圆表面精车加工。

④螺纹加工。

⑤生成加工程序。

10.4.3　实训操作过程

1. 新建加工文件

(1)创建 NC 文件

①在 Pro/E 4.0 的文件工具栏,单击"新建"按钮,打开"新建"对话框,并将其进行设置,如图 10-9 所示。

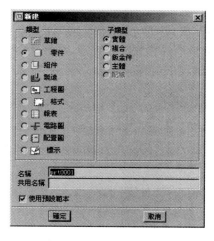

图 10-9　"新建"对话框

②在打开的"新文件选项"对话框中选择 mmns_mfg_nc 模板,然后单击"确定"按钮进入加工环境,如图 10-10 所示。

图 10-10　"新文件选项"对话框

(2)创建制造模型

①在菜单管理器中依次选择"制造模型"→"装配"→"参照模型"选项,如图 10-11 所示。

图 10-11　"制造模型"菜单管理器

②在系统打开的装配操控板中选择"缺省"选项,在默认位置装配模型零件,并单击"确定"按钮,完成参照零件的装配,如图 10-12 所示。

图 10-12　装配操控板

③在菜单管理器中依次选择"制造模型"→"装配"→"工件"选项,系统弹出"打开"对话框,单击"打开"按钮。

④在系统打开的装配界面中选择"放置"选项,依照如图 10-13 所示的设置装配工件模型。

⑤单击"确定"按钮,完成工件制造模型的装配,如图 10-14 所示。

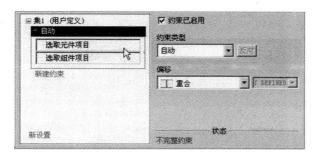

图 10-13　装配工件零件

图 10-14　装配制造模型

2. 外圆及端面加工

（1）操作设置

1）定义操作名称

选择"制造"→"制造设置"选项，弹出如图 10-15 所示的"操作设置"对话框，输入操作名称为 shixun。

图 10-15　"操作设置"对话框

2）机床设置

①单击"操作设置"对话框中的"机床设置"按钮，弹出"机床设置"对话框。在该对话框中分别设置机床名称、类型、转塔数和后置处理器等参数，如图 10-16 所示。

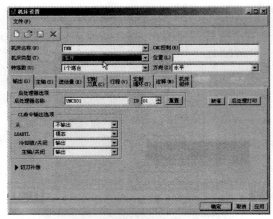

图 10-16　设置机床参数

②打开"主轴"选项卡,设置最大速度为 5000,如图 10-17 所示。

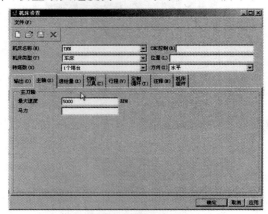

图 10-17　设置主轴参数

③选择"进给量"选项卡,将进给量单位设置为 MMPM,并设置快速移动速度为 2000,如图 10-18 所示。

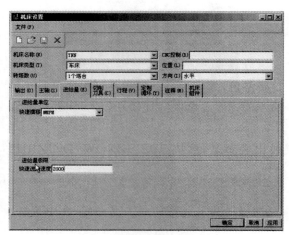

图 10-18　设置进给量参数

3)定义机床坐标系

①单击基准工具栏中的"坐标系"按钮,弹出"坐标系"对话框,选择"原始"选项卡,选取如图 10-19 所示的对话框,创建坐标系。

图 10-19　创建坐标系

Pro/E 车削坐标系要与实际机床坐标系设置一致,必须设置轴向的右侧作为 Z 轴正方向,垂直向下为 Y 轴正方向,水平向外为 X 轴正方向。

②在"操作设置"对话框中单击"加工零点"后的"坐标系"按钮,选择上一步创建的坐标系。

4)定义退刀平面

在"操作设置"对话框的"退刀"选项组中单击"曲面"后的"退刀设置"按钮,系统弹出"退刀设置"对话框,设置如图 10-20 所示。

图 10-20　设置退刀平面

(2)定义区域 NC 序列

①在菜单管理器中依次选择"制造"→"加工"→"NC 序列"→"辅助加工"→"区域"选项,创建区域加工序列,如图 10-21 所示。

图 10-21　选择区域加工

②系统弹出如图 10-22 所示的"序列设置"菜单管理器,选择"完成"选项。

图 10-22　序列设置

(3)设置加工刀具

系统弹出"刀具设定"对话框。在该对话框中分别设置刀具类型、刀具名称、刀具材料及刀具尺寸,然后单击"确定"按钮,完成刀具设置,如图 10-23 所示。

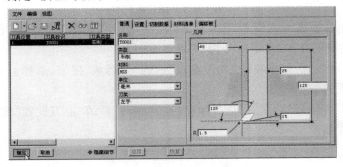

图 10-23　设置刀具参数

(4)设置加工参数

完成刀具设置后,系统弹出"编辑序列参数"对话框。在该对话框中分别设置切削进给、步长深度、主轴转速、间隙距离及冷却液开关等加工参数,然后保存加工参数,最后单击"确定"按钮,完成加工参数设置,如图 10-24 所示。

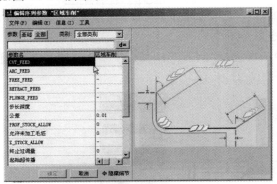

图 10-24　设置加工参数

(5)选择加工区域

①系统接着弹出如图 10-25 所示的"定制"对话框。

图 10-25　"定制"对话框

②在"定制"对话框中单击"插入"按钮,系统将显示如图 10-26 所示的"车削轮廓"菜单管理器,在右工具栏中单击"创建轮廓"按钮,创建车削轮廓。

图 10-26　选择车削轮廓

③在弹出的操作面板中单击如图 10-27 所示的陶按钮,然后在绘图区中设置如图 10-28 所示的开始点和终止点。

图 10-27　使用包络创建轮廓

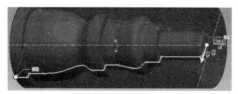

图 10-28　设置开始点和终止点

④在操作面板中单击"确定"按钮,系统将弹出"延伸"菜单管理器,分别设置开始点和终止点为"无"和"Z 负向",单击"完成"按钮,如图 10-29 所示。

图 10-29　设置延伸方向

⑤系统弹出"切割"菜单，选择"确认切减材料"选项，系统将显示切削材料。

（6）加工轨迹演示

①依次选择"NC 序列"菜单中的"演示轨迹"→"演示路径"→"屏幕演示"选项，系统弹出"播放路径"对话框。同时，刀具也显示在加工起始位置。

②单击"播放路径"对话框中的"播放"按钮，在屏幕上创建的刀具轨迹。模拟结束后，确认切削无误后选择"完成序列"选项。

（7）NC 检测

①依次选择"NC 序列"菜单中的"演示轨迹"→"NC 检测"→"运行"选项，系统将对模型进行实体切削模拟加工，结果如图 10-30 所示。

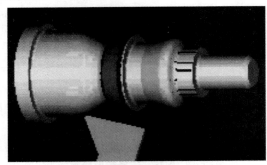

图 10-30　实体切削模拟

②选择"保存"选项，输入文件名，此操作将系统模拟的加工结果以图片形式保存，确认无误后选择"完成序列"选项。若进行实体切削模拟，需选择"工具"→"选项"命令，系统弹出"选项"对话框，然后在该对话框的"选项"文本框中输入 nccheck_tvpe，并在"值"下拉列表框中选择 nccheck 选项，如图 10-31 所示。

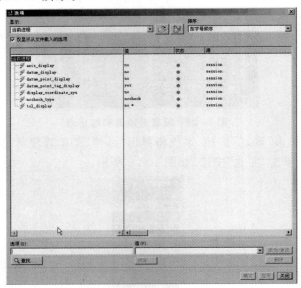

图 10-31　"选项"对话框

3. 外圆表面精车加工

(1)定义区域 NC 序列

①在菜单管理器中依次选择"制造"→"加工"→"NC 序列"→"辅助加工"→"轮廓"选项，
创建轮廓加工序列，如图 10-32 所示。

图 10-32　创建轮廓加工

②系统弹出如图 10-33 所示的"序列设置"菜单管理器，选择"完成"选项。

图 10-33　序列设置

(2)设置加工刀具

系统弹出"刀具设定"对话框。在该对话框中分别设置刀具类型、刀具名称、刀具材料及刀
具尺寸，然后单击"确定"按钮，完成刀具设置，如图 10-34 所示。

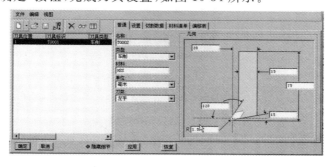

图 10-34　设置刀具参数

(3)设置加工参数

完成刀具设置后，系统弹出"编辑序列参数"对话框。在该对话框中分别切削进给、步长深
度、主轴转速、间隙距离和冷却液开关等加工参数，然后保存加工参数，最后单击"确定"按钮，

完成加工参数设置，如图 10-35 所示。

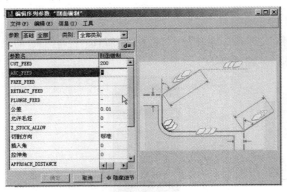

图 10-35　设置加工参数

（4）选择加工区域

①系统接着弹出如图 10-36 所示的"定制"对话框。

图 10-36　"定制"对话框

②在"定制"对话框中单击"插入"按钮，系统显示如图 10-37 所示的"车削轮廓"菜单管理器，在右工具栏中单击"创建"按钮，创建车削轮廓。

图 10-37　选择车削轮廓

③在操控面板中单击如图 10-38 所示的"创建"按钮，然后在绘图区选择如图 10-39 所示的开始点和终止点。

图 10-38　使用包络创建轮廓

图 10-39　选择开始点和终止点

④在操控面板中单击"确定"按钮,系统弹出"延伸"菜单管理器,在其中分别设置开始和终止点为"无"和"Z 负向",单击"完成"按钮。

⑤系统弹出"切割"菜单,选择"确认切减材料"选项,系统显示切削材料。

(5)加工轨迹演示

①依次选择"NC 序列"菜单中的"演示轨迹"→"演示路径"→"屏幕演示"选项,系统弹出"播放路径"对话框。同时,刀具也显示在加工起始位置。

②单击"播放路径"对话框中的"播放"按钮,在屏幕上创建的刀具轨迹,模拟结束后,确认切削无误后选择"完成序列"选项。

(6)NC 检测

①依次选择"NC 序列"菜单中的"演示轨迹"→"NC 检测"→"运行"选项,系统对模型进行实体切削模拟加工,结果如图 10-40 所示。

②选择"保存"选项,输入文件名,此操作将系统模拟的加工结果以图片形式保存,确认无误后选择"完成序列"选项。

图 10-40　实体切削模拟结果

4.螺纹加工

(1)定义螺纹 NC 序列

①在菜单管理器中依次选择"制造"→"加工"→"NC 序列"→"辅助加工"→"螺纹"选项,创建螺纹加工序列,如图 10-41 所示。

图 10-41　创建螺纹加工

②系统弹出"螺纹类型"菜单管理器，设置螺纹类型。

③系统弹出"序列设置"菜单管理器，选择"完成"选项。

(2)设置加工刀具

系统弹出"刀具设定"对话框。在该对话框中分别设置刀具类型、刀具名称、刀具材料及刀具尺寸，然后单击"确定"按钮，完成刀具设置，如图 10-42 所示。

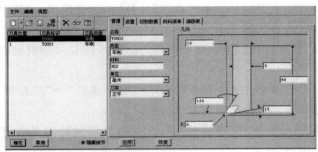

图 10-42　设置刀具参数

(3)设置加工参数

完成刀具设置后，系统弹出"编辑序列参数"对话框。在该对话框中分别设置切削进给、步长深度、主轴转速、间隙距离和冷却液开关等加工参数，然后保存加工参数，最后单击"确定"按钮，完成加工参数设置，如图 10-43 所示。

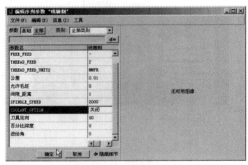

图 10-43　设置加工参数

(4)选择加工区域

①系统显示如图 10-44 所示的"车削加工轮廓"菜单管理器，在右工具栏中单击"创建"按钮，创建车削轮廓。

图 10-44　选择车削轮廓

②在操控面板中单击如图 10-45 所示的"草绘"按钮，然后在绘图区绘制如图 10-46 所示的车削轮廓。

图 10-45　单击草绘按钮

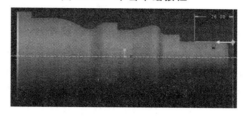

图 10-46　绘制车削轮廓

③设置绘制的车削轮廓方向为加工后材料的保留方向，如图 10-47 所示。

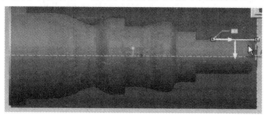

图 10-47　设置加工材料的保留方向

④系统弹出"切割"菜单，选择"确认切减材料"选项，系统将显示的切削材料。

（5）加工轨迹演示

①依次选择"NC 序列"菜单中的"演示轨迹"→"演示路径"→"屏幕演示"选项，系统将弹出"播放路径"对话框。同时，刀具也显示在加工起始位置。

②单击"播放路径"对话框中的"播放"按钮，在屏幕上创建的刀具轨迹。模拟结束后，确认切削无误后选择"完成序列"选项。

第11章　UG 6.0数控车削实训

11.1　UG 6.0车削加工模块特点

Unigraphics(简称UG)是美国UGS公司推出的一款集CAD/CAE/CAM于一身的高端三维CAD软件,其提供了一个基于过程的产品设计环境,使产品开发从设计到加工真正实现了数据的无缝集成,从而优化了企业的产品设计与制造。UG面向过程驱动的技术是虚拟产品开发的关键技术,在面向过程驱动技术的环境中,用户的全部产品以及精确的数据模型能够在产品开发全过程的各个环节保持相关,从而有效地实现了并行工程。

UG软件不仅具有强大的实体造型、曲面造型、虚拟装配和工程制图等设计功能,而且在设计过程中可进行有限元分析、机构运动分析、动力学分析和仿真模拟,提高了设计的可靠性。同时,可用建立的三维模型直接生成数控程序代码,用于产品的加工,其后置处理程序支持多种类型的数控机床。

UG软件拥有全球4万多家世界级的大公司(如波音飞机、通用汽车、丰田汽车、通用电气、松下电器、飞利浦、西门子、中国一航、二航等),正是这些世界级用户不断提出需求,推动了UG软件的不断更新和发展,从而奠定了其在CAM领域的领先地位。它已成为航空、航天、汽车制造、机械设计、造型设计、家用电器等领域的首选软件。

UG 6.0集实体建模、特征建模、自由曲面建模、工业设计、零件装配、工程制图、结构分析、运动力学分析、动态模拟与仿真、模具设计以及CNC数控加工等多项功能模块于一体。在数控加工部分又包括铣削模块、车削模块、型腔和型芯铣削模块和后置处理模块等。UG NX 6.0相对以前版本在车削加工方面功能更加强大,大大提高了数控编程的效率。此模块提供了回转零件加工的全部功能。零件的几何模型和刀具轨迹完全相关,刀具轨迹能随几何模型的改变而自动更新,它包含粗车、多次走刀精车、车型槽、车螺纹和钻中心孔以及控制进给量、主轴转速和加工余量等参数的功能。输出的刀位源文件可直接进行后处理,.产生机床可读的输出文件。另外,还可以通过屏幕显示生成的刀具运动轨迹对数控程序进行模拟,检测参数是否正确,并可以输出文本格式的刀位源文件。

UG NX 6.0车削加工方面有以下特点。

1.刀位计算简单精度精确

UG NX 6.0车削加工的最大的特点就是对复杂的零件模型加工时,刀位计算简单精确,生成的刀具轨迹合理,切削负载均匀,适合高速加工。

2.关联性

在加工过程中的模型、加工工艺和刀具管理等均与主模型相关联,主模型更改设计后,编程只需要重新计算即可得到新的程序,所以UG的编程效率非常高。

3. 参数标准化

UG NX 可按用户需求进行灵活的用户化修改和剪裁运动轨迹、定义标准化刀具库、加工工艺参数样板库,使粗加工、半精加工和精加工等操作常用参数标准化,以减少使用培训时间并优化加工工艺。

11.2　UG NX 6.0 车削加工流程

UG CAM 数控车削模块进行数控加工程序的设计流程是模拟实际加工的逻辑思维而设计的,因此编程的基本原理、编程步骤及切削参数的设置与实际加工非常类似,解决了手工编程中人工计算刀位点不精确的困难,其优点是可根据三维模型信息自动编程、速度快、精度高、直观性好、使用简单、检测方便以及修改快捷等。

使用 UG CAM 模块进行数控加工时,软件为用户提供了标准化的流程,在其指导下可以高效地产生刀具轨迹,并最终生成程序代码。其加工流程如图 11-1 所示。

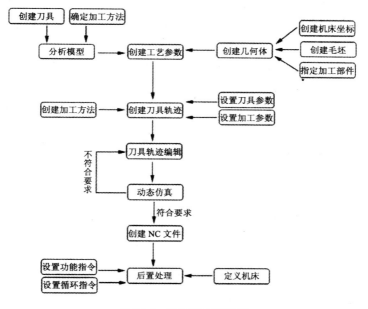

图 11-1　UG 加工流程图

UG NX 6.0 数控加工应遵循一定的编程顺序和原则,一般完成一个程序的编写需经过以下几个步骤。

1. 创建工艺参数

通过人机交互的方式,用对话框和过程向导的形式创建使用的刀具、夹具、设置加工坐标、编程原点、工件毛坯、输入零件加工公差等工艺参数。

2. 创建刀具轨迹

创建刀具轨迹包括加工方法、设置刀具、设置加工方法和参数等,UG NX 具有非常丰富的刀具轨迹生成方法,主要包括端面加工、外圆粗加工、外圆精加工、切槽加工、钻孔加工和螺纹加工等方式。

3. 刀具轨迹编辑

刀具轨迹编辑器可用于观察刀具的运动轨迹，并提供延伸、缩短和修改刀具轨迹的功能，同耐还能够通过控制图形和文本的信息编辑刀轨。

4. 三维加工动态仿真

加工动态仿真是一个无须利用机床且成本低、效率高的测试 NC 加工的方法。使用该方法可以检验刀具与零件和夹具是否发生碰撞、是否过切以及加工余量分布等情况，以便在编辑过程中及时解决。

5. 后置处理

UG CAM 包括一个通用的后置处理器（GPM），用户可以方便地建立用户定制的后置处理。通过使用加工数据文件生成器，可交互式系列提示用户选择定义特定机床和控制器特性的参数，包括控制器和机床规格与类型、插补方式以及标准循环等。

11.3　UG NX 6.0 数控模块启动与操作界面

若要熟练地掌握 UG NX 6.0 的数控加工编程操作，必须先对其数控加工模块的工作界面及加工工具有所认识，如创建工具、视图工具、对象工具、加工操作工具及加工环境工具等。

11.3.1　启动加工模块

1. 启动加工模块

在标准工具条的应用程序中选择“开始”→“加工”命令进入加工模块，或使用快捷键（Ctrl＋Alt＋M）进入加工模块，如图 11-2 所示。

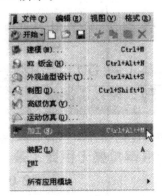

图 11-2　启动加工模块

2. 设置加工环境

进入加工模块后，系统会弹出“加工环境”对话框，如图 11-3 所示。选择“要创建的 CAM 设置”后，单击“确定”按钮调用加工配置。

图 11-3 设置加工环境

"要创建的 CAM 设置"是在制造方式中指定加工设定的默认值文件,即选择一个加工模板集。选择模板文件将决定加工环境初始化后可以选用的操作类型,同时也决定在生成程序、刀具、方法及几何时可选择的父节点类型。

11.3.2 UG NX 加工模块的工作界面

UG NX 加工模块的工作界面如图 11-4 所示,该界面与建模模块的工作界面基本相似。

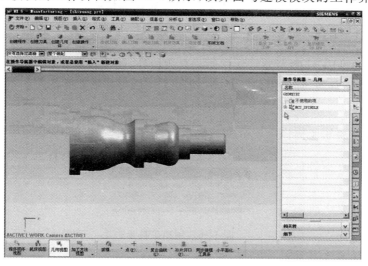

图 11-4 UG NX 加工模块的工作界面

1. 标题栏

标题栏显示版本号与应用的模块名称,并显示当前正在操作的文件及状态。

2. 主菜单

主菜单中包含了 UG NX 软件所有主要的功能,是一种下拉式菜单,单击菜单栏中任何一个功能菜单时,系统将会弹出其下拉菜单。如图 11-5 所示为"插入"下拉菜单示例。

3. 工具栏

工具栏以简单直观的图标来表示每个工具的作用。单击操作命令按钮可以启动相对应的 UG 软件功能,目的是加快对菜单的访问速度。

4. 提示栏和状态栏

提示栏位于绘图区的上方,其主要用途在于提示使用者操作的步骤。提示栏右侧为状态栏,表示系统当前正在执行的操作。

5. 绘图区

绘图区是 UG 的工作区,显示模型及生成的刀轨等均在该区域。

6. 操作导航器

操作导航器用于管理创建的操作及其他组对象。当鼠标指针离开操作导航器的界面时,操作导航器会自动隐藏。

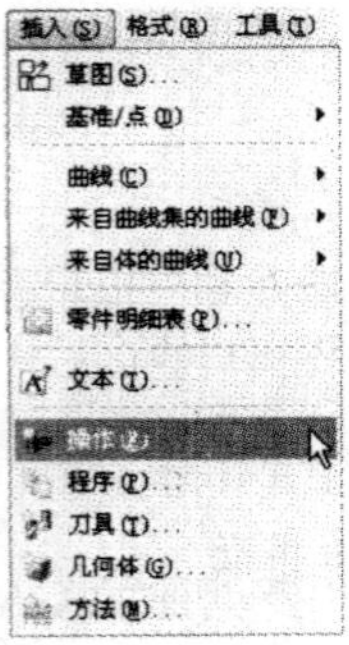

7. 导航按钮

导航按钮位于屏幕的右侧,提供常用的导航器按钮,如操作导航器和实体导航器等。当单击导航按钮时,导航器即会显示出来。

8. 对话框

对话框的作用是实现人机交流,它可以按照需要任意移动。

图 11-5　下拉菜单

11.3.3　加工模块专有工具条

进入加工模块后,UG 除了显示常用的工具按钮外,还将显示在加工模块中专用的 4 个工具条,分别为创建工具条、加工操作工具条、视图工具条和对象工具条。

1. 创建工具条

创建工具条主要用于提供新建数据的模板,可以新建操作、程序组、刀具、几何体和方法,如图 11-6 所示。

图 11-6　创建工具条

2. 加工操作工具条

加工操作工具条如图 11-7 所示。该工具条提供与刀位轨迹有关的功能,方便用户针对选取的操作生成其刀位轨迹,或针对已生成刀位轨迹的操作进行编辑、删除、重新显示或切削模拟。另外,该工具条还提供对刀具路径的操作,如生成刀位源文件(CLSF 文件)及后置处理或生成车间工艺文件等。

图 11-7　加工操作工具条

图 11-8　视图工具条

3. 视图工具条

视图工具条用于确定操作导航器的显示视图,如图 11-8 所示。

4.对象工具条

对象工具条提供操作导航窗口中所选择对象的编辑、剪切、显示、更改名称及刀位轨迹的转换与复制功能,如图 11-9 所示。

图 11-9　对象工具条

11.4　UG NX 6.0 数控车床加工实训

本案例要求加工如图 11-10 所示的模型零件,根据对零件形状、特点及加工要求分别以端面车削加工、外圆粗车加工、外圆精车加工以及螺纹车削加工等方式进行加工。此时,毛坯几何体可通过"自动块"命令特征获得。

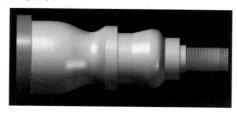

图 11-10　加工案例模型

本案例是针对 UG NX 6.0 车削加工的综合运用,在学习过程中培养读者对模型零件的加工工艺分析能力、合理安排加工工序的能力、刀具的合理选择刀具和正确设置切削用量的能力以及编程水平的综合能力。

11.4.1　加工分析

本案例通过对模型零件进行综合加工,介绍了 UG NX 6.0 对零件加工的整个流程及参数设置方法。在本案例加工中,根据模型零件上加工部件的特点及尺寸,需选择多种刀具及不同加工方式进行加工。对于零件的加工工艺分析、加工工序分析、刀具的合理选择、程序后置处理及外圆粗车加工、外圆精车加工以及螺纹加工的应用是该项目的重点和难点。加工流程如下

①设置加工参数。

②创建外圆粗车加工。

③创建外圆精车加工。

④创建螺纹车削加工。

11.4.2　实训操作过程

1.设置加工参数

（1）设置加工环境

单击"开始"按钮,在弹出的下拉菜单中选择 "加工"菜单命令。从系统弹出的"要创建的

CAM 设置"中选择"turning"作为加工操作模板。单击"确定"按钮,完成加工模板设置。

(2)创建加工父对象

1)创建程序组对象

单击"加工创建"工具条中的"创建程序"按钮,系统弹出"创建程序"对话框,设置。

2)创建刀具对象

①单击"加工创建"工具条中的"创建刀具"按钮,系统弹出"创建刀具"对话框,选择"类型"为"turning",选择刀具,单击"应用"按钮。

②系统弹出"车刀－标准"对话框,分别设置如图 11-11 所示的刀片类型、如图 11-12 所示的夹持器以及如图 11-13 所示的刀具跟踪点等。

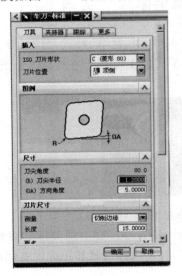

图 11-11　设置刀片类型

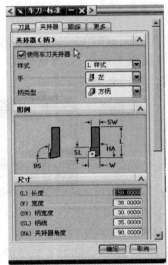

图 11-12　设置夹持器

图 11-13　设置刀具跟踪点

（3）创建几何体

1）设置坐标参数

①单击"加工创建"工具条中的"创建几何体"按钮,系统弹出"创建几何体"对话框,单击"指定 MCS"按钮,设置如图 11-14 所示。

图 11-14　设置 ZM－XM 平面

②在操作导航器中显示创建的车削坐标系,系统自动在车削坐标系自动创建了 WORK-PIECE 和 TURNING WORKPIECE 对象,如图 11-15 所示。

图 11-15　创建车削坐标系

2）编辑工件几何体

①双击图 11-15 中的 WORKPIECE 对象,系统弹出如图 11-16 所示的"工件"对话框。

图 11-16　"工件"对话框

②在"工件"对话框中单击"部件几何体"按钮,系统弹出如图 11-17 所示的"部件几何体"对话框,选中"几何体"单选按钮后设定部件,再在绘图区选择整个零件模型作为部件。

图 11-17 "部件几何体"对话框

③在"工件"对话框中单击"毛坯集合体"按钮,系统弹出如图 11-18 所示的"毛坯几何体"对话框,选中"自动块"单选按钮后设定毛坯。

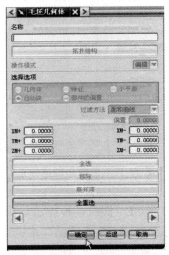

图 11-18 "毛坯几何体"对话框

WORKPIECE 几何对象是车削加工中的工件几何对象,包括部件、毛坯和检查体等。在创建工件坐标时,系统自动创建 WORKPIECE 几何对象。

3)编辑车削边界几何

双击图 10-19 中的 TURNING_WORKPIECE 对象,系统弹出如图 11-19 所示的"Turn Bnd"对话框。

4)创建加工范围

①单击"加工创建"工具条中的"创建几何体"按钮,系统弹出"创建几何体"对话框,选择集合体子类型中的第一个。

CONTAINMENT 几何对象用来确定车削加工的空间几何范围。

②在系统弹出的"空间范围"对话框中选择点控制方式设定径向范围 1,在"点"对话框中输入坐标值为(0,32,0),如图 11-20 所示。

图 11-19　"Turn Bnd"对话框

图 11-20　设定径向范围 1

③在系统弹出的"空间范围"对话框中选择点控制方式设定径向范围 2,在"点"对话框中输入坐标值为(0,−32,0),如图 11-21 所示。

④在系统弹出的"空间范围"对话框中。选择点控制方式设定轴向范围 1,在"点"对话框中输入坐标值为(0,0,0),如图 11-22 所示。

图 11-21　设定径向范围 2

图 11-22　设定轴向范围 1

⑤在系统弹出的"空间范围"对话框中选择点控制方式设定轴向范围 2,在"点"对话框中输入坐标值为(143,0,0),如图 11-23 所示。

图 11-23　设定轴向范围 2

2.创建外圆粗车加工

(1)创建外圆粗加工

①在操作导航器中选择创建的"CONTAINMENT 1"几何体节点,单击鼠标右键并选择"插入"→"操作"命令,系统打开"创建操作"对话框。在该对话框中单击"外圆车削加工"按钮,设置参数。单击"应用"按钮,系统打开"粗车"对话框。

②设置切削区域,分别设置修剪平面参数"径向 1"为(0,32,0),"径向 2"为(0,-32,0),"轴向 1"为(-3,0,0)。

(2)设置加工参数

①在"粗车"对话框中分别设置如图 11-24 所示的刀轨、切削方式和切削步距等加工参数。

图 11-24　设置粗车参数

②设置切削参数,单击"切削参数"按钮,系统打开"切削参数"对话框,分别设置如图 11-

25 所示的余量参数、如图 11-26 所示的轮廓类型参数以及如图 11-27 所示的轮廓加工参数。

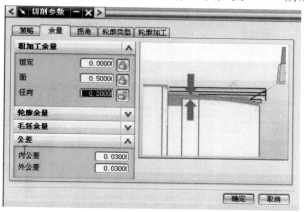

图 11-25　设置余量参数

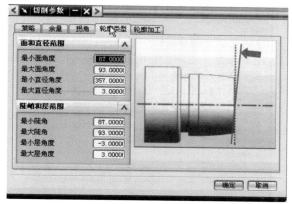

图 11-26　设置轮廓类型参数

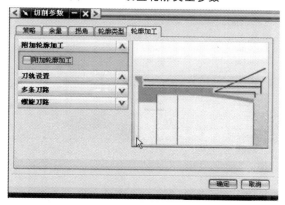

图 11-27　设置轮廓加工参数

③设置非切削参数，单击"非切削移动"按钮，系统打开"非切削移动"对话框，分别设置如图 11-28 所示的进/退刀参数、如图 11-29 所示的逼近参数以及如图 11-30 所示的离开参数。

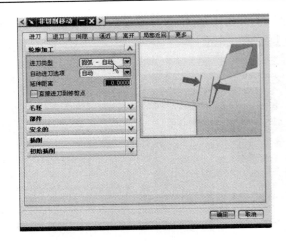

图 11-28　设置进/退刀参数

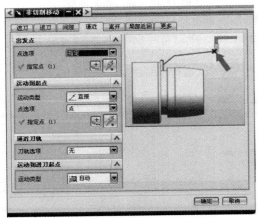

图 11-29　设置逼近参数

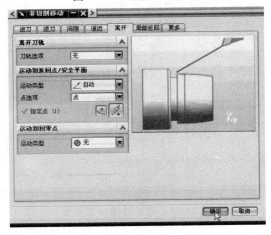

图 11-30　设置离开参数

④设置机床参数,选择并设置机床控制,如图 11-31 所示。

图 11-31　设置机床控制

（3）设置加工参数

①设置刀轨选项，单击"显示选项"按钮，系统打开"显示选项"对话框，设置如图 11-32 所示。

图 11-32　设置刀轨选项

②验证刀轨，单击"验证"按钮，系统验证模拟车削刀路轨迹。

3. 创建外圆精车加工

（1）创建程序组

单击"加工创建"工具条中的"创建程序"按钮，系统弹出"创建程序"对话框，进行设置。

（2）创建加工范围

①单击"加工创建"工具条中的"创建几何体"按钮，系统弹出"创建几何体"对话框，单击"创建"按钮，创建 CONTAINMENT－2。

②在系统弹出的"空间范围"对话框中选择点控制方式设定径向范围 1，在"点"对话框中输入坐标值为（0，32，0），如图 11-33 所示。

③在系统弹出的"空间范围"对话框中选择点控制方式设定径向范围 2，在"点"对话框中输入坐标值为（0，－32，0），如图 11-34 所示。

④在系统弹出的"空间范围"对话框中选择点控制方式设定轴向范围 1，在"点"对话框中输入坐标值为（0，0，0），如图 11-35 所示。

图 11-33　设定径向范围 1

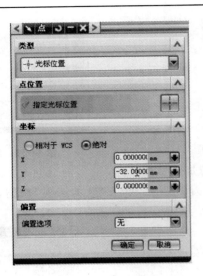

图 11-34　设定径向范围 2

图 11-35　设定轴向范围 1

图 11-36　设定轴向范围 2

⑤在系统弹出的"空间范围"对话框中选择点控制方式设定轴向范围2,在"点"对话框中输入坐标值为(143,0,0),如图11-36所示。

(3)创建刀具对象

①单击"加工创建"工具条中的"创建刀具"按钮,在系统弹出的"创建刀具"对话框中选择"类型"为"turning",选择使用刀具。

②单击"应用"按钮,系统弹出"车刀－标准"对话框,分别设置如图11-37所示的刀片类型、如图11-38所示的夹持器、如图11-39所示的刀具跟踪点等。

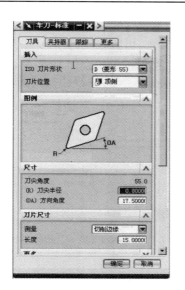

图 11-37　设置刀片类型

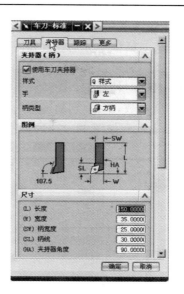

图 11-38　设置夹持器

图 11-39　设置刀具跟踪点

图 11-40　设置精车参数

（4）设置外圆精加工

①在操作导航器中选择创建的"CONTAINMENT2"几何体节点，单击鼠标右键并选择"插入"→"操作"命令，系统打开"创建操作"对话框。在该对话框中单击"外圆车削加工"按钮，单击"应用"按钮，系统打开"精车"对话框。

②设置切削区域，分别设置修剪平面参数"径向 1"为（0，32，0），"径向 2"为（0，－32，0），"轴向 1"为（－3，0，0）。

（5）设置加工参数

①在"精车"对话框中分别设置如图 11-40 所示的刀轨、切削方式、切削步距等加工参数。

精加工外圆面时可以选择全部精加工，系统将根据切削区域的空间范围确定加工区域，一次将端面和外圆同时精加工。

②设置切削参数，单击"切削参数"按钮，系统打开"切削参数"对话框，分别设置如图 11-41 所示的余量参数和如图 11-42 所示轮廓类型参数。

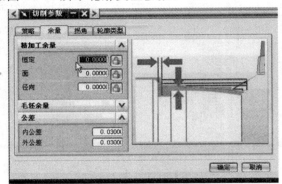

图 11-41　设置余量参数

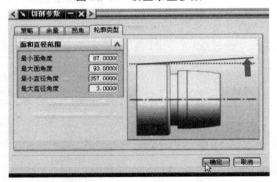

图 11-42　设置轮廓类型参数

③设置非切削参数，单击"非切削移动"按钮，系统打开"非切削移动"对话框，分别设置如图 11-43 所示的进/退刀参数、如图 11-44 所示的逼近参数以及如图 11-45 所示的离开参数。

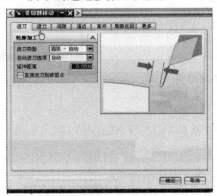

图 11-43　设置进/退刀参数

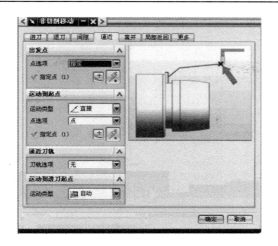

图 11-44　设置逼近参数

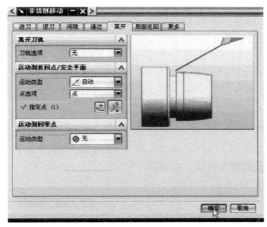

图 11-45　设置离开参数

④设置机床参数,选择并设置机床控制,如图 11-46 所示。,

图 11-46　设置机床控制

(6)设置模拟参数

①设置刀轨选项,单击"显示选项"按钮,系统打开"显示选项"对话框,设置如图 11-47
所示。

②验证刀轨,单击"验证"按钮,系统验证模拟车削刀路轨迹。

图 11-47　设置刀轨选项

4.创切槽加工

(1)创建程序组

单击"加工创建"工具条中的"创建程序"即按钮,系统弹出"创建程序"对话框,进行设置。

(2)创建刀具对象

①单击"加工创建"工具条中的"创建刀具"按钮,在系统弹出的"创建刀具"对话框中选择"类型"为"turning",选择刀具。

②单击"应用"按钮,系统弹出"槽刀－标准"对话框,分别设置如图 11-48 所示的刀片类型、如图 11-49 所示的夹持器以及如图 11-50 所示的刀具跟踪点。

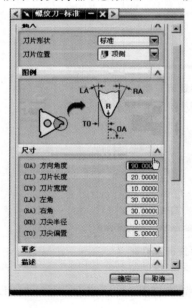

图 11-48　设置刀片类型

图 11-49　设置夹持器

(3)创建加工范围

①单击"加工创建"工具条中"创建几何体"按钮,系统弹出"创建几何体"对话框,单击"创

建"按钮。

②在系统弹出的"空间范围"对话框中选择点控制方式设定径向范围 1,在"点"对话框中输入坐标值为(0,32,0),如图 11-51 所示。

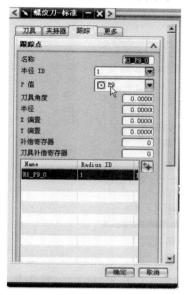

图 11-50　设置刀具跟踪点

图 11-51　设定径向范围 1

③在系统弹出的"空间范围"对话框中选择点控制方式设定径向范围 2,在"点"对话框中输入坐标值为(0,−32,0),如图 11-52 所示。

④在系统弹出的"空间范围"对话框中选择点控制方式设定轴向范围 1,在"点"对话框中输入坐标值为(22,0,0),如图 11-53 所示。

图 11-52　设定径向范围 2

图 11-53　设定轴向范围 1

⑤在系统弹出的"空间范围"对话框中选择点控制方式设定轴向范围 2,在"点"对话框中

输入坐标值为(60,0,0),如图 11-54 所示。

图 11-54　设定轴向范围 2

(4)设置切槽加工

①在操作导航器中选择创建的"CONTAINMENT3"几何体节点,单击鼠标右键'并选择"插入"→"操作"命令,系统打开"创建操作"对话框。在该对话框中单击"切槽加工"按钮,单击"应用"按钮,系统打开"槽 OD"对话框。

②设置切削区域,分别设置修剪平面参数"径向 1"为(0,32,0),"径向 2"为(0,−32,0),"轴向 1"为(20,0,0),"轴向 2"为(60,0,0)。

(5)设置加工参数

①在"槽 OD"对话框中分别设置如图 11-55 所示的刀轨、切削方式、切削步距等加工参数。

图 11-55　设置加工参数

②设置切削参数,单击"切削参数"按钮,系统打开"切削参数"对话框,分别设置如图 11-

56 所示的余量参数、如图 11-57 所示的轮廓类型参数以及如图 11-58 所示的轮廓加工参数。

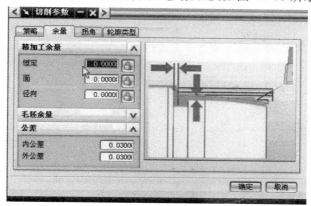

图 11-56　设置余量参数

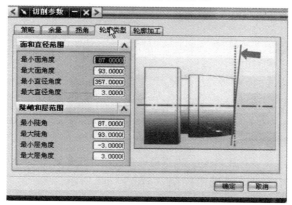

图 11-57　设置轮廓类型参数

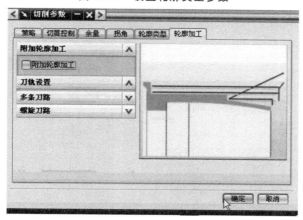

图 11-58　设置轮廓加工参数

③设置非切削参数，单击"非切削移动"按钮，系统打开"非切削移动"对话框，分别设置如图 11-59 所示的进/退刀参数和如图 11-60 所示的逼近参数与离开参数。

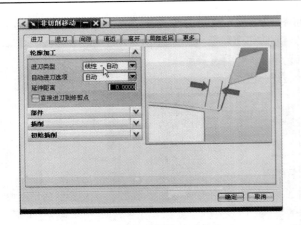

图 11-59　设置进/退刀参数

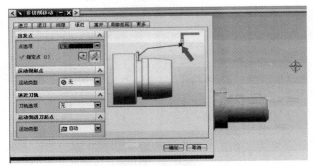

图 11-60　设置逼近参数与离开参数

④设置机床参数,选择并设置机床控制,如图 11-61 所示。

(6)设置加工参数

①设置刀轨选项,单击"显示选项"按钮,系统打开"显示选项"对话框,设置如图 11-62
所示。

图 11-61　设置机床控制

图 11-62　设置刀轨选项

②验证刀轨,单击"验证"按钮,系统生成车削刀路轨迹。

5.创建螺纹加工

(1)创建程序组

单击"加工创建"工具条中的"创建程序"按钮,系统弹出"创建程序"对话框,设置参数。

(2)创建刀具对象

①单击"加工创建"工具条中的"创建刀具"按钮,在系统弹出的"创建刀具"对话框中选择"类型"为"turning",选择刀具。

②单击"应用"按钮,系统弹出"螺纹刀－标准"对话框,分别设置如图 11-63 所示的刀片类型、如图 11-64 所示的夹持器及刀具跟踪点等。

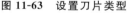

图 11-63　设置刀片类型

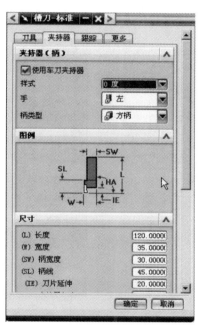

图 11-64　设置夹持器

(3)创建加工范围

①单击"加工创建"工具条中的"创建几何体"按钮,系统弹出的"创建几何体"对话框,单击"创建"按钮。

②在系统弹出的"空间范围"对话框中选择点控制方式设定径向范围 1,在"点"对话框中输入坐标值为(110,12,0)。

③在系统弹出的"空间范围"对话框中选择点控制方式设定径向范围 2,在"点"对话框中输入坐标值为(110,−12,0)。

④在系统弹出的"空间范围"对话框中选择点控制方式设定轴向范围 1,在"点"对话框中输入坐标值为(112,0,0)。

⑤在系统弹出的"空间范围"对话框中选择点控制方式设定轴向范围 2,在"点"对话框中输入坐标值为(145,0,0)。

（4）设置螺纹加工

在操作导航器中选择创建的"CONTAINMENT3"几何体节点，单击鼠标右键并选择"插入"→"操作"命令，系统打开"创建操作"对话框。在该对话框中单击"螺纹加工"按钮，单击"应用"按钮，系统打开"螺纹 OD"对话框。

（5）设置加工参数

①在"螺纹 OD"对话框中分别设置如图 11-65 所示的刀轨、切削方式、切削步距等加工参数。

图 11-65　设置加工参数

②设置切削参数，单击"切削参数"按钮，系统打开"切削参数"对话框，设置螺距参数，如图 11-66 所示。

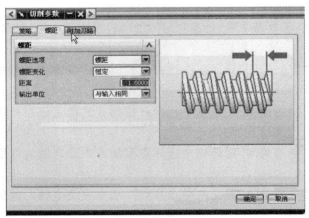

图 11-66　设置螺距参数

③设置非切削参数,单击"非切削参数"按钮,系统打开"非切削移动"对话框,设置如图 11-67 所示的逼近参数与离开参数。

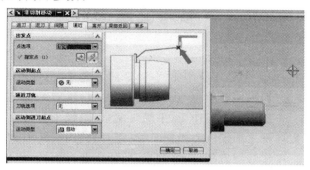

图 11-67　设置逼近参数与离开参数

(6)设置加工参数

①设置刀轨选项,单击"显示选项"按钮,系统打开"显示选项"对话框,进行设置。

②验证刀轨,单击"验证"按钮,系统生成车削刀路轨迹。

参考文献

[1]陈海舟.数控铣削加工宏程序应用实例(第 2 版).北京:机械工业出版社,2008.

[2]翟瑞波.数控铣床/加工中心编程与操作实例.北京:机械工业出版社,2007.

[3]韩鸿鸾.数控铣工/加工中心操作工(中级).北京:机械工业出版社,2006.

[4]沈建峰,虞俊.数控铣工加工中心操作工(高级).北京:机械工业出版社,2006.

[5]杨江河,余云龙.现代数控铣削技术.北京:机械工业出版社,2006.

[6]金晶.数控铣床加工工艺与编程操作.北京:化学工业出版社,2006.

[7]邓爱国.数控工艺员考试指南.数控钳加工中心分册.北京:清华大学出版社,2008.

[8]陈建军.数控铣床与加工中心操作与编程训练及实例.北京:机械工业出版社,2008.

[9]余英良.数控铣削加工实训及案例解析.北京:化学工业出版社,2007.

[10]龙光涛.数控铣削(含加工中心)编程与考级(FANUC 系统).北京:化学工业出版社,2006.

[11]高恒星,孙仲峰.Fanuc 系统数控钳加工中心加工工艺与技能训练.北京:人民邮电出版社,2009.

[12]曹健.数控机床维修与实训.北京:国防工业出版社,2008.

[13]朱晓春.数控技术.北京:机械工业出版社,2006.

[14]杨有君.数控技术.北京:机械工业出版社,2005.

[15]王爱玲.数控原理及数控系统.北京:机械工业出版社,2006.

[16]冯志刚.数控宏程序编程方法、技巧与实例.北京:机械工业出版社,2007.

[17]顾京.数控机床加工程序编制.北京:机械工业出版社,1999.

[18]孙竹.数控机床编程与操作.北京:机械工业出版社,1996.

[19]宋小春,等.数控车床编程与操作.广州:广东经济出版社,2003.

[20]罗良玲,刘旭波.数控技术及应用.北京:清华大学出版社,2005.